普通高等教育工程训练系列教材

机械工程实训教程

主　编　宋瑞宏
副主编　柳　铭　高　凯
参　编　朱晓清　王　烨　史文杰
主　审　葛乐通

机械工业出版社

本教材是根据教育部工程材料及机械制造基础课程指导组制定的"工程训练教学基本要求"和教育部"高等教育面向 21 世纪教学内容和课程体系改革计划"的基本要求，结合工程训练教学大纲以及作者多年的生产实践和金工实习的教学经验编写而成的。

本教材共分 14 章，内容有：机械工程材料、铸造、锻压、焊接、切削加工基本知识、车削加工、铣削加工、刨削加工、磨削加工、钳工、数控车床及其加工、数控铣床及其加工、加工中心及其加工、特种加工。本教材内容力求精选，讲求实用，图文并茂，便于自学。

本教材可作为高等工科院校机械类、近机械类及非机械类专业的金工实习教材，也可供高等职业教育、成人教育等同类专业的工程技术人员和技术工人参考使用。

图书在版编目（CIP）数据

机械工程实训教程/宋瑞宏主编. —北京：机械工业出版社，2015.7
（2025.8 重印）
普通高等教育工程训练系列教材
ISBN 978-7-111-50627-0

Ⅰ.①机… Ⅱ.①宋… Ⅲ.①机械工程-高等学校-教材 Ⅳ.①TH

中国版本图书馆 CIP 数据核字（2015）第 167229 号

机械工业出版社（北京市百万庄大街 22 号　邮政编码 100037）
策划编辑：丁昕祯　责任编辑：丁昕祯　李　超　冯　铗
版式设计：赵颖喆　责任校对：陈延翔
封面设计：张　静　责任印制：单爱军
北京盛通数码印刷有限公司印刷
2025 年 8 月第 1 版第 6 次印刷
184mm×260mm・17.5 印张・426 千字
标准书号：ISBN 978-7-111-50627-0
定价：37.00 元

电话服务　　　　　　　　　网络服务
客服电话：010-88361066　　机 工 官 网：www.cmpbook.com
　　　　　010-88379833　　机 工 官 博：weibo.com/cmp1952
　　　　　010-68326294　　金 书 网：www.golden-book.com
封底无防伪标均为盗版　　　机工教育服务网：www.cmpedu.com

前　言

本教材是根据教育部工程材料及机械制造基础课程指导组制定的"工程实训教学基本要求"和教育部"高等教育面向21世纪教学内容和课程体系改革计划"的要求，结合工程训练教学大纲以及作者多年的生产实践和金工实习的教学经验编写而成的。

机械工程实训是工科高等院校学生进行工程训练的重要实践环节之一，它是一门传授机械制造基础知识和技能的基础课。本教材着重介绍金属的主要成形方法和加工方法，毛坯制造和零件加工的一般工艺过程，所用设备的构造、工作原理和使用方法，所用的材料、工具、附件与刀具及安全技术等。

本教材内容力求突出重点、精练实用，强调可操作性和便于自学，有利于学生动手能力和综合分析能力的提高。某些章后的综合训练体现了教学基本要求，可帮助学生明确实训要求和掌握重点内容。

本教材不仅适用于本科及高职的机械类专业学生，也适用于本科及高职的近机械类和非机械类工科学生。

参加本教材编写的人员有：常州大学宋瑞宏（绪论，第1、4章）、柳铭（第2、12章）、史文杰（第8、9章）、朱晓清（第3、6、10章）、王烨（第11、13、14章），江苏理工学院高凯（第5、7章）。本教材由宋瑞宏任主编，柳铭、高凯任副主编，常州大学葛乐通教授任主审。

由于编者水平有限，书中难免有缺点和错误，恳请广大读者批评指正。

编　者

目 录

前言
绪论 1
第1章 机械工程材料 5
  1.1 工程材料概述 5
  1.2 金属材料的性能 6
  1.3 常用钢铁材料简介 7
  1.4 钢铁材料的鉴别 9
  1.5 钢的热处理 11
第2章 铸造 14
  2.1 铸造概述 14
  2.2 铸型与造型材料 15
  2.3 造型与造芯 17
  2.4 合型、熔炼、浇注、落砂和
     清理 23
  2.5 铸件质量检验和缺陷分析 25
  铸造实习 29
第3章 锻压 31
  3.1 锻压概述 31
  3.2 金属的加热 32
  3.3 锻件的冷却 35
  3.4 自由锻造 35
  3.5 模型锻造 41
  3.6 胎模锻造 43
  3.7 板料冲压 44
  锻造实习 49
第4章 焊接 51
  4.1 焊接概述 51
  4.2 焊条电弧焊 52
  4.3 气焊与气割 58
  4.4 电阻焊及其他焊接方法 63
  电焊实习 67
  气焊实习 69
第5章 切削加工基本知识 71
  5.1 切削加工概述 71
  5.2 刀具与量具 73
  5.3 基准、定位、夹具 79
  5.4 零件切削加工步骤 81
  5.5 零件加工的技术要求 82
第6章 车削加工 85
  6.1 车削加工概述 85
  6.2 卧式车床 86
  6.3 零件的安装及车床附件 88
  6.4 车刀及车刀的安装 93
  6.5 车床的操作 96
  6.6 车削工艺 98
  6.7 车削典型零件实例 109
  车削实习 113
第7章 铣削加工 115
  7.1 铣削加工概述 115
  7.2 铣床 117
  7.3 铣床附件及工件的安装 118
  7.4 铣刀及其安装 121
  7.5 铣削工艺 123
  7.6 铣削综合实例 126
  铣削实习 129
第8章 刨削加工 131
  8.1 刨削加工概述 131
  8.2 牛头刨床 132
  8.3 刨刀及其安装 135
  8.4 刨削实例 136
  刨削实习 139
第9章 磨削加工 141
  9.1 磨削加工概述 141
  9.2 磨床 143
  9.3 砂轮 146
  9.4 磨削工艺 149
  9.5 磨削实例 151
  磨削实习 153

第 10 章　钳工 ·················· 155
10.1　钳工概述 ·················· 155
10.2　划线、锯削和锉削 ········ 156
10.3　钻孔、扩孔和铰孔 ········ 163
10.4　攻螺纹与套螺纹 ·········· 167
10.5　装配 ······················· 169
钳工实习 ·························· 175

第 11 章　数控车床及其加工 ···· 177
11.1　数控车床简介 ············· 177
11.2　数控车床安全生产和日常
　　　维护 ······················· 183
11.3　数控车床加工工艺 ········ 185
11.4　数控车床编程 ············· 191
11.5　典型零件数控车削综合实例 ··· 198
数控车床加工实习 ················ 201

第 12 章　数控铣床及其加工 ···· 203
12.1　数控铣床简介 ············· 203
12.2　数控铣床安全生产和日常
　　　维护 ······················· 207
12.3　数控铣床加工工艺 ········ 208
12.4　数控铣床编程 ············· 218
12.5　典型零件数控铣削综合实例 ··· 224

数控铣床加工实习 ················ 227

第 13 章　加工中心及其加工 ···· 229
13.1　加工中心简介 ············· 229
13.2　加工中心安全生产和日常
　　　维护 ······················· 233
13.3　加工中心加工工艺 ········ 234
13.4　加工中心编程 ············· 235
13.5　典型零件加工中心加工综合
　　　实例 ······················· 239
加工中心加工实习 ················ 251

第 14 章　特种加工 ·············· 253
14.1　特种加工概述 ············· 253
14.2　电火花加工 ················ 255
14.3　线切割加工 ················ 257
14.4　电解加工 ··················· 264
14.5　超声波加工 ················ 265
14.6　激光加工 ··················· 266
14.7　电子束加工 ················ 267
14.8　离子束加工 ················ 268
特种加工实习 ····················· 269

参考文献 ·························· 271

绪 论

工程实训是一门传授机械制造基础知识的实践性很强的技术基础课,是工科院校中工程训练不可缺少的重要环节之一,是学生学习工程材料及机械制造基础与机械制造系列课程不可或缺的先修课,也是获得机械制造基本知识的必修课。

1. 工程实训的内容

金工实习涉及一般机械制造生产的全过程。机械制造过程如图 0-1 所示,根据设计图样和工艺文件,将原材料用铸造、锻造、冲压、焊接等方法制成零件的毛坯(或半成品、成品),再经切削加工制成零件,最后将零件装配成合格的机械产品。现将机械制造过程中的主要工艺方法简介如下:

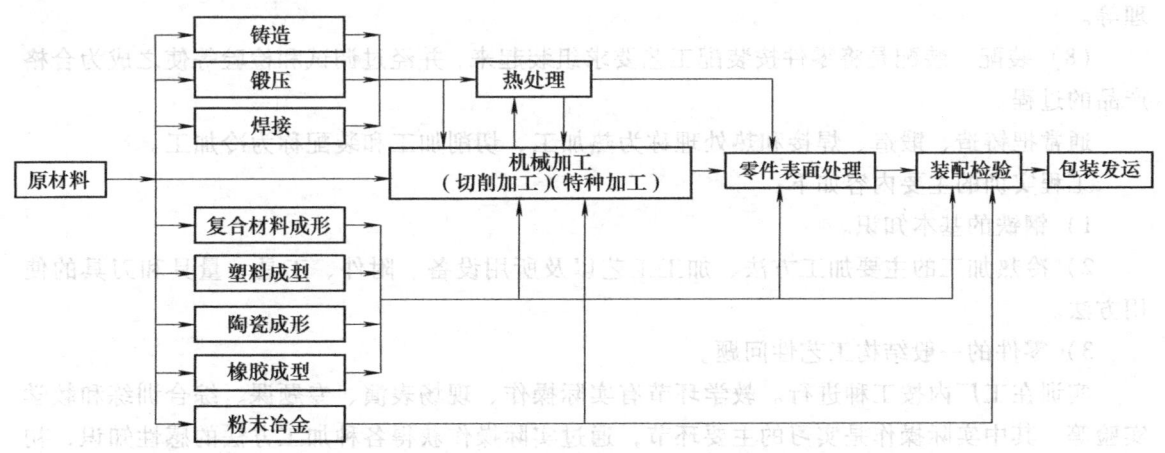

图 0-1 机械制造过程

(1) 铸造 铸造是把熔化的金属浇注到具有和零件形状相适的铸型空腔中,待其冷却凝固后获得铸件毛坯的方法。铸造的主要优点是可以生产形状复杂、特别是内腔复杂的毛坯。铸造的应用十分广泛,在一般机器设备中,铸件占总质量的 40%~90%;在金属切削机床中占 70%~80%,在一些重型机械、矿山设备中占 85% 以上。

(2) 锻造 锻造是将金属加热到一定温度,利用冲击力或压力使其产生塑性变形而获得锻件毛坯的加工方法。锻件的组织比铸件致密,力学性能高。但锻件形状所能达到的复杂程度不如铸件,锻造零件的材料利用率也较低。各种机械中受力复杂的重要零件,如主轴、传动轴、齿轮、凸轮、叶轮、叶片等,大都采用锻件。

(3) 冲压 冲压是利用装在压力机上的冲模,对金属板料加压,使之产生变形或分离,从而获得零件或毛坯的加工方法。冲压件具有质量轻、刚性好、精度高等优点,各种机械中的板料成形件和电器、仪表及生活用品中的金属制品,绝大多数都是冲压件。

(4) 焊接 焊接是利用加热或加压(或两者并用)使两部分分离的金属形成原子间结合的一种不可拆卸的连接方法。焊接具有连接质量好、节省金属、生产率高等优点。焊接可制造金属结构件,如机架、锅炉、桥梁、船体等;也可制造零件毛坯,如某些机座、箱体等。

(5) 下料　下料是将各种型材利用机锯、气割或剪切获得零件坯料的一种方法。

(6) 切削加工　切削加工是用切削工具从毛坯或型材坯料上切去多余的材料，获得几何形状、尺寸及表面粗糙度等方面均符合图样要求的零件的方法。切削加工又分为钳工和机械加工（简称机工）两大部分。钳工一般是用手工工具对工件进行加工的，其基本操作包括划线、錾削、锯切、锉削、钻孔、铰孔、攻螺纹、套螺纹、刮削和研磨等。机械加工是指由工人操纵机床进行的切削加工，常见的有车削、钻削、镗削、铣削、刨削和磨削等。切削加工在机械制造中占有十分重要的地位，几乎所有的机器零件都要经过切削加工。

(7) 热处理　在毛坯制造和切削加工过程中常常要对工件进行热处理。热处理是指将固态金属在一定的介质中加热、保温后以某种方式冷却，以改变其整体或表面组织，从而获得所需性能的工艺方法。通过热处理可以提高金属材料的强度和硬度，或者改善材料的塑性和韧性等，以充分发挥金属材料的潜力。机器中很多零件要经过热处理，例如机床上有80%左右的零件要进行热处理。钢的常用热处理方法有退火、正火、淬火、回火和表面热处理等。

(8) 装配　装配是将零件按装配工艺要求组装起来，并经过调试和检验等使之成为合格产品的过程。

通常把铸造、锻造、焊接和热处理称为热加工，切削加工和装配称为冷加工。

工程实训的主要内容如下：

1) 钢铁的基本知识。

2) 冷热加工的主要加工方法、加工工艺以及所用设备、附件、工具、量具和刀具的使用方法。

3) 零件的一般结构工艺性问题。

实训在工厂内按工种进行。教学环节有实际操作、现场表演、专题课、综合训练和教学实验等。其中实际操作是实习的主要环节，通过实际操作获得各种加工方法的感性知识，初步学会使用有关的设备和工具；现场表演在实际操作的基础上进行，以扩大必要的工艺知识面；专题课是就某些工艺问题安排的专题讲解；综合训练是运用所学知识和技能，独立分析、解决一个具体的工艺问题，并亲自付诸实践的一种综合性练习；教学实验以介绍新技术、新工艺为主，目的是扩大知识面和开阔视野。

2. 工程实训的目的要求

学习工艺知识、培养实践能力、训练良好作风，这既是工程实训的目的，也是对工程实训的三项基本要求。

(1) 学习工艺知识　工科院校的学生，除了应具备较强的基础理论知识和本专业的技术知识外，还必须具备一定的机械制造过程的基本工艺知识。这对机械类专业是如此，对电类和大多数其他类型的专业也是如此。因为在技术科学领域中，无论从事哪种专业，都与机械有着或多或少的联系，都不可避免地要和机械打交道。例如，无线电、计算机等专业所设计和使用的各种电子、电气元件及设备，均要用机械来制造，许多电子、电气设备本身还包含着机械部分；化工专业的化工设备，也大都是机械设备；自动控制专业的各种控制系统，都必须与作为执行机构的机械装置相联系。因此，具备一定的机械制造工艺的基本知识，对某些后续课程的学习、毕业设计和今后的工作，都将大有益处。

(2) 培养实践能力　对于理工科院校的毕业生，具有一定的动手能力，具备向实践学习、运用所学知识技能去独立分析、亲自解决一般工艺技术问题的能力，是十分重要的。由于金工实习是一门实践性很强的课程，直接参加工厂的生产实践，接触机械制造的生产过程，操作各种机器设备，使用各种工具，为培养实践能力创造了良好的条件和环境。例如，机工实习可培养操纵机器设备的能力，铸工、钳工实习可培养手工使用工具的能力，综合训练环节可培养独立分析、解决实际问题的能力。

(3) 训练良好作风　作为一个工程技术人员，在政治思想素质方面应具有坚定正确的政治方向、艰苦奋斗的创业精神、团结勤奋的工作态度和严谨进取的科学作风。由于金工实习是在生产实践的特殊环境下进行的，是学生第一次接触工人群众，第一次用自身的劳动为社会创造物质财富，第一次通过理论和实践的结合来检验自身的学习效果，第一次以劳动者的身份在组织纪律和作风上约束自己，必然在思想观念和作风上产生较大的影响。在实习中，能自觉地进行思想和作风方面的锻炼，向实际学习，向工人群众学习，培养劳动观点，加深对理论联系实际重要性的认识，加强组织性和纪律性，训练良好的作风，努力提高自己各方面的素质。

3. 工程实训课程的教学指导思想

工程实训课程的教学内容和教学过程应充分体现基础性、实践性和制造性三个方面的要求：

1) 根据教学要求和教学条件，目前的金工实习尚难以过深地进入专业内容的教学，因此它应属于基础性课程。

2) 根据教学内容和教学方式，工业院校的金工实习的教学重点应立足于实践，充分体现其实践性要求。

3) 就目前教改要求和教学现状，课程的教学除与学科相近的应用性内容外，主要还是工程制造范畴的实践内容，特别是机械制造系统的内容。

工程实训课程应有一个明确的教学基本指导思想。制定一个既符合实际情况，切实可行，又体现大刀阔斧进行改革的教学基本要求，可能是实现高质量的工程实训的重要环节。

众所周知，工业院校的教学过程都应有一个实践的环境，工程实训应是工程实践的基础和启蒙教育。

概言之，工程基础实践的面要广，面广才能使学生视野开阔，面广才能在实践的比较和思维中引发学生的思维冲动；工程基础实践的内容要新，它本身就应包含创新的实践，而且要精选能代表当前工程基础实践教学要求的新内容，尤其是对传统基本内容的改造。只有充分更新实习或实践的内容，包含解决问题的实验探索，才会引起学生浓厚的实践兴趣和主动参与的积极性。

可以认为，工程实训教学的基本指导思想是：

1) 宜广不宜深，宜新不宜旧，宜精不宜多。

2) 增加工艺实践内容，增强实践动手能力。

3) 经过扎实的教学和训练过程，逐步形成一个完整的、实践性很强、内容新和视野面宽广的金工实习课程。

所以，工程实训的教学应在一定理论的指导下重视加强基础、实践。通过有关工种的实践训练、金工实验、金工工艺实践、金工电化教学、金工工艺分析讨论等教学环节，将三者融为一体。结合机械制造的综合条件，着重于分析、综合、启发学生思维，注重培养学生的实践创新精神和解决问题的能力。

4. 学生工程实训守则

1）要严格遵守上下班制度，不得迟到、早退或无故不参加实习。有病凭医生证明请假。

2）实习期间不得会客，不得请事假，特殊情况必须经所在辅导员（班主任）证明，经训练中心（或培训中心）批准方为有效。

3）实习期间一般不得参加其他活动及各种会议，特殊情况必须持有教务处证明，并经训练中心批准。

4）实习时，要耐心静听指导师傅讲解和示范，切实了解掌握后方可进行操作。

5）应在指定岗位上进行实习，工厂内任何未指定实习的设备、工具或电器等不得私自使用。

6）遵守安全操作规程，服从师傅指导。

7）实习时应保持严肃认真的态度，不许打闹、说笑或串岗，严禁看与实习无关的书。

8）实习时要穿工作服，不准穿拖鞋、凉鞋，不得围围巾、戴手套进行操作（规定可戴手套的除外），女同学要戴安全帽。

9）两人操作一台设备或分组操作实习时，应分工明确、互相配合，操作时必须注意他人的安全。

10）节约原材料，争取不出废品。

11）爱护设备，争取不发生任何事故。如发现所用设备有故障或异声，应立即停车并报告指导师傅进行检查；如发生事故，应保持现场并立即报告指导师傅，听候处理。

12）搞好文明生产，保持工作岗位的整洁，工件和工具应放在指定位置，不得乱拿、错拿别人的工件和工具，更不得将这些公物归为己有。

13）每天实习完毕，要做到：

① 整理和清点好自己的工具和量具。

② 将设备擦拭干净，周围环境打扫干净。

③ 关好电源和窗户。

④ 经指导师傅核查后，方可离开。

14）实习前要预习工程实训的教材和指导书，明确当天实习的目的、要求和内容。实习后要复习工程实训的教材和指导书，并做好实习报告。

15）如不遵守本守则的规定，经劝告无效者，可令其立即退出工厂停止实习。

第 1 章　机械工程材料

1.1　工程材料概述

工程材料是指在各工程领域中使用的材料。常见的工程材料包括金属材料、无机非金属材料、有机高分子材料和复合材料四大类，其分类如图 1-1 所示。

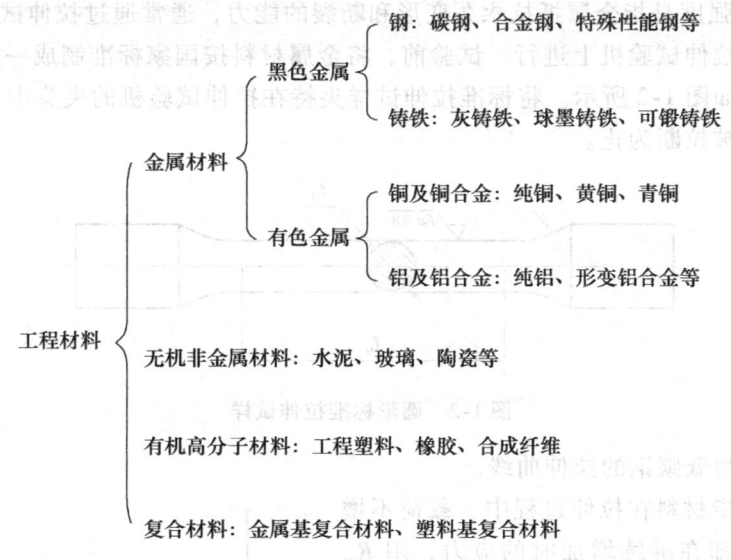

图 1-1　工程材料分类

金属材料因具有良好的使用性能和工艺性能，是机械制造工程中应用最广的材料，常应用于制造机械设备、工具、模具。

非金属材料具有耐蚀性、绝缘性和优良的成形性能，成本低、质量轻，广泛应用于轻工业、家电行业等。如家用电器外壳、齿轮、轴承、阀门、叶片等，都应用了工程塑料。陶瓷材料广泛应用于发动机、燃气轮机以及一些新型的陶瓷刀具。

复合材料是将两种以上的材料组合于一体，从而获得比单一材料更为优越的综合性能，成为一种新型的高科技材料，主要应用于航空、航天、医疗、军事等领域。

各种材料具有各自的优点与不足，设计制造产品时，需要根据产品的功能、强度、制造、成本、环保等要求综合选用。选择工程材料时，需要考察的材料性能主要有使用性能和工艺性能两大类。材料的使用性能主要指材料的力学性能（弹性、强度、塑性、硬度、冲击韧度、疲劳特性、耐磨性）、物理和化学性能（密度、熔点、导热性、热膨胀性、耐蚀性、抗氧化性、光性能、电性能、磁性能）；工艺性能则是指材料的铸造性能、锻造性能、焊接性能及切削加工性能等。

1.2 金属材料的性能

金属材料的性能分为使用性能和工艺性能。使用性能是指金属材料加工成机械零件后，在使用条件下表现出来的性质，主要包括物理、化学和力学性能等。金属材料的使用性能决定了机械零件的使用范围及寿命。工艺性能指金属材料在加工过程中表现出的难易程度，它决定了金属材料在加工过程中成形的适应能力。

1. 力学性能

金属材料的力学性能是指金属抵抗外加载荷引起的变形和断裂的能力，主要指标有强度、塑性、硬度、韧性等，是选择材料的重要依据。

（1）强度　强度是指金属抵抗永久变形和断裂的能力，通常通过拉伸试验测得。

拉伸试验在拉伸试验机上进行。试验前，将金属材料按国家标准制成一定形状和尺寸的标准拉伸试样，如图1-2所示。将标准拉伸试样夹持在拉伸试验机的夹头中，然后逐渐增加载荷，直至试样被拉断为止。

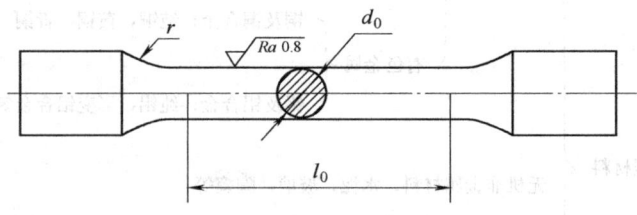

图1-2　圆形标准拉伸试样

图1-3所示为低碳钢的拉伸曲线。

抗拉强度是指材料在拉伸过程中，载荷不增加而试样伸长量却在继续增加时的应力，用R_m表示，单位为MPa。在机械设计中，有时机械零件不允许发生塑性变形，或只允许少量的塑性变形，否则会失效，因此屈服强度是指试样在拉断前所能承受的最大应力。

（2）塑性　塑性是指金属在外力作用下产生塑性变形而不致破坏的能力。金属的塑性大小常以拉伸试验时测定的伸长率A（%）或断面收缩率Z（%）表示。

金属的A和Z越大，表示承受塑性变形的能力越大。具有良好塑性的金属有利于进行锻造、冲压和焊接。拉伸试验中塑性变形不明显的金属称为脆性材料，如灰铸铁、淬火的高碳钢等。

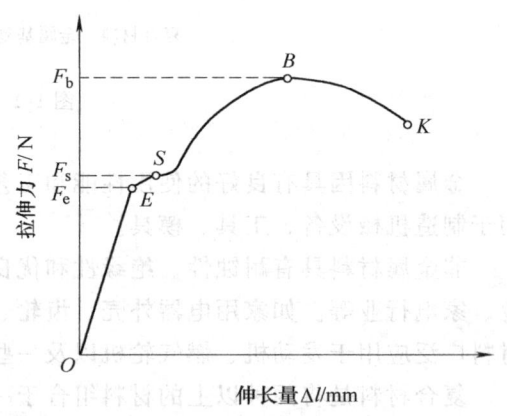

图1-3　低碳钢的拉伸曲线

（3）硬度　硬度是指材料抵抗局部变形，尤其是塑性变形、压痕或划痕的能力。材料的硬度通过硬度试验测得。生产中常用是布氏硬度、洛氏硬度。

洛氏硬度的确定是用顶角为120°的金刚石圆锥或直径为1.588mm的淬硬钢球作压头，

以相应的载荷压入试样表面，经规定保持时间后，由压痕深度确定其硬度值。洛氏硬度可以从硬度计读数装置上直接读出。为使同一硬度计能测试不同硬度范围的材料，可采用不同的压头和试验力。按压头和试验力不同，国家标准规定了洛氏硬度的标尺有九种，但常用的是HRC、HRB、HRA三种，其中HRC应用最广。洛氏硬度表示方法为：在符号前面写出硬度值，如60HRC、85HRA等。三种洛氏硬度的符号、试验条件及应用范围见表1-1。

表1-1 三种洛氏硬度的符号、试验条件及应用范围

硬度符号	压头类型	总试验力 $F_总/N$	硬度值有效范围	应用举例
HRA	120°金刚石圆锥	588.4	70~88	硬质合金、表面淬火、渗碳钢等
HRB	φ1.588mm钢球	980.7	20~100	有色金属、退火、正火钢等
HRC	120°金刚石圆锥	1471.1	20~70	淬火钢、调质钢等

测定布氏硬度时，用一定直径的淬硬钢球或硬质合金球，在规定的载荷作用下压入试样表面，保持一定时间后，卸除载荷，取下试件，用读数显微镜测出表面压痕直径 d，根据压痕直径、压头直径及所用载荷查表，可求出布氏硬度值。钢球压头适用于硬度小于450HBW的退火钢、灰铸铁、有色金属等；硬质合金球压头适用于硬度小于650HBW的淬火钢等。

（4）韧性 韧性是指金属在断裂前吸收变形能量的能力，它表示了金属材料抗冲击的能力。材料的韧性通过将材料按规定制成标准试样在冲击试验机上测定，基本方法是比照试验机的冲锤在冲断试样前后的势能差来确定试样吸收的冲击能。常将材料受到冲击破坏时，单位横断面上消耗能量的数值称为冲击韧度，用 a_K（J/cm^2）表示，其值越大表示材料的韧性越好。

2. 工艺性能

原材料加工成零件或产品需要经过复杂的工艺过程。为保证产品质量，降低成本，简化工艺流程，要求材料具有相应的工艺性能。主要包含以下几个方面：

（1）铸造性能 主要包括流动性和收缩性。流动性是指熔融金属的流动能力，代表充满铸模能力。收缩性是指浇注后的熔融金属冷至室温时体积及尺寸的缩小。

（2）锻造性能 指金属材料在锻压加工中变形抗力的大小及能承受塑性变形而不破裂的能力。塑性高、变形抗力小，则其可锻性好。

（3）焊接性能 主要指在一定焊接工艺条件下，获得优质焊接接头的难易程度。它受材料本身的特性和工艺条件的影响。

（4）切削加工性能 指切削加工金属材料的难易程度，一般由工件切削后的表面粗糙度及刀具寿命等方面来衡量。影响切削加工性能的因素主要有工件的硬度、塑性、组织状态、化学成分等。

1.3 常用钢铁材料简介

1. 钢

碳素钢是碳的质量分数小于2.11%的铁碳合金。碳素钢以铁和碳为主要元素，常含有硅、锰、硫、磷等杂质成分。由于这类钢容易冶炼、价格低廉、工艺性好，在机械制造工业中得到了广泛的应用。碳素钢的牌号、种类和用途见表1-2。

表1-2 碳素钢的牌号、种类和用途

种类	碳素结构钢	优质碳素结构钢	一般工程用铸造碳钢	碳素工具钢
牌号举例	Q195、Q215、Q235、Q255	08F、08、15、20、35、45、60、45Mn	ZG200-390、ZG 270-500、ZG339-639	T7、T8、T10、T10A、T12、T13
牌号意义	如Q235-AF,字母"Q"表示屈服强度的汉语拼音第一个字母;235表示屈服强度值;"A"表示质量等级,分A、B、C、D四个等级;"F"表示沸腾钢	两位数字表示钢中的平均碳的质量分数的万分之几。锰的质量分数在0.7%~1.2%时加Mn表示	"ZG"表示铸钢,前三位数字表示最小屈服强度值,后三位数字表示最小抗拉强度值。碳的质量分数越高,强度越高	"T"表示工具钢,其后的数字表示碳的质量分数的千分之几,"A"表示高级优质
用途举例	建筑结构件、螺栓、销轴、键、连杆、法兰盘、锻件坯料等	冲压件、焊接件、轴、齿轮、活塞销、套筒、弹簧等	机座、箱体、连杆、齿轮等	冲头、板牙、圆锯片、丝锥、钻头、锉刀、量规等

合金钢是在碳素钢的基础上加入一些合金元素而成的钢。常用的金合元素有锰、硅、铬、镍、钼、钨、钒、钛、硼等。常用合金钢的牌号、种类和用途见表1-3。

表1-3 常用合金钢的牌号、种类和用途

类别	牌号举例	牌号意义	用途举例
低合金高强度结构钢	Q345C、Q390C	"Q"表示屈服强度的汉语拼音第一个字母,"345"表示屈服强度的数值,"C"表示质量等级	用于制造工程构件,如压力容器、桥梁、船舶等
合金结构钢	20Cr、50Mn、GCr15	前面两位数字表示钢中平均碳的质量分数的万分之几。元素符号表示所含合金元素,元素符号后面的数字表示该元素平均质量分数的百分数,质量分数小于1.5%时一般不标出。若为高级优质钢,则在钢号后面加"A"。滚动轴承钢前面加字母"G",Cr后面的数字表示该元素平均质量分数的千分数	用于制造各种轴类、连杆、齿轮、重要螺栓、弹簧及弹性零件、滚动轴承、丝杠等
合金工具钢及高速工具钢	9SiCr、W18Cr4V	前面一位数字表示钢中平均碳的质量分数(%)。当$w_C \geq 1.0\%$时不标出,$w_C < 1.0\%$时以千分数表示;高速钢例外,$w_C < 1.0\%$时也不标出。合金元素平均质量分数的表示法同合金结构钢	用于制作各种刀具、模具、量具等
特殊性能钢	12Cr18Ni9、15CrMo	前面一位数字表示钢中的平均碳的质量分数的千分数。当$w_C \leq 0.03\%$时,钢号前以"00"表示;当$w_C \leq 0.08\%$时,钢号前以"0"表示。合金元素平均质量分数的表示法同合金结构钢	用于制作各种耐蚀及耐热零件,如汽轮机叶片、手术刀、锅炉等

2. 铸铁

铸铁是碳的质量分数大于2.11%,同时含有较多的硫、磷、硅、锰等杂质的铁碳合金。由于铸铁具有良好的铸造性能、切削加工性能、减振性、减磨性以及较低的缺口敏感性,并且成本较低,因此,使用也非常广泛。常用铸铁的牌号、种类和用途见表1-4。

表1-4 常用铸铁的牌号、种类和用途

名称	类 别				
	灰铸铁	球墨铸铁	可锻铸铁	蠕墨铸铁	耐热铸铁
常用种类	HT150 HT200 HT350	QT400-18 QT600-3 QT900-2	KTH330-08 KTH370-12 KTZ650-02	RuT300 RuT340 RuT380	HTRCr16 HTRSi5

(续)

名称	类别				
	灰铸铁	球墨铸铁	可锻铸铁	蠕墨铸铁	耐热铸铁
牌号意义	"HT"表示灰铸铁,数字表示最小抗拉强度值	"QT"表示球墨铸铁,前面数字表示最大抗拉强度值,后面数字表示断后伸长率	"KTH"表示黑心可铸铁,"KTZ"表示珠光可锻铸铁,数字意义同球墨铸铁	"RuT"表示蠕铸铁,数字表示最小抗拉强度	"HTR"表示耐热铸铁,化学符号表示合金元素,数字表示合金元素质量分数的百分数
用途举例	底座、床身、泵体、气缸体、阀体、凸轮等	扳手、犁刀、曲轴、连杆、机床主轴等	扳手、船用电机壳、传动链条、阀门、管接头等	齿轮箱体、气缸盖、活塞环、排气管等	化工机械零件、炉底、坩埚、换热器等

1.4 钢铁材料的鉴别

1. 火花鉴别法

火花鉴别法是将钢铁材料的非加工部分或边角余料轻轻压在旋转的砂轮上打磨,观察迸射出的火花爆裂形状、流线、色泽、发火点等特点,以区别钢铁材料化学成分差异的方法。

火花由火花束、流线、节点、爆花、尾花组成。火花束指被测材料在砂轮上磨削时产生的全部火花,常由根部、中部、尾部组成,如图1-4所示。流线是指线条状的火花,每条流线都由节点、爆花和尾花组成。节点就是流线上火花爆裂的原点,呈亮点;爆花是节点处爆裂的火花,由许多小流线(芒线)及点状花

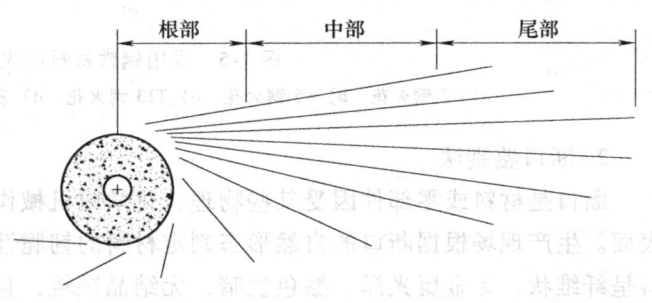

图1-4 火花束

(花粉)组成;尾花是指流线尾部的花,根据钢的化学成分不同,尾花的形状也不同,常为狐尾花、枪尖尾花、菊花尾花等。

钢铁的火花形态与化学成分有关,常用钢材的火花特征如图1-5所示。15钢火花束较长,流线少,芒线稍粗,多为一次花,发光一般,带暗红色,如图1-5a所示。45钢火花稍短,流线较细长而多,爆花分叉较多,开始出现二次、三次花,花粉较多,发光较强,橙色,如图1-5b所示。T13钢火花束较短而粗,流线多而细,碎花、花粉多,分叉多,且多为三次花,发光较亮,如图1-5c所示。灰铸铁火花束一般较粗,流线较多,以二次花为多,花粉多,爆花多,尾部渐粗,下垂成弧形,颜色多为橙红,如图1-5d所示。合金钢的火花特征与其含有的合金元素有关。一般镍、硅、钼、钨等元素抑制火花爆裂,而锰、钒、铬等元素却可助长火花爆裂,所以对合金钢的鉴别难掌握。一般铬钢的火花束白亮,流线稍粗而长,爆裂多为一次花,花形较大,呈大星形,分叉多而细,附有碎花粉,爆裂的火花心较明亮。镍铬不锈钢的火花束细,发光较暗,爆裂为一次花,五、六根分叉,呈星形,尖端微有爆裂。高速钢火花束细长,流线数量少,无火花爆裂,色泽呈暗红色,根部和中部为断续流线,尾花呈弧状。图1-5e所示为W18Cr4V火花。

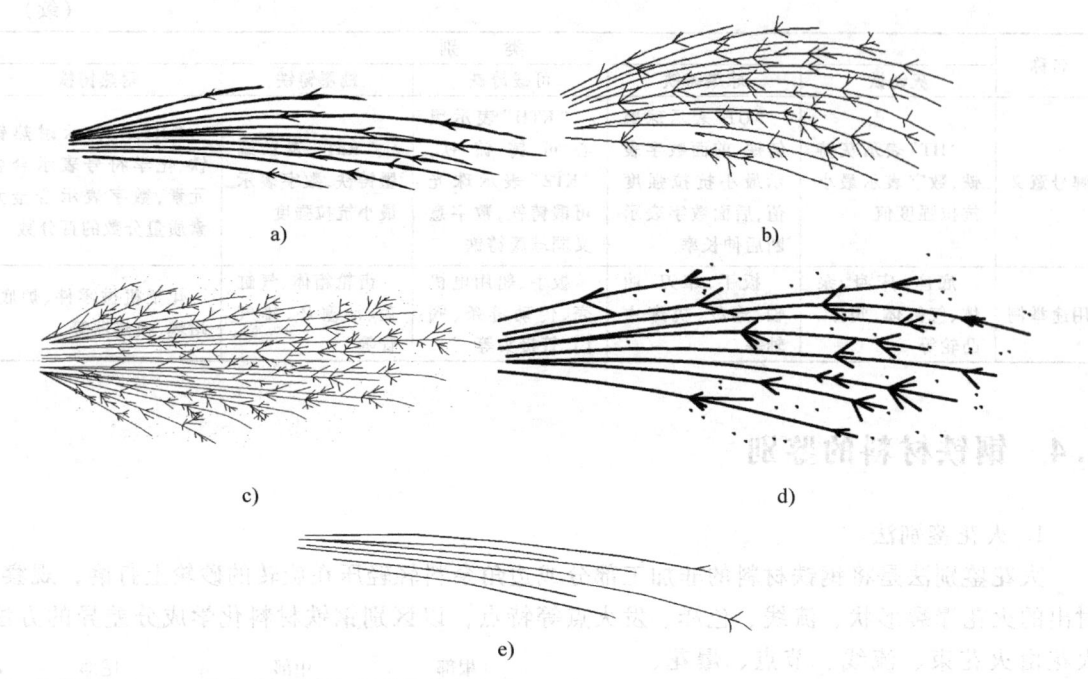

图 1-5 常用钢铁材料的火花特征
a) 15 钢火花 b) 45 钢火花 c) T13 钢火花 d) 灰铸铁火花 e) W18Cr4V 火花

2. 断口鉴别法

断口是材料或零部件因受某些物理、化学或机械作用的影响而导致破断时所形成的自然表面。生产现场根据断口的自然形态判定材料的韧脆性，从而推断材料含碳量的高低。若断口呈纤维状，无金属光泽，颜色发暗，无结晶颗粒，且断口边缘有明显的塑性变形特征，则表明钢材具有良好的塑性和韧性，含碳量较低；若断口齐平，呈银灰色，且具有明显的金属光泽和结晶颗粒，则表明属脆性材料。而过共析钢或合金经淬火后，断口呈亮灰色，具有绸缎光泽，类似于细瓷器断口特征。常用钢铁材料的断口特点大致如下：低碳钢不易敲断，断口边缘有明显的塑性变形特征，有微量颗粒；中碳钢的断口边缘的塑性变形特征没有低碳钢明显，断口颗粒较细、较多；高碳钢的断口边缘无明显塑性变形特征，断口颗粒很细密；铸铁极易敲断，断口无塑性变形，晶粒粗大，呈暗灰色。

3. 声响鉴别法

声响鉴别法是根据钢铁敲击时发出的声音不同，以区别钢和铸铁的方法。生产现场有时也可采用这种方法来区分混合在一起的材料。例如，当钢材中混入了铸铁时，由于铸铁的减振性较好，敲击时声音较低沉，而敲击时钢则可发出较清脆的声音。因此，可根据钢铁敲击时声音的不同，对其进行初步鉴别。不过这种方法与经验及材料的特性相关，准确度不高，而且当钢材之间发生混淆时，因其敲击声音比较接近，常需采用其他鉴别方法进行判别。

4. 涂色标记法

生产中为了表明金属材料的牌号、规格等，在材料上需要做一定的标记，常用的标记方法有涂色、打印、挂牌等。金属材料的涂色标记是为表示钢种、钢号的颜色，涂在材料一端的端面或端部，成捆交货的钢应涂在同一端的端面上，盘条则涂在卷的外侧。具体的涂色方法在有关标准中做了详细的规定,生产中可以根据材料的色标对钢铁材料进行鉴别。

1.5 钢的热处理

钢的热处理是将钢在固态下,采用适当的方式加热至一定温度并保温后,再以不同的冷却速度冷却,从而达到改变其表面或内部的组织结构,获得所需要性能的一种工艺方法。

通过热处理可以提高材料的力学性能,同时,还可以改善其工艺性能,从而扩大材料的使用范围,提高材料的利用率,也满足一些特殊使用要求。因此,各种机械中许多零件都要进行热处理。

在热处理时,要根据零件的形状、大小、材料及性能等要求,采取不同的加热速度、加热温度、保温时间以及冷却速度,因而有不同的热处理方法,常用的有普通热处理和表面热处理两类。常用的普通热处理有退火、正火、淬火、回火,如图 1-6 所示;表面热处理可分为表面淬火与化学热处理两类。

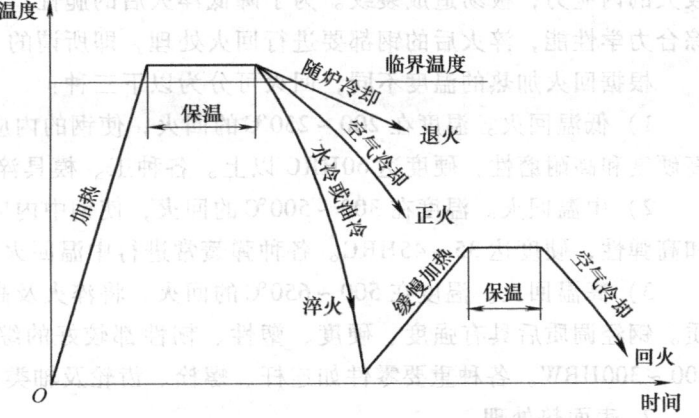

图 1-6 碳钢常用的热处理方法示意图

1. 普通热处理

钢的普通热处理工艺有退火、正火、淬火、回火四种。

(1) 退火 退火是将金属或合金加热到某一温度(对碳素钢而言为 740~880℃),保温一定时间,然后随炉冷却或埋入导热性差的介质中缓慢冷却的一种工艺方法。退火的主要目的是降低材料硬度,改善其切削加工性,细化材料内部晶粒,均匀组织及消除毛坯在成形(锻造、铸造、焊接)过程中所产生的内应力,为后续的机械加工和热处理做好准备。退火后的材料硬度较低,一般用布氏硬度试验法测试。常用的退火方法有消除中碳钢铸件缺陷的完全退火,改善高碳钢切削加工性能的球化退火和去除大型铸锻件应力的去应力退火等。

(2) 正火 正火是将金属或合金加热到某一温度(对碳素钢而言为 760~920℃),保温一定时间,然后出炉,在空气中冷却的一种工艺方法。正火实质上是退火的一个特例。由于正火的冷却速度稍快于退火,其强度和硬度较退火零件要高,而塑性、韧性略有下降。而且由于正火不是随炉冷却,所以生产率高、成本低,因此在满足性能要求的前提下,应尽量采用正火。

(3) 淬火 淬火是将钢件加热到临界温度以上(对碳素钢而言为 770~870℃),保温一定时间,然后在水或油中快速冷却,以得到高硬度组织的一种工艺方法。淬火的主要目的是提高零件的强度和硬度,增加耐磨性,但塑性、韧性下降,并产生内应力。淬火是钢件强化的最经济有效的热处理工艺,几乎所有的工、模、量具和重要零部件都需要进行淬火。淬火后必须及时进行回火,消除内应力,才能获得优良综合力学性能的零件。

影响淬火质量的主要因素是淬火加热温度、冷却介质的冷却能力及零件投入冷却介质中的方式等。一般情况下，常用非合金钢的加热温度取决于钢中碳含量。淬火保温时间主要根据零件的有效厚度来确定。过长的保温时间，会增加钢的氧化脱碳，过短将导致组织转变不完全。零件进行淬火冷却所使用的介质称为淬火冷却介质。水最便宜而且冷却能力较强，适合于尺寸不大、形状简单的碳素钢零件的淬火。油也是一种常用的淬火冷却介质，多用于合金钢的淬火。此外，还必须注意零件浸入淬火冷却介质的方式。如果浸入方式不当，会使零件因冷却不均而导致硬度不均，产生较大的内应力，发生变形，甚至产生裂纹。

（4）回火　回火是将淬火后的零件重新加热到某一温度范围，保温一定时间后，冷却到室温的一种热处理工艺。淬火钢虽具有较高的硬度，但韧性、塑性较差，组织不稳定，有较大的内应力，极易造成裂纹。为了降低淬火后的脆性，消除内应力和获得所需要的组织及综合力学性能，淬火后的钢都要进行回火处理，即所谓的"有淬必回"。

根据回火加热的温度不同，回火可分为以下三种：

1) 低温回火。温度在200~250℃的回火，使钢的内应力和脆性降低，保持了淬火钢的高硬度和高耐磨性，硬度达60HRC以上。各种工、模具淬火后，应进行低温回火。

2) 中温回火。温度在300~500℃的回火，使钢中内应力大部分清除，具有一定的韧性和高弹性，硬度达35~45HRC。各种弹簧常进行中温回火。

3) 高温回火。温度在500~650℃的回火，将淬火及高温回火的复合热处理工艺称为调质。钢经调质后具有强度、硬度、塑性、韧性都较好的综合力学性能。回火后硬度一般为200~300HBW。各种重要零件如连杆、螺栓、齿轮及轴类等常进行调质处理。

2. 表面热处理

机械制造中有不少零件表面要求具有较高的硬度和耐磨性，而心部要求有足够的塑性和韧性。这些要求很难通过选择材料来解决。为了兼顾零件表面和心部的不同要求，可采用表面热处理方法。生产中应用较广的有表面淬火与化学热处理。

（1）表面淬火　表面淬火是通过快速加热，将零件表面层迅速加热到淬火温度，然后快速冷却下来的热处理工艺。表面淬火主要适用于中碳钢和中碳低合金钢。通常，零件在表面淬火前均需进行正火或调质处理，表面淬火后应进行低温回火。这样，不仅可以保证其表面的高硬度和高耐磨性，而且可以保证心部的强度和韧性。根据热源的不同，常见的表面淬火方法可分为火焰加热表面淬火和感应加热表面淬火两种。火焰加热表面淬火是用氧-乙炔焰对零件表面进行加热，随后淬火，优点是操作简便，成本低，但是淬火层质量难以控制。感应加热表面淬火应用最为广泛，它是利用零件在交变磁场中产生感应电流，将零件表面加热到所需的淬火温度，而后喷水冷却的淬火。其优点是淬火质量稳定，淬火层深度容易控制，生产率极高，加热一个零件仅需几秒至几十秒即可达到淬火温度。同时由于这种方法加热时间短，故零件表面氧化、脱碳极少，变形也小，还可以实现局部加热、连续加热，便于实现机械化和自动化。缺点是高频感应设备复杂、成本高，故适合于形状简单、大批量生产的零件。此外，随着技术的不断发展，激光加热表面淬火和电子束加热表面淬火的设备成本也逐步降低，这些工艺手段在生产实践上也越来越常见。

（2）化学热处理　化学热处理是将零件置于某种化学介质中加热、保温，使一种或几种元素的原子渗入零件表面，改变其化学成分，达到改变表面组织和性能的热处理工艺。通过化学热处理一般可以强化零件表面，提高表面的硬度、耐磨性、耐蚀性、耐热性及其他性能，而心部仍保持原有性能。根据渗入的元素不同，化学热处理的种类有渗碳、渗氮、碳氮共渗、渗硼和渗铝等。目前工业生产上最常用的是渗碳、渗氮和碳氮共渗三种。

渗碳是将低碳钢的零件放入高碳介质中加热、保温，使碳原子渗入零件表面，增加表层碳含量及获得一定碳浓度梯度的工艺方法。钢件渗碳后，还需进行淬火和低温回火，使表面具有高硬度、高耐磨性，而心部却保持良好的塑性和韧性。这样的零件既能承受磨损和较高的表面接触应力，同时又能承受弯曲应力及冲击载荷，如汽车齿轮、活塞销等。渗碳钢碳的质量分数一般为 0.1% ~ 0.3%，常用的钢号有 20、20Cr、20CrMnTi 等。

渗氮是将钢件放入高氮介质中加热、保温，使活性氮原子渗入零件表层的化学热处理工艺。与渗碳相比，零件渗氮后表面形成氮化层，氮化后不需淬火，钢件的表层硬度高达 950 ~ 1200HV，这种高硬度和高耐磨性可保持到 560 ~ 600℃ 工作环境温度下而不降低，故渗氮钢件具有很好的热稳定性，同时具有高的抗疲劳性和耐蚀性，且变形很小。目前，较常用的渗氮用钢是 38CrMoAlA。渗氮在机械工业中应用广泛，特别适于精密零件的最终热处理，例如磨床主轴、精密机床丝杠、内燃机曲轴以及各种精密齿轮和量具等。

碳氮共渗是使零件表面同时渗入碳和氮的化学热处理工艺。目前应用较多的是气体碳氮共渗，它包括高温碳氮共渗和低温碳氮共渗。高温碳氮共渗以渗碳为主，碳氮共渗后进行淬火和低温回火；低温碳氮共渗以渗氮为主，实质上是渗氮。碳氮共渗所用的钢主要是渗碳钢，如 20CrMnTi 等，但也可用中碳钢和中碳合金钢。

第 2 章 铸 造

2.1 铸造概述

铸造是指熔炼金属、制造铸型，并将熔融金属浇入铸型，经冷却凝固后获得具有一定形状、尺寸和性能的金属零件或毛坯的成形方法。铸造实质上是利用熔融金属的流动性能实现成形，从而获得比较满意的工件的一种生产工艺。用铸造方法获得的金属毛坯或零件称为铸件。铸件一般作为毛坯用，经过切削加工后才能成为零件；用一些现代特种铸造方法所得到的铸件，有的因表面光洁、尺寸精确而无需进行再加工，可以直接作为零件使用。

铸造生产中最常用的是金属材料。由于液态金属易流动，所以铸造方法适用于将各种金属材料制成各种尺寸和形状的铸件，并能使其形状和尺寸尽量与零件接近，从而节省金属，减少加工余量，降低制造成本。铸造生产工艺具有如下特点：

1. 适应性强

成形方法几乎不受工件的形状、尺寸、质量和生产批量的限制。铸件的形状可以较为复杂，利用型芯，可获得一般机械加工设备难以获得的复杂内腔。铸件尺寸、质量不限，从几毫米、几克到十几米、数吨都可以，壁厚可达 0.5~1m。铸造材料可以是铸铁、铸钢、非铁合金等各种金属材料，高分子材料、陶瓷材料等也可以采用类似方法成形。生产批量不受限制，从单件小批到大量生产都可以。

2. 成本较低

铸造用原材料来源广泛、价格低廉，并可直接利用废机件和金属切屑。铸件近于零件，能节省金属材料和切削加工工时。

3. 铸件的力学性能较差

铸件晶粒大，化学成分不均匀，铸造时易产生气孔、裂纹等缺陷，其力学性能较差；铸件生产工序较多，出现的缺陷也较多，废品率较高，铸件的力学性能不如相同材料的锻件。所以铸造常用于制造受力不大、承受静载荷或压应力的机械零件，如床身、机座、支架、箱体等。

4. 铸造工序较多，劳动条件较差

铸造生产工序较多，生产周期长，铸件质量不稳定、难以控制，废品率较高；铸造生产劳动条件差、强度大，且常常伴随着对环境的污染。

铸造按生产方式不同，可分为砂型铸造和特种铸造。砂型铸造是用型砂紧实制成铸型，并将熔化的金属液注入砂型，凝固后获得铸件的铸造方法。通常把区别于砂型铸造以外的造型方法称为特种铸造。特种铸造包括熔模铸造、金属型铸造、压力铸造、离心铸造等多种铸造方法。砂型铸造是目前生产中最基本、用得最多的铸造方法。同学们金工实习时的铸造方法就是砂型铸造。图 2-1 所示为砂型铸件的生产工艺过程，其中制作铸型和熔炼金属是铸造工艺的核心环节。大型铸件的铸型和型芯在合箱前还要进行烘干。

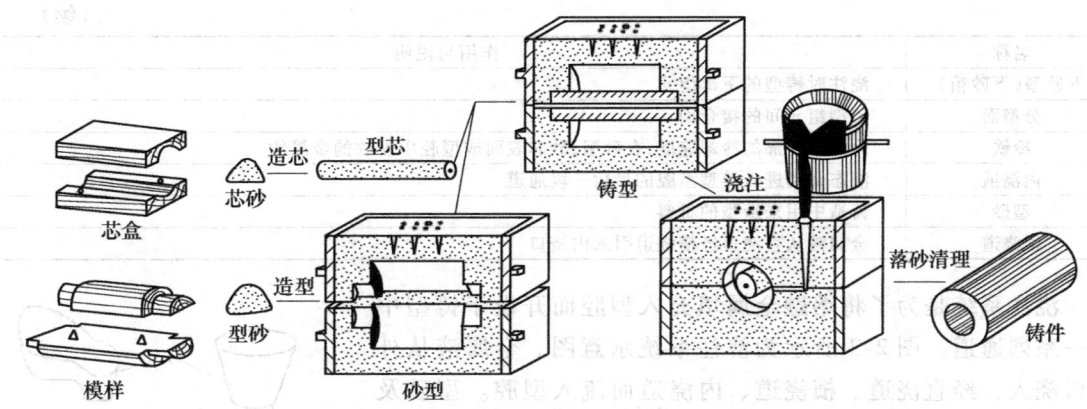

图 2-1 砂型铸件的生产工艺过程

2.2 铸型与造型材料

1. 铸型的组成

铸型是用型砂、金属或其他耐火材料制成的组合整体，是金属液凝固后形成铸件的地方。以两砂箱造型为例，典型的铸型结构如图 2-2 所示，它由上/下砂箱、型腔、型芯等组成。砂型外围常用砂箱支承加固，型砂被舂紧在上、下砂箱中，连同砂箱一起，称为上砂型（上砂箱）和下砂型（下砂箱）。取出模样后砂型中留下的空腔称为型腔。上、下砂型的分界面称为分型面，一般位于模样的最大截面上。型芯是为了形成铸件上的孔或局部外形，用芯砂制成。型芯上用来安放和固定型芯的部分称为芯头，芯头放在砂型的芯座中。砂型各组成部分的作用见表 2-1。

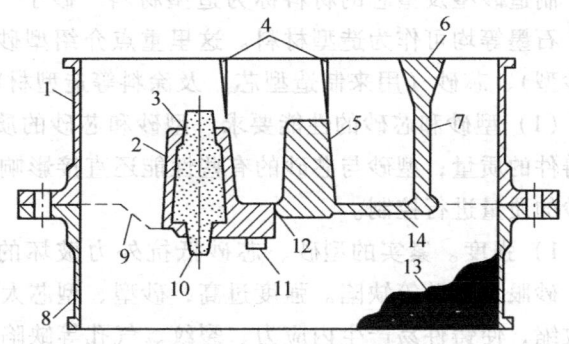

图 2-2 典型的铸型结构

1—上砂箱 2—型腔（铸件） 3—上型芯头 4—出气孔
5—冒口 6—外浇口 7—直浇道 8—下砂箱 9—分型面
10—下型芯头 11—冷铁 12—内浇道
13—型砂 14—横浇道

表 2-1 砂型各组成部分的作用

名称	作用与说明
上砂型（上砂箱）	浇注时铸型的上部组元
型腔	铸型中造型材料所包围的空腔部分，型腔不包括模样上芯头部分形成的相应空腔
上（下）型芯头	固定型芯，避免型芯漂浮。将芯子中浇注时产生的气体导出
出气孔	在砂型或砂芯上，用针或成形扎气板扎出的通气孔，出气孔的底部要与模样有一定的距离
冒口	在铸型内储存供补缩铸件用熔融金属的空腔，该空腔内充填的金属也称为冒口，冒口有时也起排气、集渣的作用
外浇口	承接浇包倒进来的金属液
直浇道	连接外浇口和横浇道，将金属液由铸型外面引入铸型内部

名称	作用与说明
下砂型（下砂箱）	浇注时铸型的下部组元
分型面	铸型组元间的接合面
冷铁	为加快局部的冷却速度，在砂型、砂芯表面或型腔中安放的金属物
内浇道	液态金属进入铸型型腔的最后一段通道
型砂	铸造中用来造型的材料
横浇道	金属液从直浇道经横浇道引入内浇口

浇注系统是为了将熔融金属填充入型腔而开设于铸型中的一系列通道。图 2-3 所示为浇注系统示意图。金属液从外浇口浇入，经直浇道、横浇道、内浇道而流入型腔。型砂及芯砂上开有出气孔，可排出型砂、芯砂及型腔中的气体。被高温金属包围后型芯产生的气体由型芯排气道排出，砂芯排气道与砂型排气道相通。为了避免产生缩孔缺陷，有的铸件在厚大部分或最高部分加有补缩冒口。为了提高厚壁处的冷却速度，有的铸件在厚壁处安放冷铁。

2. 造型材料

制造砂型及型芯的材料称为造型材料。砂子、金属、石膏、石墨等均可作为造型材料。这里重点介绍型砂（用来制造砂型）、芯砂（用来制造型芯）及涂料等造型材料。

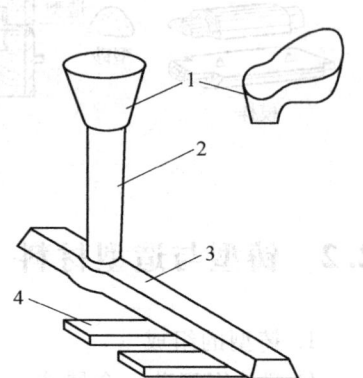

图 2-3　浇注系统示意图
1—外浇口　2—直浇道
3—横浇道　4—内浇道

（1）型砂和芯砂的性能要求　型砂和芯砂的质量直接影响铸件的质量；型砂与芯砂的有些性能还直接影响铸造生产率和工作条件，因此要对型砂、芯砂的质量进行控制。

1）强度。紧实的型砂、芯砂抵抗外力破坏的能力。强度过低，铸件易形成塌箱、冲砂、砂眼、夹砂等缺陷。强度过高，砂型、型芯太硬，透气性和退让性变差；还会影响铸件的收缩，使铸件易产生内应力、裂纹、气孔等缺陷。

2）透气性。紧实砂样让气体通过和使气体顺利逸出的能力，也即紧实砂型的孔隙度。透气性不好，易在铸件内部形成气孔或浇不足等缺陷。

3）耐火性。型砂与芯砂在金属液高温作用下不熔化、不软化、不烧结，保持原有性能的能力。耐火性差的型砂容易被高温金属熔化，使铸件产生粘砂等缺陷，从而影响后续的清砂及铸件加工工序。

4）退让性。铸件在冷凝收缩时，型砂与芯砂能相应地被压缩变形而不阻碍铸件收缩的性能。退让性不好，铸件易产生内应力、变形或开裂。凡促使型砂在高温下烧结的因素，均导致其退让性降低。

5）可塑性。型砂在外力作用下变形，去除外力后仍能保持已有形状的能力。可塑性好，造型操作方便，便于制作形状复杂、准确、轮廓清晰的砂型，且容易起模。

6）溃散性。型砂在落砂清理时容易溃散的性能。溃散性对清砂效率及劳动强度有显著的影响。

（2）型砂与芯砂的组成　型砂与芯砂一般由原砂、粘结剂和其他附加物按一定的混合比例和制备工艺制造而成。

1) 原砂。即新砂。铸造用原砂一般采用符合一定技术要求的天然矿砂。最常使用的是硅砂，其二氧化硅质量分数在 80%~98%，硅砂粒度大小及均匀性、表面状态、颗粒形状等对铸造性能有很大影响。除硅砂外的各种铸造用砂称为特种砂，如石灰石砂、锆砂、镁砂、橄榄石砂、铬铁矿砂、钛铁矿砂等，这些特种砂性能较硅砂优良，但价格较贵，主要用于合金钢和碳钢铸件的生产。

2) 粘结剂。作用是使砂粒粘结在一起，制成砂型和芯型。黏土是铸造生产中用量最大的一种粘结剂，此外水玻璃、植物油、合成树脂、水泥等也是铸造常用的粘结剂。用黏土作粘结剂制成的型砂又称黏土砂。黏土资源丰富，价格低廉，它的耐火度较高，复用性好。水玻璃可以适应造型、制芯工艺的多样性，在高温下具有较好的退让性，但水玻璃加入量偏高时，砂型及砂芯的溃散性差。油类粘结剂具有很好的流动性和溃散性、很高的干强度，适合于制造复杂的砂芯，浇出的铸件内腔表面粗糙度 Ra 值低。

3) 涂料。涂敷在型腔和芯型表面，用以提高砂（芯）型表面抗粘砂和抗金属液冲刷等性能的铸造辅助材料。使用涂料，有降低铸件表面粗糙度 Ra 值，防止或减少铸件粘砂、砂眼和夹砂缺陷，提高铸件落砂和清理效率等作用。涂料一般由耐火材料、溶剂、悬浮剂、粘结剂和添加剂等组成。耐火材料有硅粉、刚玉粉、高铝矾土粉；溶剂可以是水和有机溶剂等；悬浮剂有膨润土等。涂料可制成液体、膏状或粉剂，用刷、浸、流、喷等方法涂敷在型腔、型芯表面。

型砂中除含有原砂、粘结剂和水等材料外，还加入一些辅助材料如煤粉、重油、锯木屑、淀粉等，使砂型和芯型增加透气性、退让性，提高铸件的抗粘砂能力和铸件的表面质量，使铸件具有一些特定的性能。

(3) 型（芯）砂的制备　黏土砂根据在合箱和浇注时的砂型烘干与否分为湿型砂、干型砂和表面烘干型砂。湿型砂造型后不需烘干，生产率高，主要应用于生产中、小型铸件；干砂型需要烘干，它主要靠涂料保证铸件表面质量，可采用粒度较粗的原砂，其透气性好，铸件不容易产生冲砂、粘砂等缺陷，主要用于浇注中、大型铸件；表面烘干型砂只在浇注前对型腔表面用适当方法烘干一定深度，其性能兼具湿砂型和干砂型的特点，主要用于中型铸件的生产。

湿型砂一般由新砂、旧砂、黏土、附加物及适量的水组成。铸铁件用的湿型砂配比（质量比）一般为旧砂 50%~80%、新砂 5%~20%、黏土 6%~10%、煤粉 2%~7%、重油 1%、水 3%~6%。各种材料通过混制工艺混合均匀，使黏土膜均匀包覆在砂粒周围。混砂时先将各种干料（新砂、旧砂、黏土和煤粉）一起加入混砂机进行干混，再加水湿混后出碾。

型（芯）砂混制处理好后，应对各组元含量如黏土含量、有效煤粉含量、含水量等，砂性能如紧实度、透气性、湿强度、韧性参数进行检测，以确定型（芯）砂是否达到相应的技术要求，也可用手捏的感觉对某些性能做出粗略的判断。

2.3　造型与造芯

1. 造型

用型砂及模样等工艺装备制造铸型的过程称为造型。造型方法可分为手工造型和机器造型两大类。

（1）手工造型　手工造型是全部用手工或手动工具紧实的造型方法，其特点是操作灵活，适用性强，因此在单件、小批量生产中，特别是不宜用机器造型的重型复杂件，常用此法。但手工造型效率低，劳动强度大。

根据铸件结构、生产批量和生产条件，手工造型常用方法有：整模造型、分模造型、挖砂造型和活块造型等。

1）整模造型。整模造型一般用于零件形状简单、最大截面在零件端面的情况，其造型过程如图2-4所示。造型时，先将下砂型春好，然后翻箱，春制上砂型。

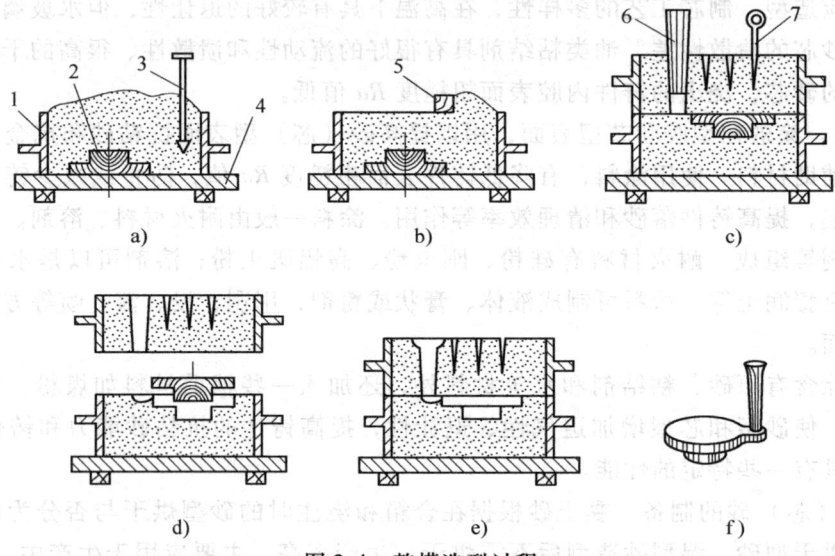

图2-4　整模造型过程

a）填砂、春砂、造下砂型　b）刮平，翻箱　c）翻转下砂型、造上砂型、扎排气孔
d）开箱，起模，开浇道　e）合型　f）带浇道的铸件
1—砂箱　2—模样　3—砂春子　4—模底板　5—刮板　6—浇口棒　7—气孔针

2）分模造型。分模造型是将模样从其最大截面处分开，并以此面作为分型面。两箱分模造型过程如图2-5所示。

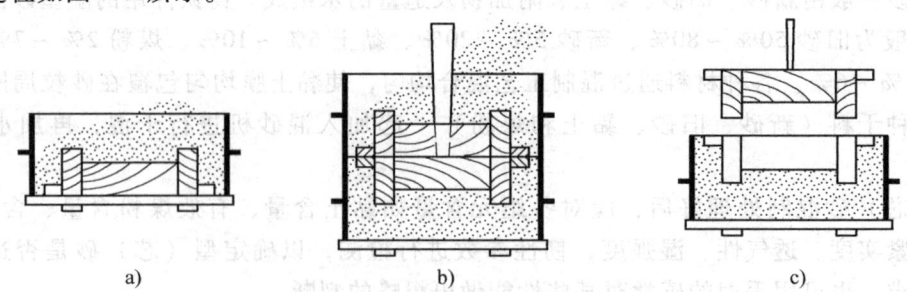

图2-5　两箱分模造型过程

a）造下型　b）造上型　c）起模

① 造下砂型。将模样和下砂型放在底板上，在模样周围放一层厚20mm的面砂，然后分批地在下砂型中装入填充砂，每装一批砂后，用砂冲将砂均匀地紧实，直到型砂高出箱筐，用刮板将多余的砂刮去。把下砂型翻过来，用刮刀刮平分型面。

② 造上砂型。在已造好的下砂型上放入另一半模样和上砂型，撒上分型砂，并将浇口棒放在适当的位置，在模样周围放一层面砂，再分批地装入填充砂并用砂冲紧实，刮去多余的型砂，扎通气孔，拔去浇口棒，在砂箱侧面做好分型的标记。将上砂型取下并翻转。

③ 起模、开内浇道。分别起出上、下砂型中的模样。起模前，先用毛笔蘸水湿润模样周围的砂，然后用起模针小心地将模样起出。模样起出后，用修型工具将型腔中损坏的部分修补好，并在铸样适当的位置挖出内浇道及横浇道。

3）挖砂造型。有些铸件的模样不宜做成分开结构，必须做成整体，在造型过程中局部被砂型埋住不能起出模样，这时就需要采用挖砂造型，即沿着模样最大截面挖掉一部分型砂，形成不太规则的分型面，如图 2-6 所示。挖砂造型工作麻烦，适用于单件或小批量的铸件生产。

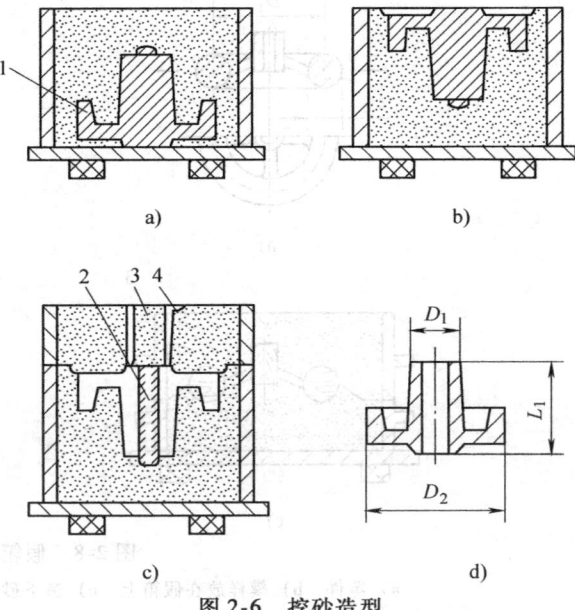

图 2-6 挖砂造型
a）造下砂型 b）翻箱，挖砂，形成分型面
c）撒分型砂，造上砂型，起模，合型 d）零件
1—模样 2—砂芯 3—出气孔 4—浇口

4）活块造型。有些零件侧面带有凸台等突起部分，造型时这些突出部分妨碍模样从砂型中起出，故在制作模样时将突出部分做成活块，用销钉或燕尾榫与模样主体连接，起模时，先取出模样主体，然后从侧面取出活块，这种造型方法称为活块造型，如图 2-7 所示。

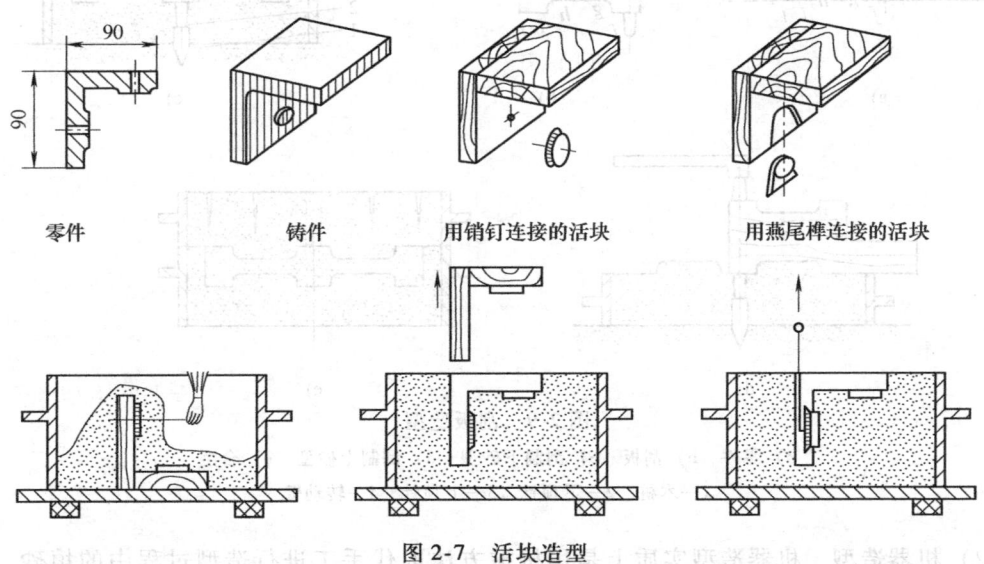

图 2-7 活块造型

5）假箱造型。假箱造型与挖砂造型相近，先采用挖砂的方法做一个不带直浇道的上砂箱，即假箱，砂型尽量舂实一些，用这个上砂箱作底板制作下砂型，然后再制作用于实际浇注用的上砂型，其原理如图 2-8 所示。

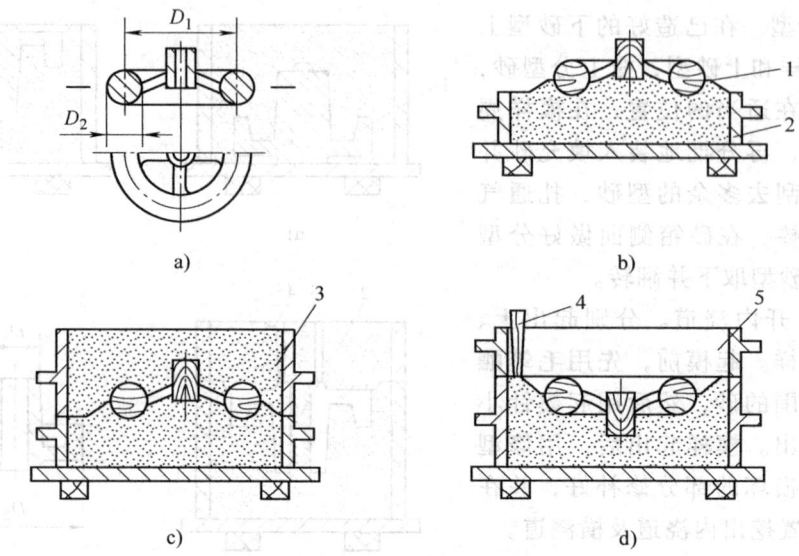

图 2-8 假箱造型
a) 零件 b) 模样放在假箱上 c) 造下砂型 d) 翻转下砂型,待造上砂型
1—模样 2—假箱 3—下砂型 4—浇口棒 5—上砂箱

6) 刮板造型。刮板造型适用于单件、小批量生产中、大型旋转体铸件或形状简单的铸件。方法是利用刮板模样绕固定轴旋转,将砂型刮制成所需的形状和尺寸,如图 2-9 所示。刮板造型模样制作简单、省料,但造型生产率低,并要求较高的操作技术。

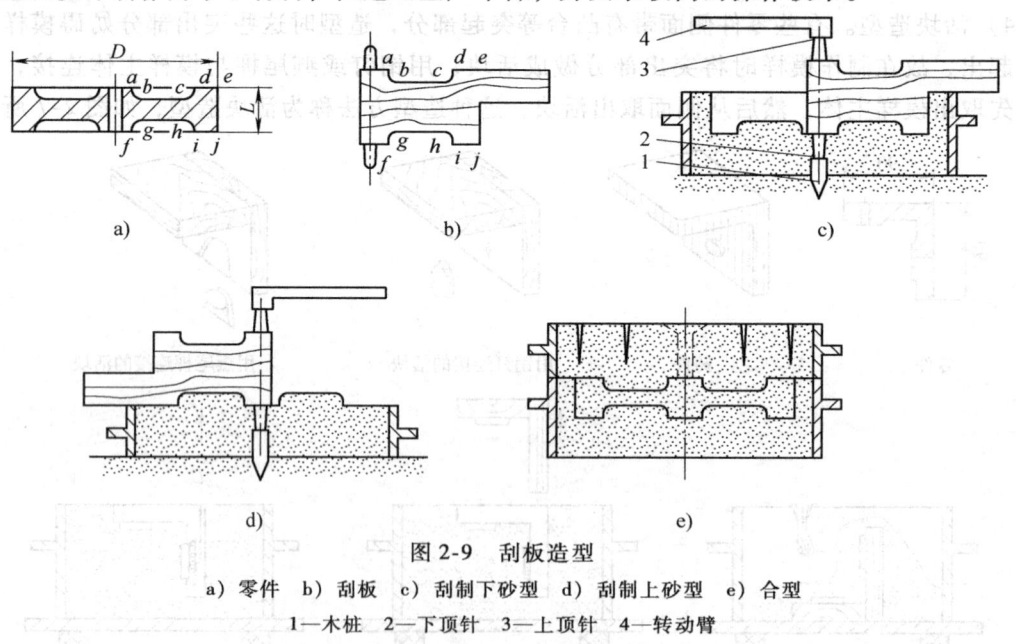

图 2-9 刮板造型
a) 零件 b) 刮板 c) 刮制下砂型 d) 刮制上砂型 e) 合型
1—木桩 2—下顶针 3—上顶针 4—转动臂

(2) 机器造型 机器造型实质上是用机械方法取代手工进行造型过程中的填砂、实砂和起模。填砂过程常在造型机上用加砂斗完成,要求型砂松散,填砂均匀。实砂就是使砂型紧实,达到一定的强度和刚度。型砂被紧实的程度通常用单位体积内型砂的质量表示,称为紧实度。一般紧实的型砂,紧实度在 $1.55 \sim 1.7 \mathrm{g/cm^3}$;高压紧实后的型砂,其紧实度在

1.6~1.8g/cm³；非常紧实的型砂，紧实度达到 1.8~1.9g/cm³。实砂是机器造型关键的一环。机器造型可以降低劳动强度，提高生产率，保证铸件质量，适用于批量铸件的生产。

1) 高压造型。压实造型是型砂借助于压头或模样所传递的压力紧实成形，按比压大小可分为低压 (0.15~0.4MPa)、中压 (0.4~0.7MPa)、高压 (>0.7MPa) 三种。高压造型目前应用很普遍，图 2-10 所示为多触头高压造型工作原理图。高压造型具有生产率高、砂型紧实度高、强度高、所生产的铸件尺寸精度高和表面质量较好等优点，在大量和大批生产中应用较多。

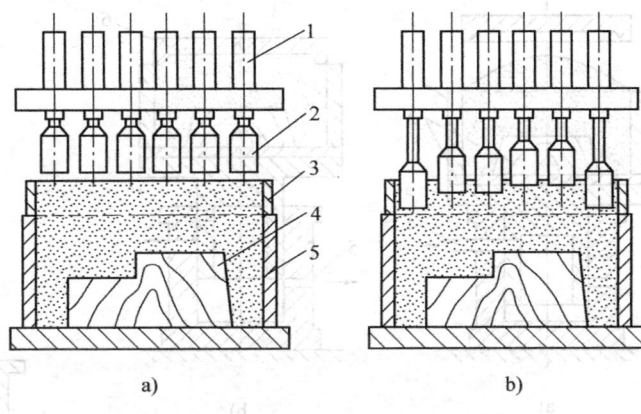

图 2-10 多触头高压造型工作原理图
a) 加压前的位置 b) 加压后的位置
1—液压缸 2—触头 3—辅助框 4—模样 5—砂箱

2) 射压造型。射压造型是指利用压缩空气将型砂以很高的速度射入砂箱并加以挤压而得到紧实，工作原理如图 2-11 所示。射压造型的特点是砂型紧实度分布均匀，生产速度快，工作无振动噪声，一般应用在中、小件的成批铸件的生产中，尤其适用于无芯或少芯铸件的生产。

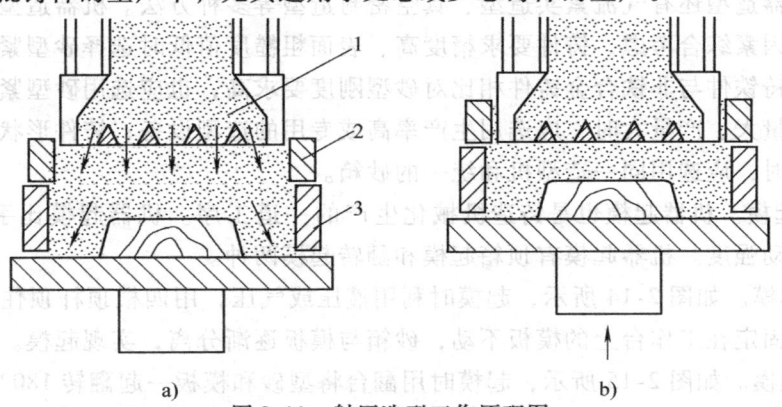

图 2-11 射压造型工作原理图
a) 射砂 b) 压实
1—射砂头 2—辅助框 3—砂箱

3) 振压造型。振压造型是指利用振动和加压使型砂压实，工作原理如图 2-12 所示。该方法得到的砂型密度的波动范围小，紧实度高。振压造型中最常用的是微振压实造型方法，其振动频率为 400Hz，振幅为 5~10mm。振压造型相比纯压造型可获得较高的砂型紧实度，且砂型均匀性也较高，可用于精度要求高、形状较复杂铸件的成批生产。

4) 抛砂造型。抛砂造型是指用机械的方法将型砂以高速抛入砂箱，使砂层在高速砂团的冲击下得到紧实，抛砂速度在 30~50m/s 之间，工作原理如图 2-13 所示。抛砂造型的特点是填砂和紧实同时进行，对工艺装备要求不高，适应性强，只要在抛砂头的工作范围内，不同砂箱尺寸的砂型都可以用抛砂机造型。抛砂造型可以用于小批量生产的中、大型铸件。但抛砂造型也存在砂型顶部需补充紧实、型砂质量要求较高及不适合用于小砂型生产的缺点。

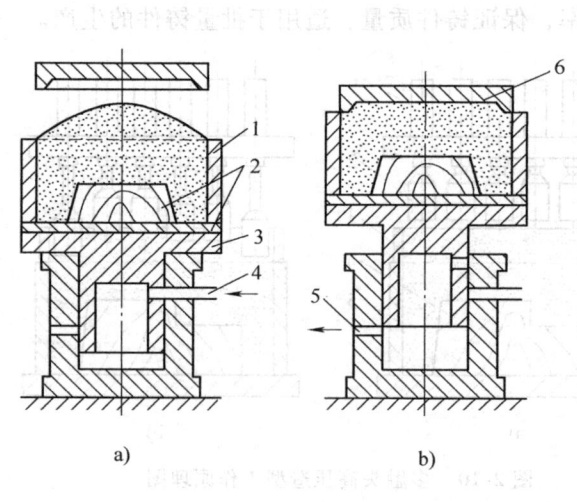
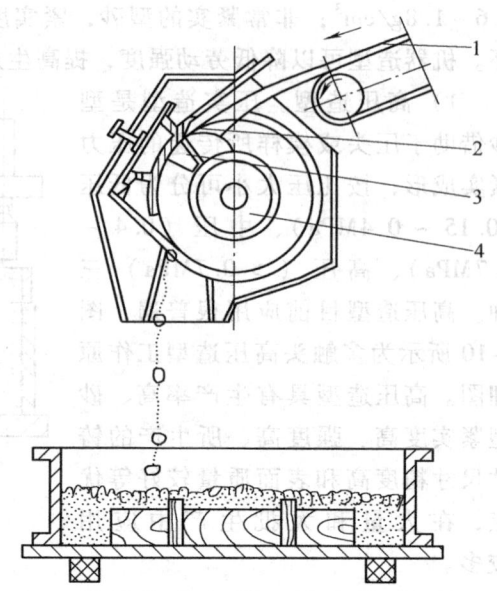

图 2-12 振压造型
a) 振击前的位置 b) 振击与压实
1—砂箱 2—模板 3—气缸 4—进气口 5—排气口 6—压板

图 2-13 抛砂造型
1—送砂胶带 2—弧板 3—叶片 4—抛砂头转子

另外,机器造型还有气流紧实造型、真空密封造型等多种方法。机器造型方法的选择应根据多方面的因素综合考虑,铸件要求精度高、表面粗糙度值低时选择砂型紧实度高的造型方法;铸钢、铸铁件与非铁合金铸件相比对砂型刚度要求高,也应选用砂型紧实度高的造型方法;铸件批量大、产量大时,应选用生产率高或专用的造型设备;铸件形状相似、尺寸和质量相差不大时,应选用同一造型机和统一的砂箱。

5) 机器起模。机器起模也是铸造机械化生产的一道工序。机器起模比手工起模平稳,能减轻工人劳动强度。机器起模有顶箱起模和翻转起模两种。

① 顶箱起模。如图 2-14 所示,起模时利用液压或气压,用四根顶杆顶住砂箱四角,使之垂直上升,固定在工作台上的模板不动,砂箱与模板逐渐分离,实现起模。

② 翻转起模。如图 2-15 所示,起模时用翻台将型砂和模板一起翻转 180°,然后用接箱台将砂型接住,固定在翻台上的模板不动,接着下降接箱台使砂箱下移,完成起模。

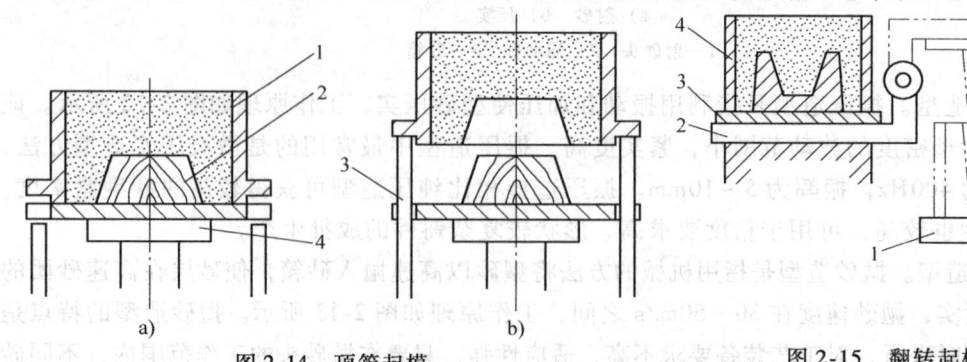

图 2-14 顶箱起模
a) 实砂 b) 起模
1—砂箱 2—模板 3—顶杆 4—造型机工作台

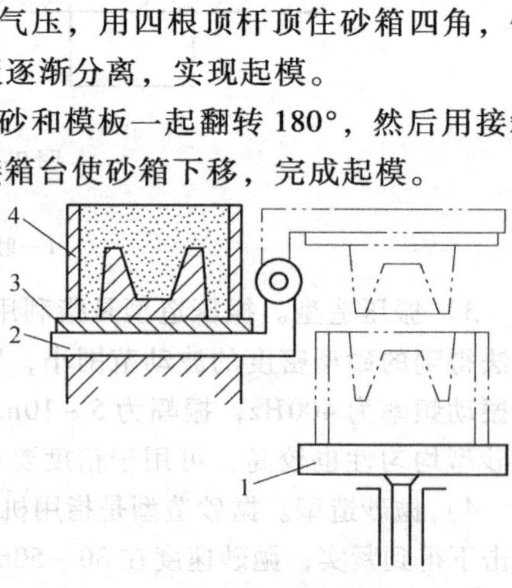

图 2-15 翻转起模
1—接箱台 2—翻台 3—模板 4—砂箱

2. 造芯

为了获得铸铁的内腔、孔或局部外形，用芯砂或其他材料制成的安放在型腔内部的组元称为型芯。绝大部分型芯是用芯砂制作的。用芯砂制作型芯的过程称为造芯。有些复杂铸件甚至可以全部用型芯拼出型腔的形状，这个过程称为组芯造型。

(1) 型芯结构　一般情况下，型芯的结构如图 2-16 所示。

型芯中应放置芯骨，以增加型芯的强度和刚度，便于搬运及在铸型中承受液体金属冲击力和压力的作用。芯骨的大小与形状决定于型芯的大小和形状。芯骨可用铁丝或铸铁制成。

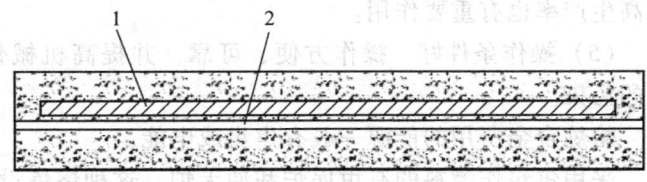

图 2-16　型芯的结构
1—芯骨　2—通气道

型芯中应开设通气道，以便于在浇注时排出型芯内的气体（如水蒸气或其他气体）。通气道可用气针扎出，也可开挖在分型面上，或在造芯时预先将蜡线埋放在型芯中，待烘干后抽去蜡线，在型芯内留下通气道。

为了提高铸件的表面质量，防止粘砂等，型芯表面应涂一层石墨粉涂料。

型芯通常需烘干，以减少型芯内的水分，并提高型芯的强度和硬度。

(2) 造芯方法　根据型芯外形的复杂程度，型芯盒可有多种形式，如整体式、分开式等。必要时，型芯盒内也设置有活块。

分开式型芯盒的造芯方法如下：

1) 分别在两个型芯盒内填砂和紧实。
2) 在一半型芯盒内放入芯骨，在另一半芯盒内挖出通气道。
3) 在一半型芯的分型面上涂刷黏土水（注意不要将通气道堵塞）。
4) 将两个半型芯盒合在一起，小心打开芯盒取出型芯。
5) 在型芯外表面涂上涂料并进行干燥。

2.4　合型、熔炼、浇注、落砂和清理

1. 熔炼

用于铸造的金属材料种类繁多，有铸铁、铸钢、铸造铝合金、铸造铜合金等，其中铸铁件应用最多。

铸铁熔炼是将金属料、辅料入炉加热，熔化成铁液，为铸造生产提供预定成分和温度、非金属夹杂物和气体含量少的优质铁液的过程，它是决定铸件质量的关键工序之一。

对铸铁熔炼的基本要求可以概括为以下五个方面：

(1) 铁液质量好　铁液的出炉温度应满足浇注铸件的需要，并保证得到无冷隔缺陷、轮廓清晰的铸件。一般来说，铁液的出炉温度根据不同的铸件至少应达到 1420~1480℃，铁液的主要化学成分 Fe、C、Si 等必须达到规定牌号铸件的规范要求，S、P 等杂质成分必须控制在限量以下，并减少铁液对气体的吸收。

(2) 熔化速度快　在确保铁液质量的前提下，提高熔化速度，充分发挥熔炼设备的生

产能力。

(3) 熔炼耗费少　应尽量降低熔炼过程中包括燃料在内的各种有关材料的消耗，减少铁及合金元素的烧损，取得较好的经济效益。

(4) 炉衬寿命长　延长炉衬寿命不仅可以节省炉子维修费用，对于稳定熔炼工作过程、提高生产率也有重要作用。

(5) 操作条件好　操作方便、可靠，并提高机械化、自动化程度，尽力消除对周围环境的污染。

熔炼合金所用的能源一般有焦炭或电能。

采用焦炭作燃料的有坩埚炉和冲天炉。这种熔炼设备投资小、成本低。但是合金的温度和成分不易控制，劳动强度大，易造成环境污染，此类设备正逐渐被淘汰。

采用电能的熔炼设备有电阻炉及感应电炉。感应电炉又有高频炉、中频炉和工频炉之分。电炉所熔炼的金属液质量高，温度和成分易于控制，对环境污染程度达到最小，但是投资大、成本高。

2. 浇注

把熔融金属从浇包浇入铸型的过程称为浇注。浇注是保证铸件质量的重要环节之一，据统计，铸造生产中，由于浇注原因而报废的铸件，占报废总数的 20%～30%。因此在浇注过程中，必须严格控制浇注温度和速度。

(1) 浇注时的注意事项

1) 浇注是高温操作，必须注意安全，必须穿着白帆布工作服和工作皮鞋。

2) 浇注前，必须清理浇注时行走的通道，预防意外跌撞。

3) 必须烘干烘透浇包，检查砂型是否紧固。

4) 浇包中金属液不能盛装太满，吊包液面应低于包口 100mm 左右，抬包和端包液面应低于包口 60mm 左右。

(2) 浇注操作

1) 扒渣。即清除金属液表面熔渣的操作过程，以免熔渣进入型腔，产生夹杂等缺陷。扒渣操作要迅速，以免扒渣时间过长，导致金属液温度下降。扒渣时，应从浇包后面或侧面扒出，不可经过浇包嘴，以免损坏包嘴上的涂料，影响浇注工作进行。正确的扒渣操作如图 2-17 所示。

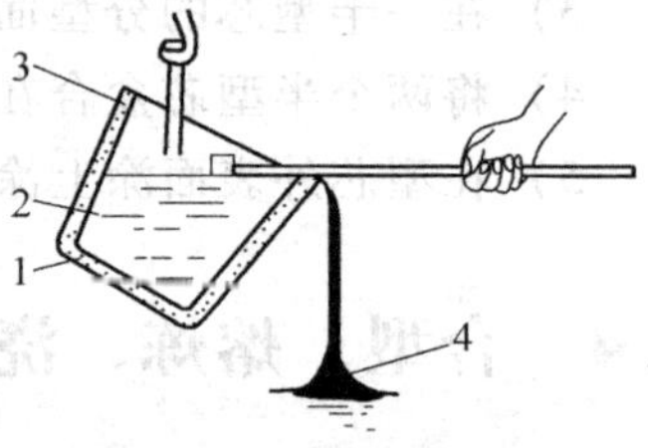

图 2-17　正确的扒渣操作
1—浇包　2—金属液
3—浇包嘴　4—熔渣

2) 引火。在砂型出气冒口和出气孔处，引火燃烧，促使气体快速排出，减少铸件气孔等缺陷。

3) 浇注。将浇包口或底注口靠近浇口杯，在开始浇注时和将近结束时都应以细流状注入；在整个浇注过程中，应使浇口杯保持充满状态，以免熔渣卷入型腔，如图 2-18 所示。

4) 在浇注过程中若发现跑火现象，应立即采取抢救措施，同时，还要保持细流浇注，不能中断。

5) 在浇满的浇冒口上面，加盖干砂、稻草灰或其他保温材料，既可阻止光辐射，又可保温。

6) 当铸件凝固后，进入固态收缩阶段时，应及时卸去压铁，使铸件自由收缩，防止铸件产生变形或裂纹等缺陷。

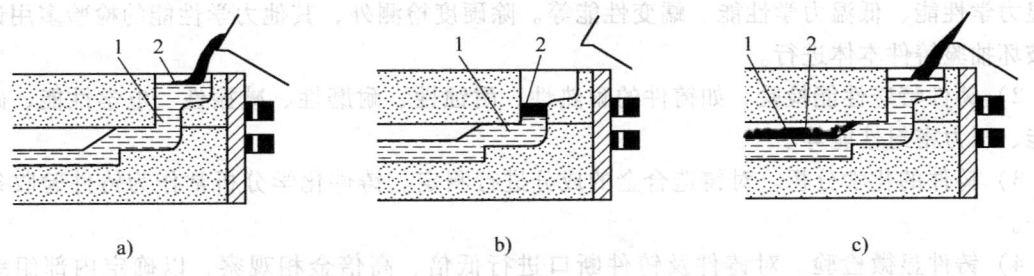

图 2-18 浇口杯应保持充满金属液
a) 浇口杯充满金属液 b) 浇注中断 c) 中断后再浇注
1—金属液 2—熔渣

3. 落砂

落砂是用手工或机械使铸件和型砂、砂箱分开的操作。落砂时要注意开箱时间，开箱过早铸件未凝固部分易造成烫伤事故，并且开箱太早也会使铸件表面产生硬化层，造成机械加工困难，甚至会使铸件产生变形和开裂等缺陷。

落砂后应对铸件进行初步检验，如有明显缺陷，则应单独存放，以决定其是否报废或修补。初步合格的铸件，才可进行清理。

4. 清理

清理是指落砂后从铸件上清除表面粘砂、型砂、多余金属（包括打掉浇冒口、飞翅和氧化皮）等过程的总称。

铸件落砂和清理可用人工进行，但是劳动环境差、强度大，生产率低。目前广泛采用机械化操作。落砂设备有震动式落砂机；清理可用清理滚筒、喷砂或喷丸等方法。

铸件清理后，通过质量检验，涂上防锈漆入库。

2.5 铸件质量检验和缺陷分析

根据用户要求和图样上的技术条件等有关协议的规定，用目测、量具、仪表或其他手段检验铸件是否合格的操作过程称为铸件质量检验。

（1）铸件外观质量检验

1) 铸件形状和尺寸检测。利用工具、夹具、量具或划线检测等手段检查铸件实际尺寸是否落在规定的铸件尺寸公差带内。

2) 铸件表面粗糙度的评定。利用铸造表面粗糙度比较样块评定铸件实际表面粗糙度是否符合规定的要求。

3) 铸件表面或近表面缺陷检验。用肉眼或借助于低倍放大镜检查暴露在铸件表面的宏观质量，如飞边、抬型、错箱、偏心、表面裂纹、粘砂、夹砂、冷隔、浇不足等。也可以利用磁粉检验、渗透检验等无损检测方法检查铸件表面和近表面的缺陷。

（2）铸件内在质量检验

1) 铸件力学性能检验。包括常规力学性能检验，如测定铸件抗拉强度、屈服点、伸长率、断面收缩率、挠度、冲击韧性、硬度；非常规力学性能检验，如断裂韧性、疲劳强度、高温力学性能、低温力学性能、蠕变性能等。除硬度检测外，其他力学性能的检验多用试块或破坏抽验铸件本体进行。

2) 铸件特殊性能检验。如铸件的耐热性、耐蚀性、耐磨性、减振性、电学性能、磁学性能、压力密封性能等。

3) 铸件的化学分析。对铸造合金的成分进行测定。铸件化学分析常作为铸件验收条件之一。

4) 铸件显微检验。对铸件及铸件断口进行低倍、高倍金相观察，以确定内部组织结构、晶粒大小以及内部夹杂物、裂纹、缩松、偏析等。

5) 铸件内部缺陷的无损检验。用射线探伤、超声波探伤等无损检测方法检查铸件内部的缩孔、缩松、气孔、裂纹等缺陷，并确定缺陷大小、形状、位置等。

根据铸件质量检验结果，可将铸件分为合格品、返修品和报废品三类。铸件的质量符合有关技术标准或交货验收条件的为合格品；铸件的质量不完全符合标准，但经返修后能够达到验收条件的可作为返修品；铸件外观质量和内在质量不合格，不允许返修或返修后仍达不到验收要求的，只能作为报废品。

(3) 铸件常见缺陷　铸件外形要求完整光洁，无气孔、缩孔和缩松、冷隔、浇不足、裂纹和变形、错箱等缺陷，无粘砂、夹砂和夹渣；尺寸符合要求，偏差在要求范围内，加工面有足够的加工余量；铸件内部要求组织致密，无孔洞（气孔、缩孔和缩松），无夹杂物（夹渣、夹砂）。

铸件常见缺陷的特征及产生原因见表 2-2。

表 2-2　铸件常见缺陷的特征及产生原因

缺陷名称	简图	特征	产生原因
气孔		气孔为内表面光滑的圆形孔洞，多数集中在铸件的上部，分布在表面上或表面以下	1) 造型材料含水过高 2) 砂型紧实度过大，透气性差 3) 浇冒口设置不合理，不利于排气 4) 浇注速度过快 5) 铸型及型芯的通气孔被堵
缩孔和缩松		缩孔为内表面不平整且形状不规则的空洞。缩松为一群分散的小缩孔。它们一般存在于铸件的上部或厚大部分	1) 冒口设置不合理 2) 浇注温度过高 3) 铸件设计不合理，壁厚相差太大
夹砂和夹渣		在铸件的表面或内部存在有砂粒或渣	1) 型砂和芯砂的强度低，易被液体金属冲散 2) 浇注系统设计不合理，使金属液进入型腔的冲力太大，或是挡渣不力 3) 型腔内未清除干净，留有砂粒
黏砂		在铸件表面上砂粒与金属相互黏在一起，不易清理	1) 型砂的耐火度过低 2) 浇注温度太高 3) 砂粒粗而造成砂粒间隙过大 4) 铸型和型芯涂料不好

(续)

缺陷名称	简图	特征	产生原因
浇不足和冷隔		浇不足为铸件的形状不完整。冷隔即为铸件表面存在氧化膜夹层	1) 浇注温度过低。金属液流动性差 2) 浇注系统设计不合理 3) 浇注速度过慢 4) 壁厚太小
裂纹		高温下形成的裂纹为热裂,呈曲折状,断面为氧化色。低温下形成的裂纹为冷裂,冷裂细小,断面无氧化	1) 合金收缩量大 2) 铸件结构不合理,内圆角不够大 3) 浇注系统设计不合理 4) 型砂和芯砂的退让性差
砂眼		铸件内部和表面的空洞内有型砂嵌入	1) 铸型内有浮砂 2) 型砂和芯砂的强度低 3) 浇注系统开设不合理,如直浇道过高、内浇道的截面小等

铸 造 实 习

1. 实习记录

(1) 实习中所使用的模样是用什么材料制成的？有哪两大类？

(2) 常用的手工造型工具有哪些？

(3) 实习中浇注用的是何种金属？其熔点和浇注温度分别为多少？

(4) 请给出实习中用于熔化金属的炉子的名称、型号和额定使用温度。

(5) 你在实习中使用过的造型方法有哪些？

(6) 整模两箱造型的型腔一般都处在_____中，分模两箱造型的型腔分别处在_____和_____中。

(7) 挖砂造型必须挖到模样的_____处，分型面应_____，坡度应尽量_____，不阻碍取模的砂子_____。

(8) 铸件在凝固过程中，由于工艺措施不当，常在_____地方出现孔洞，这种孔洞称为_____。

(9) 起模前应先_____，后_____。

2. 观察与思考

(1) 舂砂时下箱应比上箱舂得紧些，为什么？

(2) 型芯的主要作用有哪些？

(3) 何谓分型面？何谓分模面？

(4) 冒口一般放置在铸件的什么部位？其主要作用是什么？

(5) 典型的浇注系统由哪些部分组成？分别起什么主要作用？

(6) 铸件的清理主要包括哪些工序？

(7) 铸造生产中，哪些工序对环境有污染？应如何解决？

(8) 试比较零件、模样和铸件在形状和尺寸方面的区别和联系。

(9) 分析下列缺陷的成因和防止办法：①气孔；②缩孔；③砂眼；④错箱；⑤粘砂。

(10) 三箱造型主要用于单件小批量生产_____的铸件，应采用_____个分型面、_____个砂箱造型。

(11) 试比较面砂和背砂在组成、特性和应用方面有什么不同。

3. 体会与建议

实习时间：_____ 分数：_____

第3章 锻 压

3.1 锻压概述

锻压是锻造和冲压的总称。它是指对坯料施加外力,使其产生塑性变形,改变其尺寸、形状,并改善其性能,用以制造机械零件、工件或毛坯的成形方法。

与铸造生产相比较,锻压是固态成形。这就要求锻压材料必须具有良好的塑性,以便在锻压时能产生较大的塑性变形而不破裂。锻压生产具有下列特点:

1. 力学性能高

金属在锻压时经塑性变形压合了原材料的内部缺陷,使组织更加致密,晶粒细化,而且还具有一定的铸造流线,从而使其力学性能得以显著提高。因此,承受重载荷及冲击载荷的重要零件多数采用锻件。常用的冲压生产也可提高产品的强度和硬度,得到质量轻、刚度好的冲压件。

2. 节省原材料

锻压生产中的塑性变形可使坯料的体积按照产品的实际形状重新分配,获得更接近零件外形的毛坯,既可减少后续的切削加工工时,也减少了原材料的消耗。例如精密模锻,其锻件的尺寸、形状、位置的精确度和表面粗糙度与零件的要求很接近,可实现少切削甚至无切削加工。冲压件只要合理排样,就能减少废料,节省原材料。

3. 锻压件形状不能太复杂

由于锻压是在固态情况下依靠金属原子的移动来实现成形的,金属流动受到限制,因此锻件形状所能达到的复杂程度不如铸件。

4. 适用范围广、生产率高

从简单形状的螺母到形状较复杂的多拐曲轴,从质量不到1g的表针到重达数百吨的大轴,均可采用锻压生产。许多薄壁件只能用冲压的方法生产。同时模型锻造、冲压具有较高的生产率,大批量生产时,锻压具有明显的优势,有较好的经济效益。

锻压生产包括锻造和冲压。锻造是在加压设备及工模具的作用下,使金属坯料或铸锭产生局部或全部塑性变形,以获得一定形状、尺寸和质量锻件的加工方法。锻造主要用来制造力学性能较高的各种机器零件的毛坯或成品;锻造的基本方法有自由锻和模锻两类,以及由两者结合而派生出来的胎模锻。

钢、铜、铝及其合金因具有良好的塑性,是常用的锻造材料;铸铁的塑性很差,在外力作用下极易破裂,因此,不能进行锻造。低碳钢、中碳钢是生产中常用的锻造材料,对于受力大且有特殊物理、化学性能要求的重要零件需用合金钢锻造。锻造用的原材料一般为圆钢或方钢,大型锻件多用钢锭或钢坯。锻造时需要把选定的原材料用剪、锯或氧气切割等方法进行下料,然后加热锻造。锻造是通过压力机、锻锤等设备或工模具对金属施加压力的。一般锻件的生产工艺过程为:下料→加热→锻造→冷却→热处理→清理→检验。

冲压又称板料冲压，它是利用外力使板料产生分离或塑性变形，以获得一定形状、尺寸和性能的制件的加工方法。冲压主要以薄板为坯料，用以制取各种薄板结构零件。

用于冲压的材料一般为塑性良好的各种低碳钢板、铜板、铝板等，采用剪床下料。有些非金属板料，如硬橡胶、有机玻璃板、皮革、木板、硬纸板等也可采用冲压工艺进行切离。冲压件有自重轻、刚性大、强度好、生产率高、成本低、外形美观、互换性能好、不需机械加工等优点，主要用于大批量的零件生产和制造。冲压加工易于实现机械化、自动化。但冲压生产必须使用专用模具，只有在大批量生产条件下，才能发挥其优越性。冲压生产是通过压力机、模具等设备及工具对板料施加压力实现的。冲压的基本工序分为分离工序（如剪切、落料、冲孔等）和成形工序（如弯曲、拉深、翻边等）两大类。

锻造时金属材料通常是需要加热的，而冲压一般在常温下就可进行，只有当板料厚度超过 8mm 时才采用加热后冲压。

3.2 金属的加热

1. 加热的目的

常温下，金属的变形量受到一定的限制，且变形抗力很大，难以达到预期的成形要求，而锻压生产需要金属材料具有较好的塑性，使其在锻压时不致破裂。所以，除少数具有良好塑性的金属（可在常温下进行锻压）外，大多数金属都需加热后方可进行锻压。

加热是锻压生产的重要工序。加热可使金属的原子动能增加、结合力减弱，从而提高金属的塑性、降低变形抗力，并使其内部组织均匀，最终达到改善金属锻压性能的目的，以保证锻压生产的顺利进行。一般来说，金属加热的温度越高，金属的锻造性能也就越好。但加热时，在保证坯料均匀热透的条件下，应尽量缩短加热时间，以减少氧化和脱碳等加热缺陷的产生，同时降低燃料消耗。

2. 锻造温度范围

（1）始锻温度与终锻温度　金属坯料随着加热温度的升高，其塑性提高、强度逐渐降低，所以，加热后锻造，可用较小的锻打力使坯料产生较大的变形而不破裂。但是加热温度过高，也会造成坯料过热、脱碳等缺陷，使锻件质量下降，甚至成为废品。每种金属材料在锻造时都有其允许加热的最高温度，在此温度下应开始进行锻造，此温度称为该材料的始锻温度。金属坯料在锻造过程中，随着热量的散失，坯料温度不断下降，其锻造性能也随之变差，变形抗力不断增大。当温度降到一定程度后，不仅难以继续变形，而且容易断裂或产生裂纹，此时必须停止锻造，重新加热，此温度称为该材料的终锻温度。常见材料的锻造温度见表 3-1。

表 3-1　常见材料的锻造温度

钢类	始锻温度/℃	终锻温度/℃	钢类	始锻温度/℃	终锻温度/℃
碳素结构钢	1200~1250	800	高速工具钢	1100~1150	900
合金结构钢	1150~1200	800~850	耐热钢	1100~1150	800~850
碳素工具钢	1050~1150	750~800	弹簧钢	1100~1150	800~850
合金工具钢	1050~1150	800~850	轴承钢	1080	800

（2）锻造温度范围的确定原则　始锻温度与终锻温度之间的温差称为金属的锻造温度

范围。锻造温度范围越大,进行锻造加工的时间就越充裕,锻件的加热次数就越少,锻造生产率就高。所以锻造温度范围总的确定原则是:保证金属坯料在锻造过程中具有良好的锻造性能,同时,锻造温度范围应尽量放宽,这就需要在提高始锻温度的同时,尽量降低终锻温度。

1) 始锻温度的确定原则。始锻温度的确定主要受到坯料在加热过程中不产生过热和过烧的限制。在不产生过热、过烧等加热缺陷的前提下,始锻温度应尽可能取高一些,这样便于扩大锻造温度范围,增长降温时间和锻造时间。碳钢的始锻温度随着含碳量的增加而降低,一般应低于其熔点 100~200℃;钢锭的始锻温度比普通圆钢要高些。

2) 终锻温度的确定原则。终锻温度的确定主要应保证在停锻前坯料应具有足够的塑性,停锻后能获得细小的晶粒组织,故终锻温度的确定原则是:在保证锻件锻造性能足够的前提下,终锻温度尽可能定低一些,以便获得内部组织细密的锻件,同时也便于扩大锻造温度,提高生产率。但应注意,终锻温度过高,停锻后金属在冷却过程中晶粒仍会继续长大,降低了锻件的力学性能,尤其是冲击韧性;终锻温度过低,塑性差,变形抗力大,难以继续成形,容易锻裂,甚至有可能损坏锻造设备。

锻造时金属的温度可用仪表测量,但锻工一般都用观察金属火色的方法来大致判断。碳钢的加热温度用观察火色的方法判断,火色与温度的对应关系见表 3-2。

表 3-2 碳钢的火色与温度的对应关系 （单位:℃）

温 度	>1300	1200	1100	900	800	700	<00
火 色	亮白	亮黄	黄	樱红	赤红	暗红	黑

3. 加热方法和设备

(1) 加热方法

1) 火焰加热法。火焰加热法是用烟煤、柴油、重油、煤气作为燃料,燃料燃烧时其中的碳、氢等可燃物质与空气中的氧气发生剧烈反应,释放出大量热量,从而产生高温火焰,加热放置于其中的金属坯料。采用火焰加热法的加热设备有明火炉、反射炉、室式炉等,常用于中小锻件的单件、小批量生产。

2) 电加热法。电加热法是利用电流通过特种材料制成的电阻体产生热量,再以辐射和对流传热方式将金属坯料加热的方法。电加热法是将电能转化为热能来实现加热的。电加热法主要有电阻加热法、感应加热法、电接触加热法和盐浴加热法。采用电加热法的加热设备有箱式电阻炉、中频或工频感应炉等,常用于中小铸件的大、中批量生产。

(2) 加热设备

1) 明火炉。结构示意图如图 3-1 所示。这种加热炉使用烟煤、焦炭等固体燃料。燃料堆在炉箅上燃烧,坯料放在燃料上直接加热。

这种加热炉结构简单、体积小,但热效率低,坯料加热温度有时不均匀,只适用于小型锻件的单件、小批量生产。这种加热炉最适于与手工锻造相

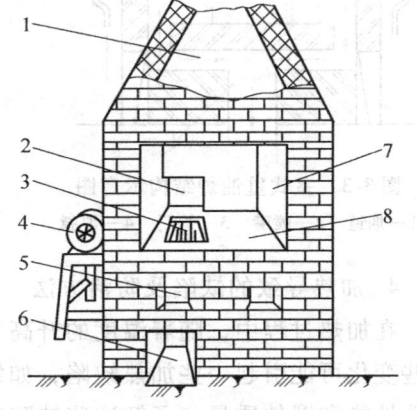

图 3-1 明火炉结构示意图
1—烟囱 2—后炉门 3—炉箅 4—鼓风机
5—火钩槽 6—灰坑 7—前炉门 8—堆料台

配合，故又称手锻炉。

2）反射炉。中、小批量生产的锻造车间一般采用图3-2所示的反射炉加热坯料。这种加热炉在结构上的主要特点是燃料的燃烧室与坯料的加热室分开，燃烧产生的炉气越过火墙，由炉顶反射到加热室内，使坯料比较均匀地得到加热。加热室的温度可达350℃。为提高热量的利用率，有的反射炉装有图3-2所示的换热器3，利用燃烧室排出的废气将助燃空气预热至200～500℃。显然，反射炉的热功率、热效率和加热质量都比明火炉高。

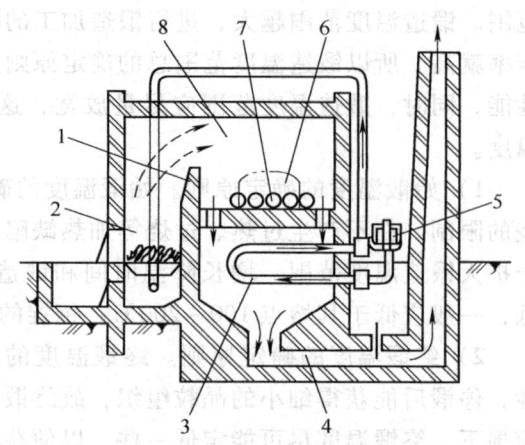

图3-2 反射炉结构示意图
1—火墙 2—燃烧室 3—换热器 4—烟道
5—鼓风机 6—炉门 7—坯料 8—加热室

3）室式炉。中型锻造车间多以重油炉或煤气炉为主要的加热设备，常见的结构形式有室式炉和连续炉等。图3-3所示为室式重油炉。其燃烧室和加热室合为一体，即炉膛。燃油与压缩空气分别进入喷嘴，压缩空气由喷嘴口喷出时，将燃油带出并喷成雾状，与空气均匀混合并燃烧。坯料码放在炉膛底板上。为使坯料加热均匀，同一层坯料应相互拉开一些距离，不要堆挤在一起。

4）电阻炉。利用电流通过电阻丝、电阻片或硅碳棒等电阻元件时所产生的热量作为热源，以辐射方式加热的炉子称为电阻炉。箱式电阻炉结构示意图如图3-4所示，电热元件布置在炉膛围壁上，坯料从炉口装入炉膛，关闭炉门即可送电加热。

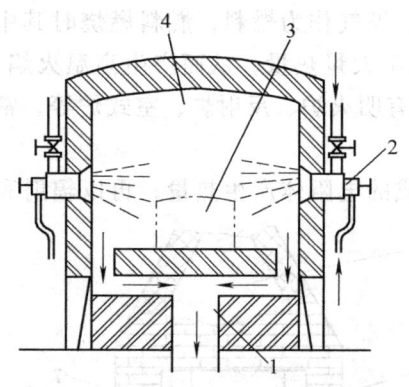

图3-3 室式重油炉结构示意图
1—烟道 2—喷嘴 3—炉门 4—炉膛

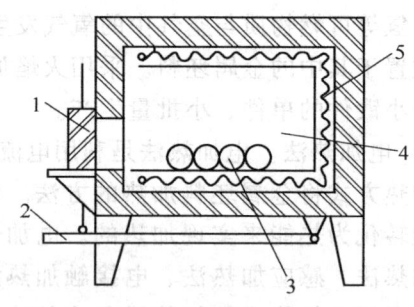

图3-4 箱式电阻炉结构示意图
1—炉门 2—踏杆 3—工件 4—炉膛 5—电阻丝

4. 加热导致的缺陷及防治方法

在加热过程中，随着温度的升高和加热时间的延长，坯料会发生一系列物理化学变化，这些变化可能引起一些加热缺陷，如氧化、脱碳、过热、过烧等，它们会直接影响到金属的锻造性能和锻件质量。了解这些缺陷产生的原因和危害，制定合理的加热规范，正确控制加热过程，对锻造过程至关重要。

（1）氧化和脱碳 采用一般方法加热时，坯料表面与高温的氧气、二氧化碳及水蒸气等接触,发生剧烈的氧化而产生氧化皮及脱碳层。每加热一次,氧化烧损量占坯料质量的2.5%~4%,在下料的计算中应考虑这个烧损量。脱碳层小于锻件的加工余量时,可在机械加工过程中切削掉,对零件没有影响;脱碳层大于加工余量时,零件的硬度和强度降低。但是,如果上述氧化现象过于严重,则会产生较厚的氧化皮和脱碳层,甚至造成锻件的报废。

减少氧化和脱碳的措施是严格控制送风量,快速加热,或采用少氧化、无氧化等加热方法。

(2) 过热及过烧 加热一般坯料时,如果在接近始锻温度下保温过久,内部的晶粒会变得粗大,这种现象称为过热。可以在随后的锻造过程中将粗大的晶粒打碎,也可在锻造以后进行热处理,将晶粒细化。

如果将坯料加热到更高的温度或将过热的坯料长时间停留在高温下,则会造成内部晶粒的边界严重氧化,削弱了晶粒之间的联系,这种现象称为过烧。过烧的坯料是无可挽回的废品,锻打时必然开裂。

为防止过热和过烧,要严格控制加热温度和加热速度,尽量缩短坯料在高温下停留的时间。

3.3 锻件的冷却

锻件的冷却是指锻件从终锻温度冷却至室温的过程。锻件冷却是锻造工艺过程中必不可少的工序,是保证锻件质量的重要环节。锻件冷却不当,锻件的质量就会受到严重影响,甚至报废。锻件冷却时应防止表面硬化、变形翘曲,甚至产生裂纹。锻件冷却方式主要有以下三种:

(1) 空冷 在无风的空气中,将热态锻件放在干燥地面上冷却的方法。空冷冷却速度较快,多用于低、中碳钢和低合金钢小型锻件的冷却。

(2) 坑冷 将热态锻件埋入沙子、炉灰或石灰等绝热材料的地坑或铁箱中缓慢冷却的方法。坑冷常用于碳素工具钢、合金钢锻件的冷却。

(3) 炉冷 将锻后的锻件立即放入温度为500~700℃的加热炉中,随炉缓慢冷却至最低温度再出炉冷却的方法。炉冷的冷却速度较慢,常用于高速钢、特种钢、高合金钢重要锻件及合金大型锻件的冷却。

一般情况下,锻件的碳、合金元素含量越高,尺寸越大,形状越复杂,冷却速度应越缓慢,否则会造成锻件硬化、变形甚至开裂。

3.4 自由锻造

将加热后的金属坯料放在铁砧上或锻造机械的上、下砧铁之间进行的锻造,称为自由锻造。前者称为手工自由锻造,后者称为机器自由锻造。自由锻造所用的设备、工具有极大的通用性,工艺灵活性高,最适合于形状较简单的单件或小批量生产和大型锻件的生产。由于锻件的精度低、生产率低等缺点,随着工业的发展,除特大型锻件外,自由锻更多地被模锻所取代。

1. 机器自由锻造

机器自由锻造是目前工厂应用最广泛的锻造方法。常根据锻件的大小选择不同的锻造设备。中小锻件采用空气锤或蒸汽-空气锤锻造，大型锻件采用水压机锻造。空气锤是机器自由锻造最常用的设备。空气锤的外形和工作原理如图3-5所示。

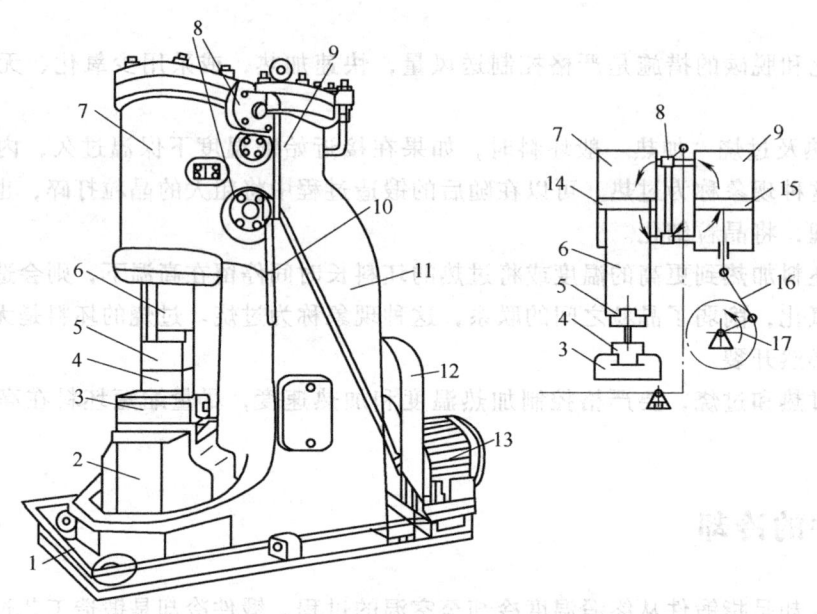

图3-5 空气锤的外形和工作原理
1—踏杆 2—砧座 3—砧垫 4—下砧铁 5—上砧铁 6—锤头 7—工作缸 8—旋阀 9—压缩缸 10—手柄
11—锤身 12—减速装置 13—电动机 14—工作活塞 15—压缩活塞 16—连杆 17—曲柄

空气锤由锤身、传动机构、压缩缸、工作缸、操纵机构、锤砧和落下部分等几部分组成，各部分的作用如下：

(1) 锤身 它与压缩缸和工作缸铸成一体，用以安装和固定其他各部分。

(2) 传动机构 包括减速装置、曲柄和连杆。其作用是把电动机的旋转运动经减速后传给曲柄，曲柄则通过连杆来驱动压缩缸内的活塞做上下往复运动。

(3) 压缩缸和工作缸 当压缩活塞在压缩缸内上下往复运动时，活塞的上、下部交替产生压缩空气。压缩空气进入工作缸的下腔或上腔使工作活塞做上下运动，并带动锤头和上砧铁等一起动作锻打锻件。

(4) 操纵机构 包括旋阀、踏杆或手柄及其连接杠杆。旋阀用以控制工作缸气体的进出，使锤实现各种动作。它由踏杆或手柄来控制。

(5) 锤砧 由下砧铁、砧垫和砧座等组成。下砧铁通过砧垫固定在砧座上，用以支承锻件或工具，并承受锻击。

(6) 落下部分 工作活塞、锤杆、锤头和上砧铁合称锤的落下部分。空气锤的规格以锤的落下部分的质量来表示。"65 kg"的空气锤，就是指锤的落下部分的质量为65 kg。这种空气锤能锻打直径小于50 mm的圆钢或质量小于2 kg的锻件。

常用的机器自由锻造工具如图3-6所示。

2. 自由锻造的基本工序

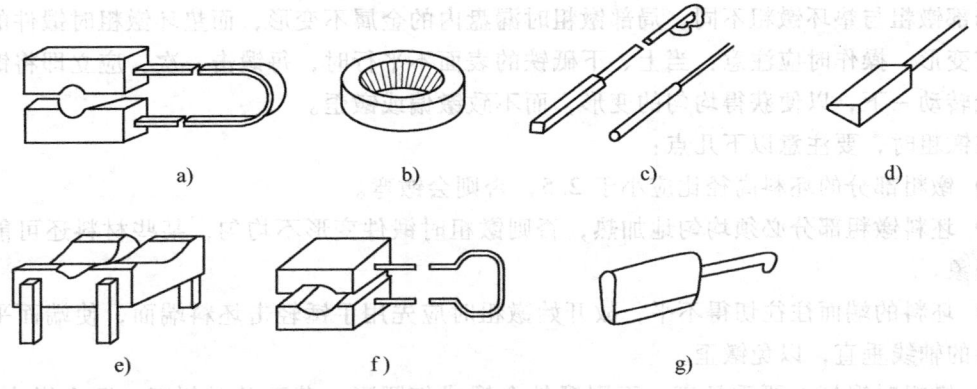

图 3-6 常用的机器自由锻造工具
a) 压肩摔子 b) 垫环 c) 啃子 d) 压铁 e) 剁垫 f) 摔子 g) 剁刀

自由锻造时，锻件的成形是通过一系列的工序来实现的。自由锻造中可进行的工序较多，根据工序的实施阶段及变形的性质与程度不同，自由锻造的工序可分为基本工序、辅助工序和精整工序。变形量交大地改变坯料形状和尺寸，实现锻件基本成形的工序，称为基本工序，如镦粗、拔长、冲孔、弯曲、扭转、切割等，其中前三种在生产中最常用。为了方便基本工序的操作而预先进行使坯料少量变形的工序，称为辅助工序，如分段、压肩、压痕等。为了提高锻件的形状精度和尺寸精度，在基本工序之后对锻件进行的少量修整工序，称为精整工序，如滚圆、摔圆、校直、清除锻件表面凹凸不平及整形等。一般情况下，精整工序是在终锻温度以下进行的。锻造过程中，可根据锻件要求选择不同的工序。下面介绍基本工序：

(1) 镦粗 镦粗是指沿锻件轴向锻打，使其高度减小、横截面增大的操作过程。主要用于齿轮坯、法兰等饼块状锻件，也可用于冲孔前的准备或作为拔长的准备工序以增加其拔长的锻造比。

在空气锤上进行镦粗的方法有全镦粗、局部镦粗和垫环镦粗三种，如图 3-7 所示。

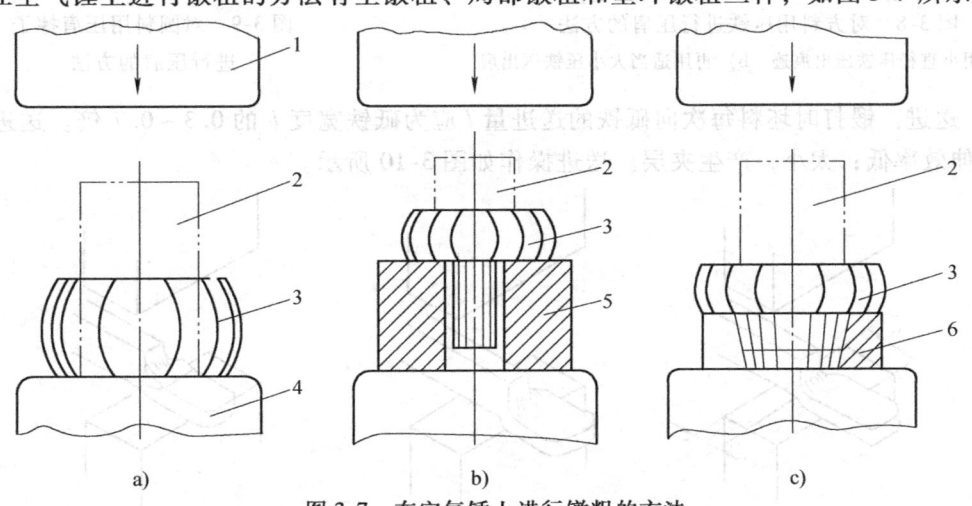

图 3-7 在空气锤上进行镦粗的方法
a) 全镦粗 b) 局部镦粗 c) 垫环镦粗
1—上砧铁 2—坯料 3—工件 4—下砧铁 5—漏盘 6—垫环

局部镦粗与垫环镦粗不同。局部镦粗时漏盘内的金属不变形，而垫环镦粗时锻件的各部分均有变形。操作时应注意：当上、下砧铁的表面不平行时，每锻击一次，应立即将锻件绕其轴线转动一下，以便获得均匀的变形，而不致镦偏或镦歪。

在镦粗时，要注意以下几点：

1）镦粗部分的坯料高径比应小于 2.5，否则会镦弯。

2）坯料镦粗部分必须均匀地加热，否则镦粗时锻件变形不均匀，某些材料还可能产生镦裂现象。

3）坯料的端面往往切得不平，故开始镦粗时应先用手锤轻击坯料端面，使端面平整且与坯料的轴线垂直，以免镦歪。

4）镦粗时锻打力要重且正，否则锻件会锻成细腰形。若不及时纠正，还会镦出夹层。若锤打得不正，且锻打力的方向与锻件的轴线不一致，则锻件会镦歪或镦偏。锻件镦歪后应及时纠正。

（2）拔长　拔长是在垂直于锻件的轴向方向进行锻打，以减小其横截面、增加其长度的操作过程。应注意锻件的宽度与厚度之比不要超过 2.5，否则翻转 90°后锻打时会产生夹层。拔长主要用于轴、拉杆、炮筒等具有长轴线的锻件。

拔长一般经过以下操作过程：

1）压肩。局部拔长时，要先进行压肩。对方料用压铁进行压肩的方法如图 3-8 所示。对圆料用压肩摔子进行压肩的方法如图 3-9 所示。

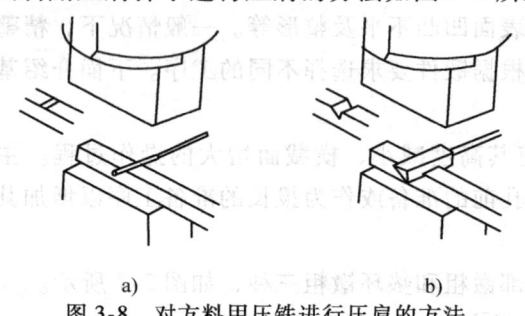

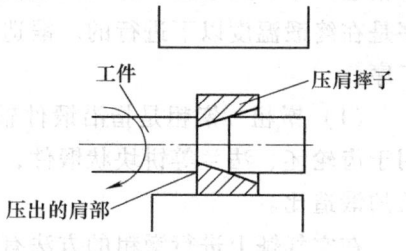

图 3-8　对方料用压铁进行压肩的方法　　　　图 3-9　对圆料用压肩摔子
a）先用小直径压铁压出痕迹　b）再用适当大小压铁压出肩　　　　　　进行压肩的方法

2）送进。锻打时坯料每次向砧铁的送进量 l 应为砧铁宽度 b 的 0.3～0.7 倍。送进量太大，延伸效率低；太小，产生夹层。送进操作如图 3-10 所示。

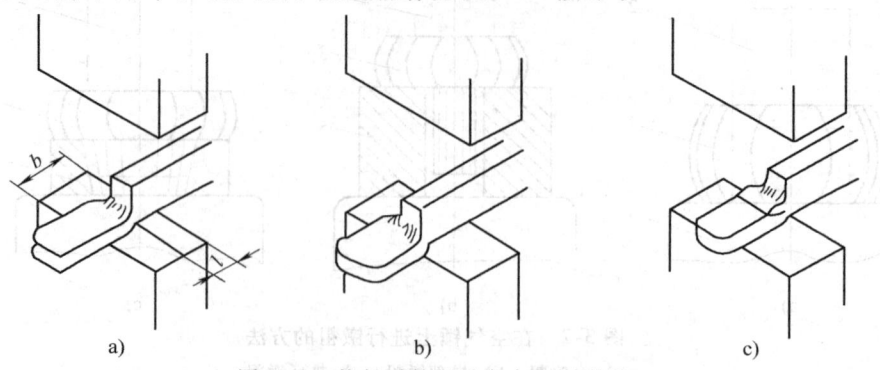

图 3-10　拔长时的送进方向和送进量
a）送进量合适　b）送进量太大，延伸效率低　c）送进量太小，产生夹层

3) 锻打。将圆形截面的坯料拔长成直径较小的圆形截面锻件时,必须先把坯料截面锻成方形,在拔长到边长接近锻件的直径时,锻成八角形,然后滚打成圆形,如图 3-11 所示。锻打时,每次的压下量不宜过大,否则会产生夹层。

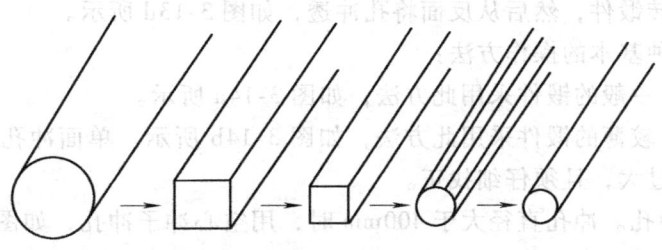

图 3-11 圆形截面坯料拔长的变形过程

4) 翻转。拔长过程中应不断翻转锻件,使其在拔长过程中经常保持近于方形截面。翻转的方法如图 3-12a 所示。当采用图 3-12b 所示的方法翻转时,应注意锻件的宽度与厚度之比不要超过 2.5;否则再翻转拔长时容易产生夹层。

5) 修整。锻件拔长后须进行修整,以使其尺寸准确,表面光洁。修整方形和矩形截面的锻件时,应沿下砥铁的长度方向进给,以增加锻件与砥铁间的接触面积。圆截面的锻件在拔长后直接用摔子修整。

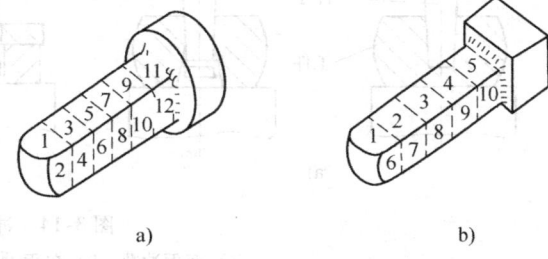

图 3-12 拔长时锻件的翻转方法
a) 方法一 b) 方法二

(3) 冲孔 冲孔是在坯料中冲出通孔或不通孔的操作过程。

冲孔的一般步骤如下:

1) 准备。冲孔前坯料须先镦粗,以减少冲孔深度并使端面平整,避免冲孔时锻件胀裂。为了提高塑性,必须将锻件加热到始锻温度。

2) 试冲。为了保证孔位正确,应先试冲。即先用冲子轻轻冲出孔位的凹痕,并检查孔位是否正确。如有偏差,可将冲子放在正确位置上再试冲一次,加以纠正,如图 3-13a 所示。

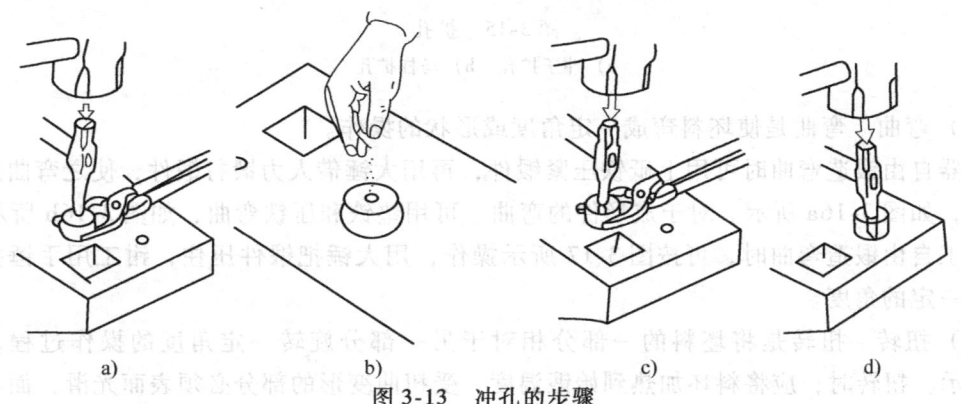

图 3-13 冲孔的步骤
a) 放正冲子,试冲 b) 冲浅坑,撒煤粉 c) 冲至厚度的 2/3~3/4 d) 翻转工件,冲透

3）冲深。孔位检查或修正无误后，可向凹痕内撒放少许煤粉（作用是便于拔出冲子），再继续冲深。此时应注意保持冲子与砧面垂直，防止冲歪，如图 3-13b 所示。

4）冲透。一般锻件采用双面冲孔法，将孔冲到锻件厚度的 2/3～3/4，如图 3-13c 所示。取出冲子，翻转锻件，然后从反面将孔冲透，如图 3-13d 所示。

冲孔工序有三种基本的操作方法：

1）双面冲孔。一般的锻件采用此方法，如图 3-14a 所示。

2）单面冲孔。较薄的锻件采用此方法，如图 3-14b 所示。单面冲孔时应将冲子大头朝下，漏盘孔径不宜过大，且须仔细找正。

3）空心冲子冲孔。冲孔直径大于 400mm 时，用空心冲子冲孔，如图 3-14c 所示。直径小于 25 mm 的孔一般不冲出，可在机械加工时钻出。

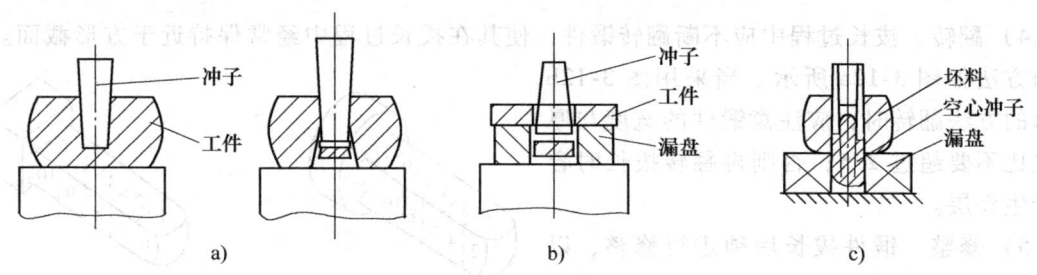

图 3-14　冲孔方法
a）双面冲孔　b）单面冲孔　c）空心冲子冲孔

（4）扩孔　扩孔是减小空心坯料壁厚，增大内、外径的操作过程。有冲子扩孔和马杠扩孔两种，如图 3-15 所示。前者扩孔量小，后者扩孔量大。

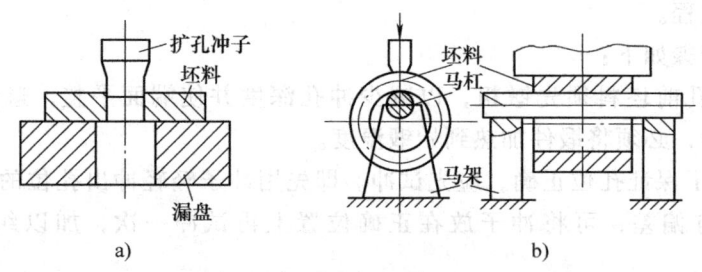

图 3-15　扩孔
a）冲子扩孔　b）马杠扩孔

（5）弯曲　弯曲是使坯料弯成一定角度或形状的操作。

机器自由锻造弯曲时可用上砧铁压紧锻件，再用大锤借人力锻打锻件，使之弯曲成一定的角度，如图 3-16a 所示。对于成形件的弯曲，可用垫铁和压铁弯曲，如图 3-16b 所示。

手工自由锻造弯曲时，可按图 3-17 所示操作，用大锤把锻件压住，钳工用手锤把锻件打弯成一定的角度。

（6）扭转　扭转是将坯料的一部分相对于另一部分旋转一定角度的操作过程，如图 3-18 所示。扭转时，应将料坯加热到始锻温度，受扭曲变形的部分必须表面光滑，面与面的相交处过渡均匀，以防扭裂。

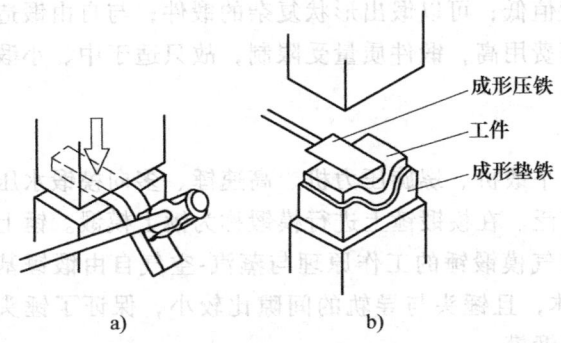
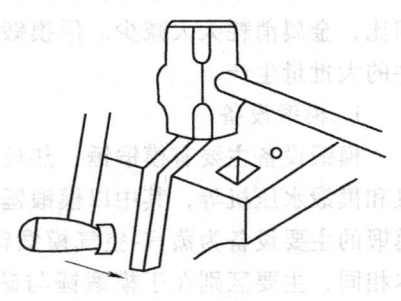

图 3-16　机器自由锻造弯曲
a) 角度弯曲　b) 成形弯曲

图 3-17　手工自由锻造弯曲

（7）错移　错移是将坯料的一部分相对于另一部分平移错开的操作过程，如图 3-19 所示。操作时，先在错移部位压肩，然后加垫板及支承，锻打错开，最后修整。

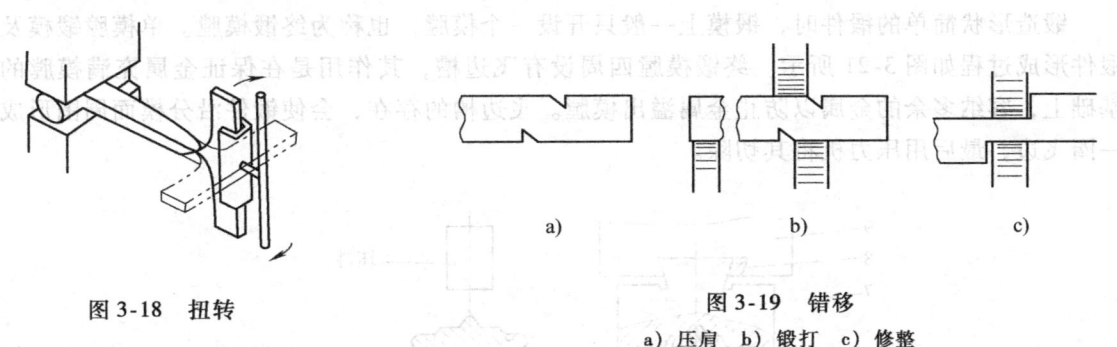

图 3-18　扭转

图 3-19　错移
a) 压肩　b) 锻打　c) 修整

（8）切割　切割是将坯料的一部分相对于另一部分切割分开的操作过程，如图 3-20 所示。方形截面锻件的切割方法如图 3-20a 所示。切割圆形截面锻件时，先将锻件放在带有圆凹槽的剁垫中，边切割边旋转锻件，直至切断，如图 3-20b 所示。

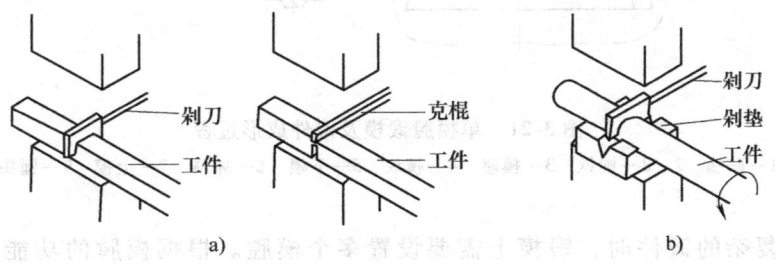

图 3-20　切割
a) 方形锻件的切割　b) 圆形锻件的切割

3.5　模型锻造

模型锻造简称模锻，是将金属坯料放在固定于模锻设备上的上、下锻模的模膛内，施加冲击力或压力，使坯料在模膛所限制的空间内产生塑性变形，从而获得锻件的锻造方法。

模锻生产率高，锻件精度高、表面粗糙度值低；可以锻出形状复杂的锻件；与自由锻造相比，金属消耗大大减少。但模锻设备及锻模费用高，锻件质量受限制，故只适用于中、小锻件的大批量生产。

1. 模锻设备

模锻设备主要有模锻锤、热模锻压力机、平锻机、螺旋压力机、高速锤、多向模锻水压机和模锻水压机等，其中以模锻锤应用最为广泛。在模锻锤上进行模锻称为锤上模锻。锤上模锻的主要设备为蒸汽-空气模锻锤。蒸汽-空气模锻锤的工作原理与蒸汽-空气自由锻锤基本相同，主要区别在于模锻锤与砧座形成一体，且锤头与导轨的间隙比较小，保证了锤头上、下运动的准确性，锤击时便于对准上、下锻模。

2. 锻模及锻件成形过程

锻模是用专用模具钢制造的，由带燕尾的上、下锻模组成，并通过紧固楔铁分别固定在锤头和模座上。根据锻件的形状和模锻工艺的安排，上、下锻模中都设有一定形状的凹腔，称为模膛。

锻造形状简单的锻件时，锻模上一般只开设一个模膛，也称为终锻模膛。单模膛锻模及锻件形成过程如图 3-21 所示。终锻模膛四周设有飞边槽，其作用是在保证金属充满模膛的基础上，容纳多余的金属以防止金属溢出模膛。飞边槽的存在，会使锻件沿分模面周围形成一圈飞边，最后用压力机将其切除。

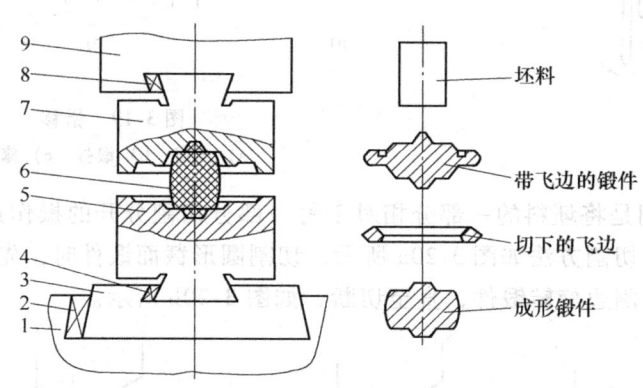

图 3-21 单模膛锻模及锻件成形过程
1—砧座 2、8—楔铁 3—模座 4—楔块 5—下模 6—坯料 7—上模 9—锤头

锻造形状复杂的锻件时，锻模上需要设置多个模膛。根据模膛的功能，将其分为制坯模膛和模锻模膛两大类，其中制坯模膛又分为拔长（即延伸）模膛、滚压模膛、弯曲模膛、成形模膛、镦粗台阶、压肩面和切断模膛等；而模锻模膛又可分为预锻模膛和终锻模膛。

图 3-22 所示为弯曲连杆在多模膛锻模中进行锤上模锻时的成形过程。其中延伸模膛、滚压模膛、弯曲模膛均属于制坯模膛，依次在这三个模膛内锻打坯料，使其逐步接近锻件的基本形状，然后再将其分别放入预锻模膛和终锻模膛内进行预锻和终锻，最后放入切边模中切去毛边，得到所需形状和尺寸的锻件。

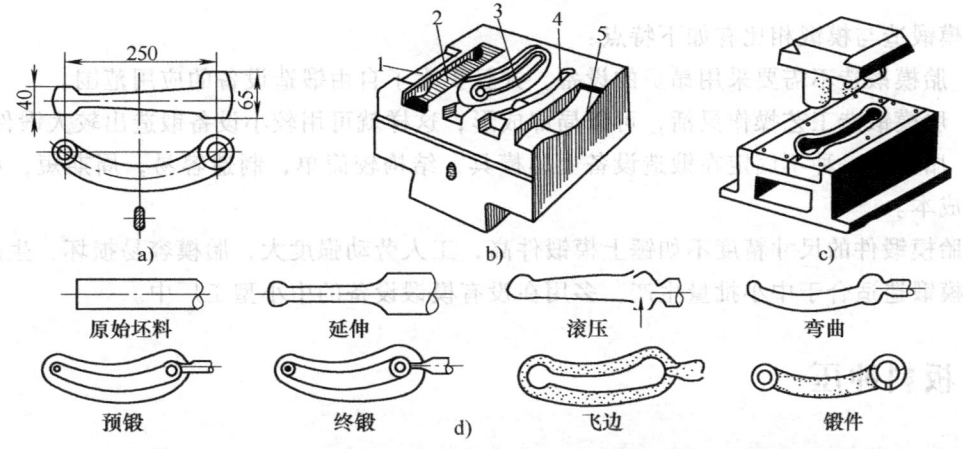

图 3-22 弯曲连杆在多模腔锻模中进行锤上模锻时的成形过程
1—延伸模膛 2—滚压模膛 3—终锻模膛 4—预锻模膛 5—弯曲模膛

3.6 胎模锻造

在自由锻造设备上,将加热的坯料放在简单模具(胎模)内,通过打击胎模使坯料在模膛内成形的锻造方法称为胎模锻造。它是介于自由锻造和模锻之间的生产方法。胎模可以看作是仅拥有一个模膛的锻模,根据锻制时的需要,只在用时才放在砧铁上进行锻造,用完后取下,然后按变形顺序放上另一个胎模,继续锻造,直至完成锻件的生产。因此,胎模不是永久固定在锤头或砧座上的,是可移动模具。胎模结构简单、形式多样,常用胎模的种类和结构及用途见表 3-3 所示。

表 3-3 常用胎模的种类和结构及用途

名称	简图	结构和用途	名称	简图	结构和用途
摔模		摔模由上摔、下摔及摔把组成。常用于回转体轴类锻件的成形或精整,或为合模制坯	合模		合模由上模、下模及导向装置组成。多用于连杆、拨叉等形状较复杂的非回转体锻件终锻成形
扣模		扣模由上扣、下扣组成,有时仅有下扣。主要用于非回转体锻件的整体、局部成形或为合模制坯	弯模		弯模由上模、下模组成,用于钓钩、吊环等弯竿类锻件的成形,或为合模制坯
套模		套模由模套及上模、下模组成。用于齿轮、法兰盘等盘类零件的成形	冲切模		由冲头、凹模组成,用于锻后切边、冲孔

胎模锻造与模锻相比有如下特点：

1）胎模锻造不需要采用昂贵的设备，并且扩大了自由锻造设备的应用范围。

2）胎模锻造工艺操作灵活，可以局部成形，这样就可用较小设备锻造出较大锻件。

3）胎模是一种不固定在锻造设备上的模具，结构较简单，制造容易，周期短，可降低锻件的成本。

但胎模锻件的尺寸精度不如锤上模锻件高，工人劳动强度大，胎模容易损坏，生产率不高。胎模锻造适合于中小批量生产，多用在没有模锻设备的中小型工厂中。

3.7 板料冲压

在压力的作用下，利用装在压力机上的冲模，使板料分离或变形，从而制成所需形状和尺寸制件的加工方法称为板料冲压，简称为冲压。冲压件的厚度一般很小，当板料厚度小于8mm时，冲压是在常温下进行的，故又称为冷冲压；当板料厚度超过8mm时，可采用热冲压。冲压件尺寸准确，表面光洁，冲压后一般不再进行加工，而只需钳工稍作加工或修整后即可使用。

1. 冲压设备

（1）压力机　板料冲压的主要设备是压力机，也称冲床。压力机种类繁多，图3-23所示为开式双柱可倾式压力机的外观图和传动简图。压力机由电动机3驱动，经V带减速系统13及离合器7带动曲轴6旋转；再通过曲柄6和连杆4，使滑块10沿导轨做上下往复运动。冲模的下模板固定在工作台上；上模板安装在滑块下端，随着滑块做上下往复运动，从而完成冲压动作。

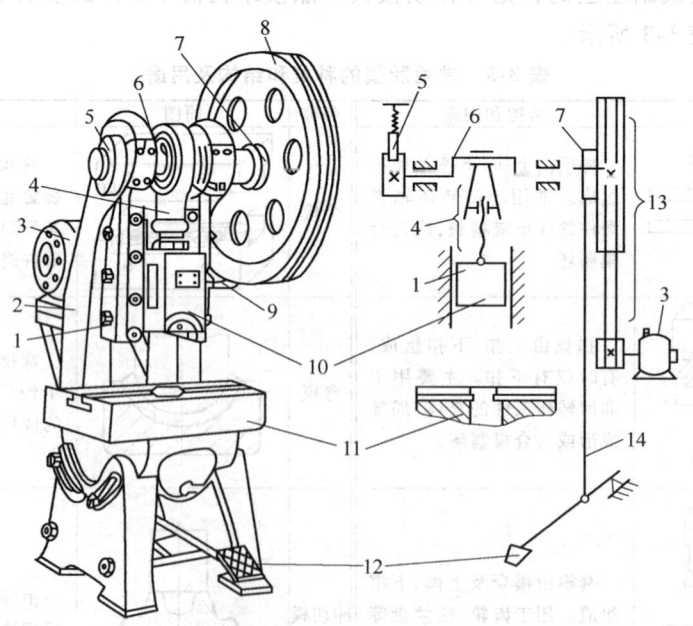

图3-23　开式双柱可倾式冲床的外观图和传动简图

1—导轨　2—床身　3—电动机　4—连杆　5—制动器　6—曲柄　7—离合器　8—带轮
9—V带　10—滑块　11—工作台　12—踏板　13—V带减速系统　14—拉杆

（2）剪床　剪床的用途是把板料切成一定宽度的条料，为冲压准备毛坯或用于切断工序。剪床分为平刃剪床和斜刃剪床两种。平刃剪床的上、下刀刃互相平行，适于剪切窄而厚的板料；斜刃剪床的上刀刃做成倾斜状，适于剪切宽而薄的板料。

如图3-24所示，电动机1通过带轮2使传动轴转动，通过离合器3带动曲轴4转动，曲轴4通过连杆带动滑块沿导轨上、下运动。滑块上装有上刀刃，工作台上装有下刀刃，上、下刀刃在滑块5的带动下配合动作便可对板料进行剪切。离合器3与制动器7配合，滑块5可停在上极限位置，以便于进行取料、送料以及为下次剪切做准备。工作时电动机不停地转动，操作者通过离合器控制滑块的上、下运动来实现剪切等工作。

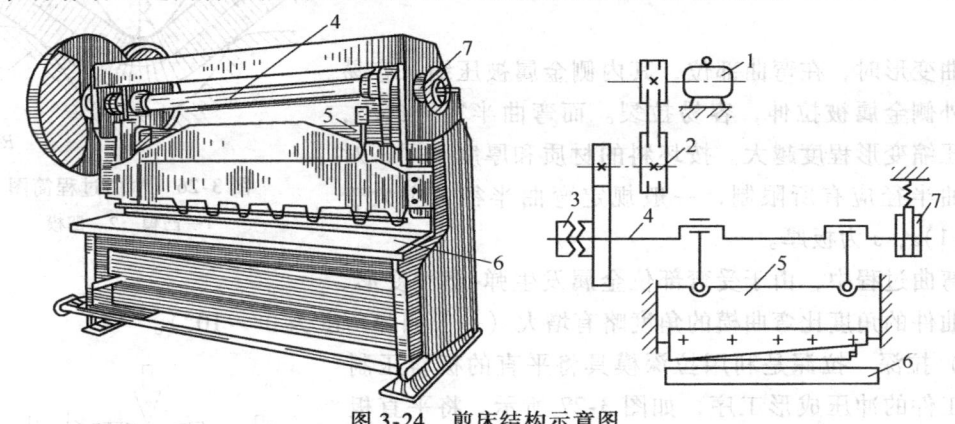

图3-24　剪床结构示意图

1—电动机　2—带轮　3—离合器　4—曲轴　5—滑块　6—工作台　7—制动器

2. 冲压基本工序

冲压工艺按其变形性质可分为材料的分离与成形两大类，其中材料的分离主要包括剪切、冲裁（落料和冲孔）、切边、剖切等工序；材料的成形主要包括弯曲、卷圆、扭曲、拉深、翻边、胀形、挤压等工序。下面简单介绍几种常见的冲压工序。

（1）剪切　剪切是使板料沿不封闭的轮廓分离的冲压工序，通常在剪床（剪板机）上进行，其目的是将原始板料剪切成一定宽度的长条坯料，以便在下一步的冲压工序中进行送料，因此，剪切工序通常作为其他冲压工序的准备工序。

（2）冲裁　冲裁是使板料在冲模刃口作用下，沿封闭轮廓分离的冲压工序。冲裁包括落料和冲孔，如图3-25所示。落料和冲孔的操作方法及板料分离的过程是相同的，只是两者的用途不同。

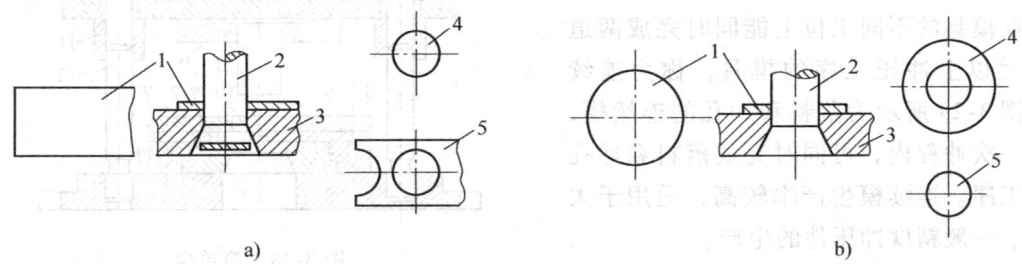

a)

b)

图3-25　落料和冲孔

a）落料　b）冲孔

1—坯料　2—凸模　3—凹模　4—成品　5—废料

1) 落料。用冲裁模从坯料上冲下所需要的块料（图 3-25a）。冲下的部分作为工件或进一步加工的半成品，其余部分则为废料。

2) 冲孔。用冲裁模在半成品工件（或坯料）上冲出所需要的孔洞（图 3-25b）。冲下的部分是废料，而冲孔后的板料本身（周边）是工件。

(3) 弯曲　弯曲是利用弯曲模具将坯料（工件）弯成具有一定曲率和角度的冲压变形工序，如图 3-26 所示。金属坯料在凸模的压力作用下，按凸模和凹模的形状发生弯曲变形。弯曲变形不仅可以加工板料，也可加工管子等型材。

弯曲变形时，在弯曲部位，其内侧金属被压缩，容易起皱，外侧金属被拉伸，容易拉裂。而弯曲半径 r 越小，拉伸和压缩变形程度越大。按坯料的材质和厚度不同，对最小弯曲半径应有所限制，一般规定弯曲半径 r 应大于 $(0.25 \sim 1)s$，s 为板厚。

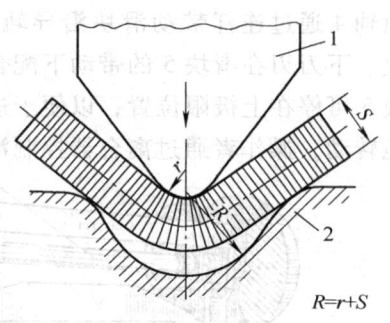

图 3-26　弯曲过程简图
1—凸模　2—凹模

在弯曲过程中，由于受弯部位金属发生弹-塑性变形，因此弯曲件的角度比弯曲模的角度略有增大（一般回弹角度为 $0° \sim 10°$）。

(4) 拉深　拉深是利用拉深模具将平直的板料压制成空心工件的冲压成形工序，如图 3-27 所示。将平直板料（坯料）放在凸模和凹模之间，并由压边圈适当压紧，其作用是防止坯料在厚度方向变形。在凸模的压力作用下，金属坯料被拉入凹模后变形，最终被拉制成杯形或盒形的空心工件，并且其壁厚基本不变。

3. 冲压模具

冲压模具（简称冲模）是使坯料分离或变形必不可少的工艺装备，按其功能不同，可分为简单模、连续模和复合模三种。

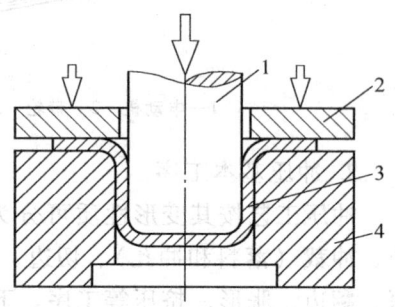

图 3-27　拉深
1—凸模　2—压边圈　3—工件　4—凹模

(1) 简单模　在压力机的一次行程中只完成一道冲压工序的模具称为简单模，如图 3-28 所示。简单模结构简单、制造容易，但其生产率低，只适用于小批量、低精度冲压件的生产。

(2) 连续模　在压力机的一次冲程中，在模具的不同工位上能同时完成两道或两道以上冲压工序的模具，称为连续模。图 3-29 所示为落料和冲孔的连续模，即在一次冲程内，可同时完成落料和冲孔两道工序。连续模生产率较高，适用于大批量、一般精度冲压件的生产。

(3) 复合模　在压力机的一次冲程中，在模具的同一工位上能完成两道或两道以上冲压工序的模具。图 3-30 所示为

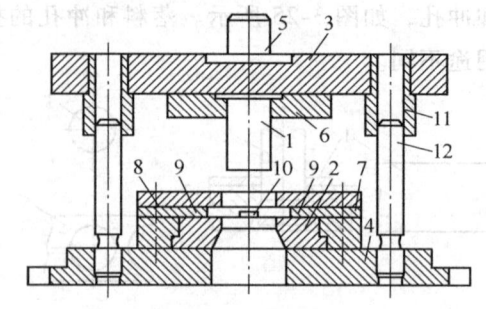

图 3-28　简单模
1—凸模　2—凹模　3—上模板　4—下模板
5—模柄　6、7—压板　8—卸料板　9—导板
10—定位销　11—导套　12—导柱

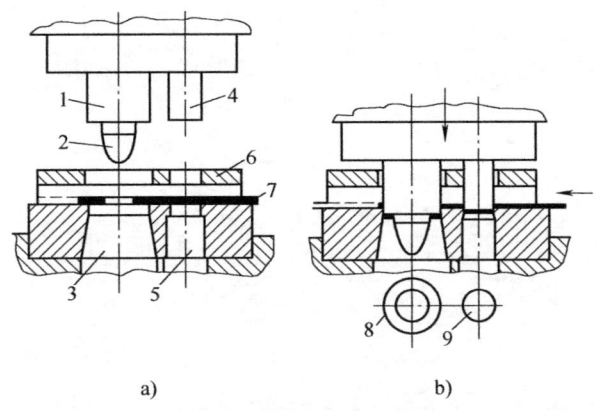

图3-29 落料和冲孔连续模
a) 板料送进 b) 冲裁
1—落料凸模 2—定位销 3—落料凹模 4—冲孔凸模 5—冲孔凹模 6—卸料板 7—坯料 8—成品 9—废料

落料及拉深复合模。复合模结构复杂,但其具有较高的生产率,适用于大批量、高精度冲压件的生产。

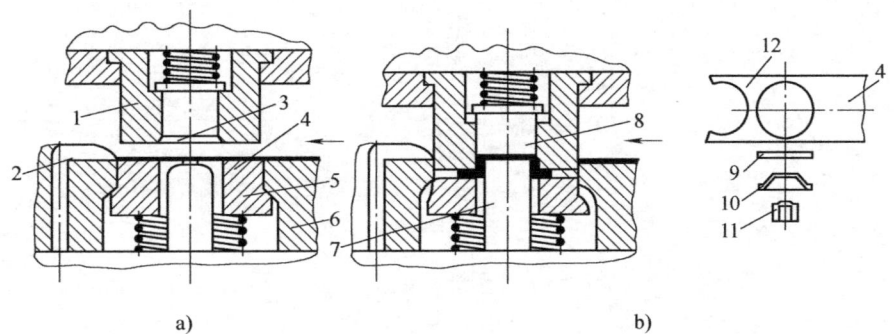

图3-30 落料及拉深复合模
1—落料凸模 2—挡料销 3—拉深凹模 4—条料 5—压板(卸件器)
6—落料凹模 7—拉深凸模 8—顶出器 9—坯料 10—开始拉深件 11—零件 12—切余材料

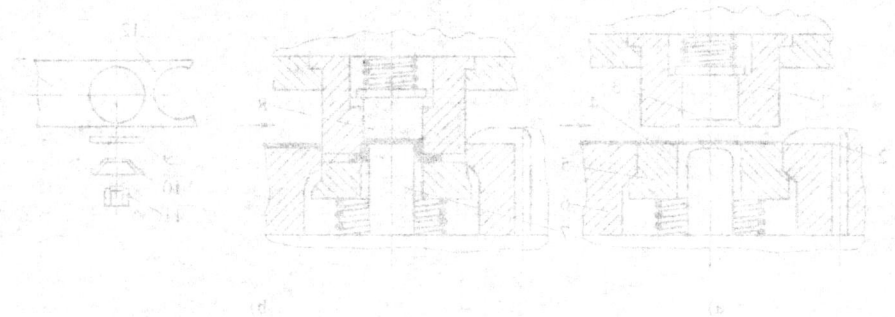

图 3-30 齿轮及轴套复合注塑
1—导柱套；2—导柱；3—定位圈；4—主流道；5—型芯（齿轮和轴套）；6—侧型芯；7—主流道套；8—定模板；9—推出套；10—齿轮；11—注塑齿轮的芯轴；12—模具零件；13—注塑轴套

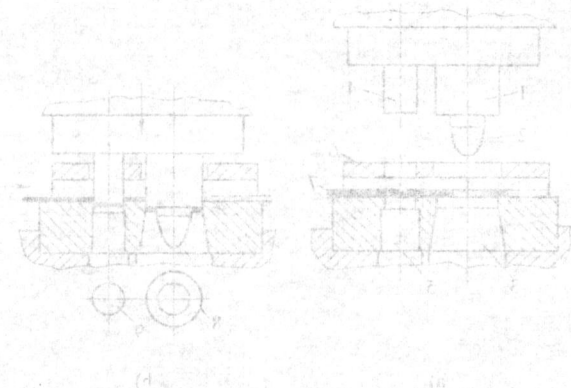

图 3-29 零件预埋和连接塑
(a) 螺钉连接 (b) 分件
1—螺钉压芯；2—连接件；3—型腔固定板；4—分型面；5—注射固定板；6—止动件；7—压料；8—推杆；9—型腔

保持良好接合度；使各接合处紧密，使其与注塑芯形成一大批量，有精度和增加的生产。

锻 造 实 习

1. 实习记录

(1) 实习用空气锤的型号及其所代表的含义是什么?

(2) 实习中使用的砧座属何种形态?它是用什么材料制成的?

(3) 实习中使用的锻造工具有哪些?

(4) 实习中的丫叉或榔头坯料是什么材料?其始锻、终锻温度和锻造温度范围分别为多少?

(5) 实习用的锻造加热炉的主要组成部分有哪些?

(6) 简要描述机器自由锻造时握钳的姿势。

2. 观察与思考
(1) 操作空气锤可以完成哪些主要动作?实习中用到其中的什么动作?

(2) 一般情况下，碳钢锻件每加热一次，氧化烧损大约是多少？

(3) 金属坯料加热到 600℃时呈何颜色？此时锻打会出现什么现象？

(4) 锻件加热时，产生氧化和脱碳缺陷的主要原因是什么？

(5) 比较过热与过烧有何异同。

(6) 镦粗与拔长的操作要点和应用场合有什么不同？

(7) 铸铁加热到较高的温度后进行锻打会出现什么现象？为什么？

(8) 锻件加热时，产生裂纹缺陷的主要原因是什么？

3. 体会与建议

实习时间：_____　分数：_____

第4章 焊 接

4.1 焊接概述

1. 焊接方法及其分类

焊接是将两个分离的金属体，通过加热或加压，或两者兼用，并且用或不用填充材料，使焊接金属达到原子结合而连接成为一个不可拆卸的整体的一种加工方法。

根据焊接的工艺特点和母材金属所处的状态，将焊接方法分为三大类：熔化焊、压焊和钎焊。

（1）熔化焊 将接头加热至熔化状态，有时另加填充材料形成共同熔池，然后冷却凝固使焊件连成一个整体，是一种不加压力的焊接方法。常见的熔化焊有焊条电弧焊、气焊、埋弧焊、氩弧焊、电渣焊、激光焊、电子束焊等。

（2）压焊 对焊件连接处施加压力，使接头处紧密接触并产生塑性变形，通过原子间的结合而使焊件形成一个整体的一种焊接方法。连接处可加热也可不加热。常见的有电阻焊、摩擦焊、高频焊、冷压焊、扩散焊、爆炸焊等。

（3）钎焊 采用熔点比母材低的钎料，将焊件接头和钎料加热到高于钎料的熔点而母材料不熔化的温度，利用毛细管作用使液态钎料填充接头间隙与母材相互扩散连接焊件的焊接方法。常见的有锡焊、铜焊、银焊、超声波钎焊等。

2. 焊接方法的特点

（1）连接性能好 焊接可以比较方便地将不同形状与厚度的型材连接起来，也可以将铸、锻件焊接起来；甚至能将不同种类的材料连接起来，从而使结构中不同种类和规格的材料应用得更合理。焊接连接刚度大、整体性好，同时焊接容易保证气密性与水密性。

（2）简化工艺 焊接工艺一般不需要大型、贵重的设备，因而设备投资少、投产快，容易适应不同批量的结构生产，更换产品方便。此外，焊接参数的电信号易于控制，容易实现自动化。焊接机械手和机器人已用于工业部门。

（3）节省材料和工时 焊接适宜于制造尺寸较大的产品和形状复杂及单件或小批量生产的结构，并可在一个结构中选用不同种类和价格的材料，以提高技术及经济效益。

但是，焊接也存在如下一些不足之处。如对某些材料的焊接有一定困难，焊缝及热影响区有时因工艺不当产生某些缺陷等。但是只要合理选用材料、精心设计、选用合理的焊接工艺、设计严格的科学管理制度，就可以大大提高焊件的使用寿命。

3. 焊接方法的应用

焊接技术可用于制造金属结构件，广泛用于造船、车辆、桥梁、航空航天、建筑钢结构、重型机械、化工装备等工业部门，采用金属型材、板材和管材等，通过焊接技术制造各种金属结构件。可制造机器零件和毛坯，也可做成锻-焊、铸-焊复合件。另外，在生产中可用以修补铸、锻件的缺陷或局部损坏的零件，具有很好的经济效益。

4.2 焊条电弧焊

焊条电弧焊是利用电弧热源加热零件实现熔化焊接的方法。焊接过程中电弧把电能转化成热能和机械能,加热零件,使焊丝或焊条熔化并过渡到焊缝熔池中去,熔池冷却后形成一个完整的焊接接头。焊条电弧焊应用广泛,可以焊接板厚从 0.1mm 以下到数百毫米的金属结构件,在焊接领域中占有十分重要的地位。图 4-1 所示为焊条电弧焊示意图。

1. 焊接电弧

电弧是电弧焊接的热源,电弧燃烧的稳定性对焊接质量有重要影响。

(1) 焊接电弧的形成　焊接时,先将焊条与焊件瞬间接触,发生短路。强大的短路电流流经少数几个接触点,致使接触点处温度急剧升高并熔化,甚至部分发生蒸发。当焊条迅速提起时,焊条端头的温度已升得很高,在两电极间的电场作用下,产生了热电子发射。飞速的电子撞击焊条端头与焊件间的空气,使之电

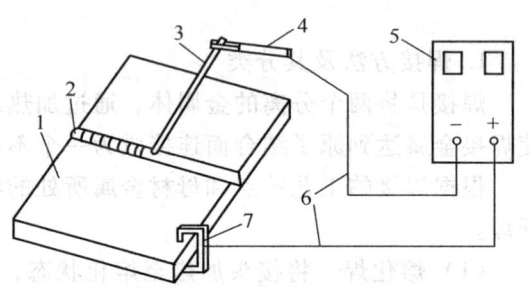

图 4-1　焊条电弧焊示意图
1—零件　2—焊缝　3—焊条　4—焊钳
5—焊接电源　6—电缆　7—地线夹头

离成正离子和负离子,负离子流向正极,正离子流向负极。这些带电离子质点的定向运动形成焊接电弧。

(2) 焊接电弧的构造、温度和极性　焊接电弧由阴极区、阳级区和弧柱区三部分组成,如图 4-2 所示。各部分的温度不同。以铁为电极材料的电弧为例:阴极区温度约为 2000K,阳级区温度约为 2600K,而弧柱区温度高达 6000~8000K。通常,在阳极材料和阴极材料相同的情况下,阳极温度略高于阴极温度,而弧柱温度则随电流增大而升高。

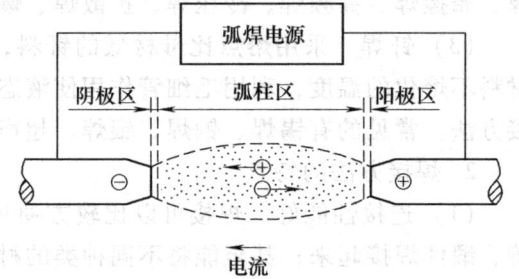

图 4-2　焊接电弧示意图

由于电弧中各区温度不同,因此,用直流电源焊接时有正接法和反接法的区分。工件接电焊机的正极,焊条接电焊机的负极的接法称为正接法;反之则为反接法。焊接薄板时,采用直流反接可防止烧穿。正常焊接时,为获得较大的熔深,则用正接法。堆焊金属时,采用反接,目的是增加焊条的熔化速度,减小母材的熔深,降低母材对堆焊层的稀释。对于碱性焊条,用直流电源可使电弧稳定。使用交流电焊接时,由于电源周期性地改变极性,故无正接法和反接法的区分。焊条和工件上的温度及热量分布趋于一致。图 4-3 所示为焊接电源极性示意图。

2. 焊条

(1) 组成　焊条主要由焊芯和药皮两部分组成,如图 4-4 所示。

焊芯的一个作用是作为电极导电,同时它也是形成焊缝金属的主要材料,因此焊芯的质量直接影响焊缝的性能,其材料都是特制的优质钢。焊接碳素结构钢的焊芯一般是 $w_C = 0.08\%$ 的低碳钢,应用最普遍的有 H08 和 H08A,其对含碳量及硫、磷等有害杂质都有极严格的限

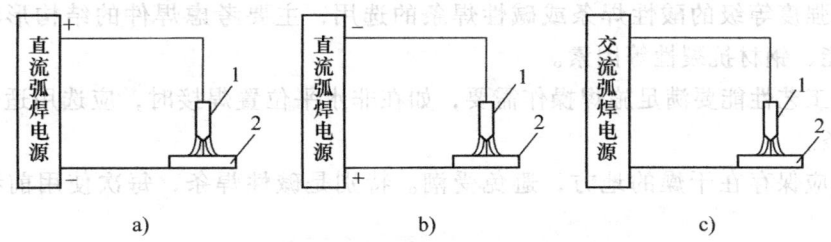

图 4-3 焊接电源极性示意图
a) 直流反接 b) 直流正接 c) 交流
1—焊钳 2—零件

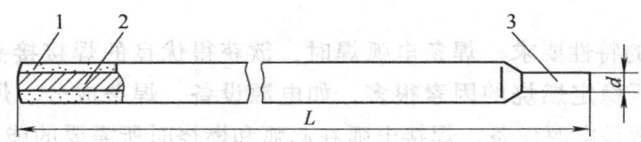

图 4-4 焊条结构
1—药皮 2—焊芯 3—焊条夹持部分

制。常用的焊条直径（即焊芯的直径）为 3~6mm，长度为 350~450mm。

药皮是压涂在焊芯表面的涂料层，焊接时形成熔渣及气体。药皮对焊接质量的好坏同样起着重要的作用。药皮的主要作用是：

1) 保持电弧稳定燃烧，以改善焊接工艺，保证焊接质量。

2) 对焊缝进行机械保护。药皮在焊接时产生大量的气体和熔渣，隔绝空气的有害影响，对焊缝金属起到保护作用。

3) 脱去焊缝金属的有害杂质（如氧、氢、硫、磷等）。

4) 向焊缝金属渗入有益的合金元素，以改善焊缝质量。

(2) 分类 焊条电弧焊所用的焊条种类很多。按我国统一的焊条牌号，共分为九大类，如结构钢焊条、不锈钢焊条、堆焊焊条、镍和镍合金焊条、铝和铝合金焊条、铸铁焊条、铜及铜合金焊条、特殊用途焊条等，其中应用最广的是结构钢焊条。结构钢焊条按熔渣的性质，可分为酸性和碱性两类。如果熔渣中的酸性氧化物比碱性氧化物多，这种焊条就是酸性焊条；反之，则是碱性焊条。通常酸性焊条的焊接质量较碱性焊条的差。

(3) 牌号 常用的酸性焊条牌号有 J422、J502 等，碱性焊条牌号有 J427、J506 等。牌号中的"J"表示结构钢焊条；牌号中三位数字的前两位"42"或"50"表示焊缝金属的抗拉强度等级，分别为 420MPa 或 500MPa；最后一位数字表示药皮类型和焊接电源种类，1~5 为酸性焊条，使用交流或直流电源均可，6~7 为碱性焊条，只能用直流电源。

(4) 保管和选用 焊条的种类与牌号很多，选用是否恰当，将直接影响焊接质量、生产率和产品成本。选用时考虑下列原则：

1) 根据焊件的金属材料种类选用相应的焊条种类。例如，焊接碳钢时应选用结构钢焊条；焊接不锈钢或耐热钢等有特殊性能要求的钢材时，应选用相应的专用焊条，以保证焊缝金属的主要化学成分和性能与母材相同。

2) 焊缝金属要与母材等强度，可根据钢材强度等级来选用相应强度等级的焊条。对异种钢的焊接，应选用与强度等级低的钢材相应的焊条。

3) 同一强度等级的酸性焊条或碱性焊条的选用，主要考虑焊件的结构形状、钢材厚度、载荷性能、钢材抗裂性等因素。

4) 焊条工艺性能要满足施焊操作需要，如在非水平位置焊接时，应选用适合于各种位置焊接的焊条。

5) 焊条应保存在干燥的地方，避免受潮。特别是碱性焊条，每次使用前都要经烘干处理。

3. 弧焊设备与工具

焊条电弧焊机简称弧焊机或电焊机，是焊条电弧焊的电源。焊条电弧焊时，电焊机与电弧组成一个电源-负载系统。在稳定状态下弧焊电源的输出电压与输出电流之间的关系称为电源的外特性。

(1) 弧焊电源的特性要求　焊条电弧焊时，欲获得优良的焊接接头，首先要使电弧稳定地燃烧。决定电弧稳定燃烧的因素很多，如电源设备、焊条成分、焊接规范及操作工艺等，其中主要的因素是电源设备。焊接电弧在起弧和燃烧时所需要的能量，是靠电弧电压和焊接电流来保证的，为确保能顺利起弧和稳定地燃烧，对焊接电源的特性有如下要求：

1) 具有陡降的特性。一般用电设备都要求电源电压不随负载变化而变化，即要近似水平的特性。但焊接电源则要求其电压随负载增大而迅速降低，这样才能满足下列的焊接要求：

① 具有一定的空载电压（60～80V），用来击穿空间气体，以满足引弧需要。

② 能满足焊条与工件短路时，点燃电弧所需的较大短路电流，同时限制适当的短路电流，以保证焊接过程频繁短路时，电流不致无限增大而烧毁电源。

③ 电弧长度发生变化时，能保证电弧的稳定。

2) 焊接电流具有调节特性，以适应不同材料和板厚的焊接要求。

(2) 常用电弧焊电源

1) 交流弧焊机。交流弧焊机是弧焊电源中最简单的一种。这种弧焊机具有材料省、效率高、使用可靠、维修容易等优点，但焊接时电弧稳定性不太好。

2) 直流弧焊机

① 发电机式直流弧焊机　它是按照焊接电源的要求而设计制造的直流发电机，一般以交流电机为动力，带动一台弧焊直流发电机。它是一种常用的直流弧焊机，其优点是引弧稳定，焊接质量高；但结构复杂、价格贵、噪声大。

② 整流式直流弧焊机。它是近年发展起来的一种直流弧焊机，它把交流电经整流器整流后而得到直流电。它除具有发电机式直流弧焊机的优点外，还具有噪声小、空载损耗小、效率高、成本低、制造与维修容易等优点，正逐步取代发电机式直流弧焊机。

(3) 弧焊机的主要参数　无论是交流弧焊机还是直流弧焊机，它们的技术参数基本上是相同的。这些主要技术参数都标明在弧焊机的标牌上，包括初级电压、空载电压、工作电压、输入容量、电流调节范围和负载持续率等。

初级电压是指弧焊机所要求的电源电压，一般单相为220V、380V或三相为380V；空载电压是指弧焊机在未焊接时的输出电压，一般为60～90V；工作电压是指弧焊机在焊接时输出的电压，一般为20～40V；输入容量是指由网路输入到弧焊机的电流与电压的乘积，它表示弧焊变压器传递电功率的能力；电流调节范围是指弧焊机在正常工作时间可提供的焊接电流范围;负载持续率是指 5min 内有焊接电流的时间所占有的平均百分数。

(4) 手弧焊工具

1) 焊钳。用来传导电流和夹持焊条的工具,常用的有 300A 和 500A 两种。

2) 面罩。用以保护眼睛和面部,免受飞溅和弧光伤害的一种遮蔽工具,有手持式和头盔式两种。

3) 焊接电缆。多采用多股细铜线电缆,一般可选用 YHH 型电焊橡皮套电缆或 THHR 型电焊橡皮套特软电缆。

4. 焊接接头形式、坡口形式及焊接位置

(1) 焊接接头形式 在焊接前,应根据焊接部位的形状、尺寸、受力,选择合适的接头类型。

焊接接头是指用焊接方法连接的接头,它由焊缝、熔合区、热影响区及其邻近的母材组成。根据接头的构造形式不同,可分为对接接头、搭接接头、角接接头、T 形接头等,如图 4-5 所示。

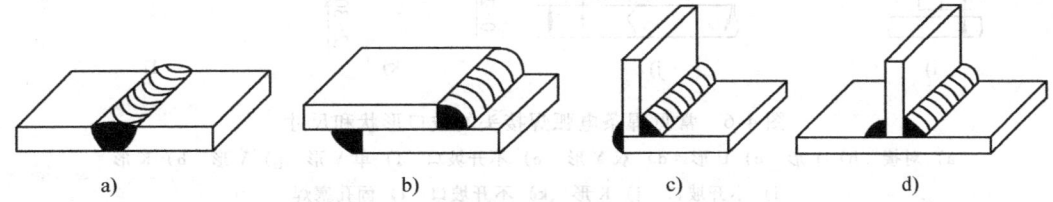

图 4-5 常用的焊接接头形式
a) 对接接头 b) 搭接接头 c) 角接接头 d) T 形接头

(2) 坡口形式 熔焊接头焊前加工坡口,目的在于使焊接容易进行,电弧能沿板厚熔敷一定的深度,保证接头根部焊透,并获得良好的焊缝成形。焊接坡口的形状有 I 形、V 形、U 形、双 V 形、J 形等多种。常见焊条电弧焊接头的坡口形状和尺寸如图 4-6 所示。对焊件厚度小于 6mm 的焊缝,可以不开坡口或开 I 形坡口;中厚度和大厚度板对接时,为保证熔透,必须开坡口。V 形坡口便于加工,但零件焊后易发生变形;X 形坡口可以避免 V 形坡口的一些缺点,同时可减少填充材料;U 形及双 U 形坡口,其焊缝填充金属量更小,焊后变形也小,但坡口加工困难,一般用于重要焊接结构。

(3) 焊接位置 在实际生产中,由于焊接结构和零件移动的限制,焊缝在空间的位置除平焊外,还有立焊、横焊、仰焊,如图 4-7 所示。平焊操作方便,焊缝成形条件好,容易获得优质焊缝并具有高的生产率,是最合适的位置;其他三种又称空间位置焊,焊工操作较平焊困难,受熔池液态金属重力的影响,需要对焊接规范进行控制并采取一定的操作方法才能保证焊缝成形,其中仰焊的焊接条件最差,立焊、横焊次之。

5. 焊接参数

焊接参数是指影响焊缝形状、大小、质量和生产率的各项参数,主要包括焊条直径、焊接电流、焊接速度和电弧电压等。

(1) 焊条直径 主要根据被焊工件的厚度来选择,可参考表 4-1。为了提高生产率,可以尽量选择直径大的焊条。对开坡口多层焊的第一层及非平焊位置应选用直径较小的焊条。

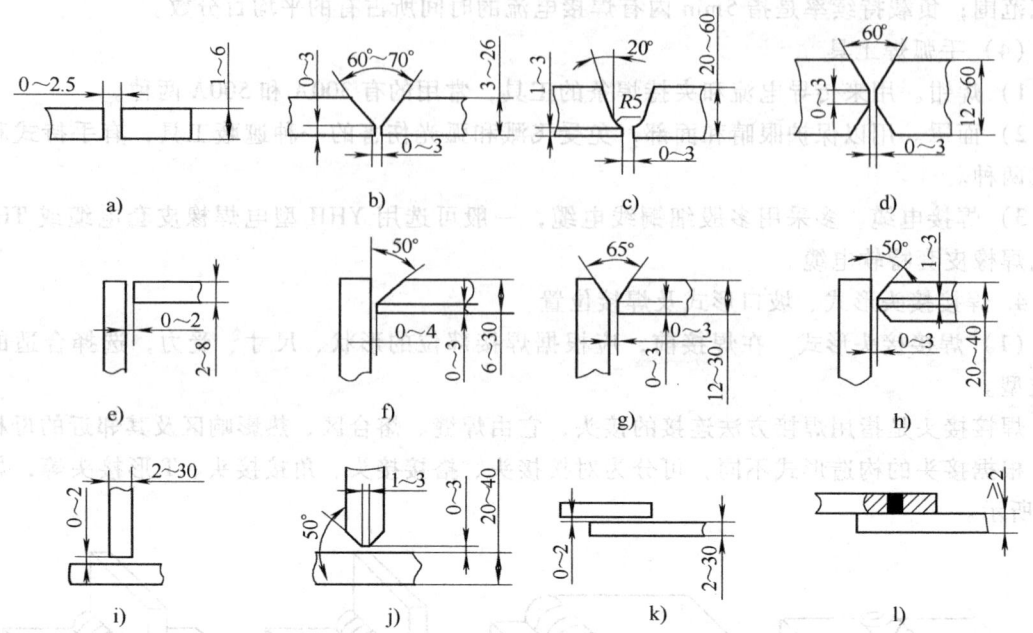

图 4-6 常见焊条电弧焊接头的坡口形状和尺寸

a) 对接 b) Y 形 c) U 形 d) 双 Y 形 e) 不开坡口 f) 单 V 形 g) V 形 h) K 形
i) 不开坡口 j) K 形 k) 不开坡口 l) 固孔塞焊

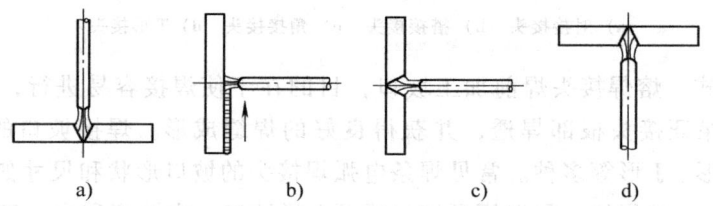

图 4-7 焊接位置

a) 平焊 b) 立焊 c) 横焊 d) 仰焊

表 4-1 焊条直径的选择

焊件厚度/mm	<2	2~3	4~6	6~10
焊条直径/mm	2	3	3~4	4~6

（2）焊接电流 电流过大则焊条容易被烧红并使药皮失效；电流过小则会焊不透，生产率低。焊接电流的大小一般可根据焊条的直径来选择，可参考表 4-2。此外，还要考虑工件厚度、接头形式、焊条种类、焊接位置等因素，当板厚较大，采用 T 形接头或搭接接头时，焊接电流要增大一些；非平焊位置焊接时，焊接电流要减小一些。最后通过试焊来确定焊接电流的大小。

表 4-2 焊接电流与焊条直径的关系

焊条直径/mm	1.6	2.0	2.5	3.2	4	5	6
焊接电流/A	25~40	40~65	50~80	100~130	160~210	200~270	260~300

（3）电弧电压 由电弧长度来决定。电弧长，电弧电压高，反之则低。弧长是指焊接

电弧的长度,即阴极区、弧柱和阳极区长度的总和。弧长过长时,燃烧不稳定,熔深减小,金属飞溅,容易产生气孔等缺陷;电弧太短,容易粘焊条。一般要求弧长不超过焊条直径 d,取弧长 $L=0.51d$,相应的电弧电压在 $16\sim25V$ 之间,并保持弧长稳定。焊接过程中,为了维持电弧的稳定燃烧,应尽量采用短弧焊接,且碱性焊条比酸性焊条更短些,立焊、横焊、仰焊比平焊更短一些。

(4) 焊接速度　单位时间内完成的焊缝长度。焊接速度的快慢一般不作规定,由操作者凭经验灵活掌握。原则上,在保证焊透的前提下,应尽量提高焊速,以提高生产率。

6. 焊接过程

(1) 备料　按图样要求对原材料画线,并裁剪成一定形状和尺寸。注意选择合适的接头形式,当工件较厚时,接头处还要加工出一定形状的坡口。

(2) 焊接参数的选择　根据被焊工件厚度、焊接位置、接头形式及焊接层数来确定焊条直径、焊接电流、焊接速度和电弧电压等参数。

(3) 施焊

1) 引弧。焊接电弧的建立称为引弧。焊条电弧焊有两种引弧方式:划擦法和直击法。

划擦法操作是在弧焊机电源开启后,将焊条末端对准焊缝,并保持两者的距离在15mm以内,依靠手腕的转动,使焊条在零件表面轻划一下,并立即提起 $2\sim4mm$,电弧引燃,然后开始正常焊接。

直击法操作是在焊机开启后,先将焊条末端对准焊缝,然后稍点一下手腕,使焊条轻轻撞击零件,随即提起 $2\sim4mm$,就能使电弧引燃,开始焊接。

2) 焊条的运动。焊条电弧焊是依靠手工操作使焊条运动而实现焊接的,此种操作也称运条。运条包括控制焊条角度、焊条送进、焊条摆动和焊条前移,如图4-8所示。运条技术的具体运用根据零件材质、接头形式、焊接位置、焊件厚度等因素决定。常见的焊条电弧焊运条方式如图4-9所示,直线形运条方式适用于板厚为 $3\sim5mm$ 不开坡口的对接平焊;锯齿

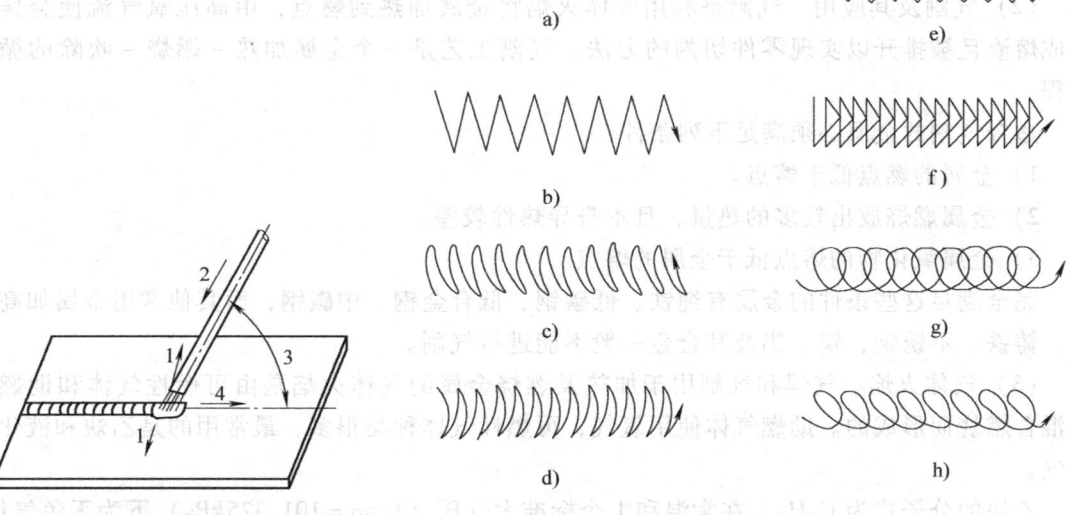

图 4-8　焊条运动和角度控制
1—横向摆动　2—送进　3—焊条与零件夹角为 $70°\sim80°$　4—焊条前移

图 4-9　常见焊条电弧焊运条方法
a) 直线形　b) 锯齿形　c) 月牙形　d) 反月牙形
e) 斜三角形　f) 正三角形　g) 圆圈形　h) 斜圆圈形

形运条方式多用于厚板的焊接；月牙形运条方式对熔池加热时间长，容易使熔池中的气体和熔渣浮出，有利于得到高质量焊缝；正三角形运条方式适合于不开坡口的对接接头和T形接头的立焊；正圆圈形运条方式适合于焊接较厚零件的平焊缝。

3) 焊缝的收尾。焊缝的收尾是指焊缝结束时的操作。焊条电弧焊一般熄弧时都会留下弧坑。过深的弧坑会导致焊缝收尾处缩孔、产生弧坑应力裂纹。焊缝的收尾操作时，应保持正常的熔池温度，做无直线运动的横摆点焊动作，逐渐填满熔池后再将电弧拉向一侧熄灭。此外还有三种焊缝收尾的操作方法，即划圈收尾法、反复断弧收尾法和回焊收尾法，也在实践中经常用到。

4) 焊接的点固。为了固定两工件的相对位置，以便于施焊，焊接装配时，每隔一定距离焊上 30~40mm 的短焊缝，使焊件相互位置固定，称为点固。

4.3 气焊与气割

1. 基本原理

(1) 气焊及其应用　气焊是利用气体火焰加热并熔化母体材料和焊丝的焊接方法。与电弧焊相比，其优点如下：

1) 气焊不需要电源，设备简单。
2) 气体火焰温度比较低，熔池容易控制，易实现单面焊双面成形，并可以焊接很薄的零件。
3) 在焊接铸铁、铝及铝合金、铜及铜合金时焊缝质量好。

气焊也存在热量分散，接头变形大，不易自动化，生产率低，焊缝组织粗大，性能较差等缺陷。

气焊常用于薄板的低碳钢、低合金钢、不锈钢的对接、端接，在熔点较低的铜、铝及其合金的焊接中仍有应用，也较适用于焊接需要预热和缓冷的工具钢、铸铁。

(2) 气割及其应用　气割是利用气体火焰将金属加热到燃点，由高压氧气流使金属燃烧成熔渣且被排开以实现零件切割的方法。气割工艺是一个金属加热－燃烧－吹除的循环过程。

适合气割的金属必须满足下列条件：

1) 金属的燃点低于熔点。
2) 金属燃烧放出较多的热量，且本身导热性较差。
3) 金属氧化物的熔点低于金属的熔点。

完全满足这些条件的金属有纯铁、低碳钢、低合金钢、中碳钢，而其他常用金属如高碳钢、铸铁、不锈钢、铜、铝及其合金一般不能进行气割。

(3) 气体火焰　气焊和气割用于加热及燃烧金属的气体火焰是由可燃性气体和助燃气体混合燃烧而形成的。助燃气体使用氧气，可燃性气体种类很多，最常用的是乙炔和液化石油气。

乙炔的分子式为 C_2H_2，在常温和1个标准大气压（1atm = 101.325kPa）下为无色气体，能溶解于水、丙酮等液体，属于易燃易爆危险气体，其火焰温度为3200℃。工业用乙炔主要由水分解电石得到。

液化石油气的主要成分是丙烷（C_3H_8）和丁烷（C_4H_{10}），价格比乙炔低且安全，但用于切割时需要较大的耗氧量。

气焊主要采用氧-乙炔火焰，在两者的体积比不同时，可得到以下三种不同性质的火焰：

(1) 中性焰 如图4-10a所示，当氧气与乙炔的体积比为1~1.2时，燃烧充分，燃烧过后无剩余氧或乙炔，热量集中，温度可达3050~3150℃。它由焰心、内焰、外焰三部分组成，焰心是呈亮白色的圆锥体，温度较低；内焰呈暗紫色，温度最高，适用于焊接。

外焰颜色从淡紫色逐渐向橙黄色变化，温度下降，热量分散。中性焰应用最广，低碳钢、中碳钢、铸铁、低合金钢、不锈钢、纯铜、锡青铜、铝及铝合金、镁合金等气焊都使用中性焰。

(2) 碳化焰 如图4-10b所示，当氧气与乙炔的体积比小于1时，部分乙炔未燃烧，焰心较长，呈蓝白色，温度可达2700~3000℃。由于过剩的乙炔分解的炭粒和氢气具有还原性，焊缝含氢量增加，焊低碳钢时有渗碳现象，适用于气焊高碳钢、铸铁、高速钢、硬质合金、铝青铜等。

(3) 氧化焰 如图4-10c所示，当氧气与乙炔的体积比大于1.2时，燃烧过后的气体中仍有过剩的氧气，焰心短而尖，内焰区氧化反应剧烈，火焰挺直发出"嘶嘶"声，温度可达3100~3300℃。由于火焰具有氧化性，焊接碳钢易产生气体，并出现熔池沸腾现象，很少用于焊接，轻微氧化的氧化焰适用于气焊黄铜、锰黄铜、镀锌铁皮等。

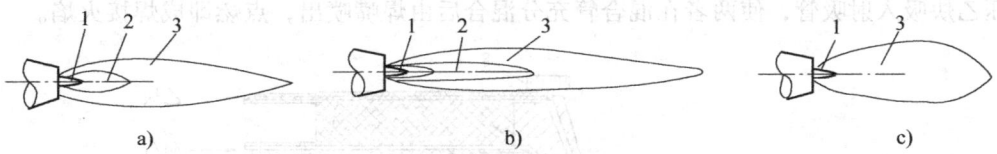

图4-10 氧-乙炔火焰形态
a) 中性焰 b) 碳化焰 c) 氧化焰
1—焰心 2—内焰 3—外焰

2. 气焊工艺

(1) 气焊设备 气焊设备一般由氧气瓶、减压器、乙炔发生器（或乙炔瓶和乙炔减压器）、回火保险器、焊炬和橡胶管组成，如图4-11所示。

1) 氧气瓶。储存和运输高压氧气的容器，一般容量为40 L，额定工作压力为15MPa。

2) 减压器。用于将气瓶中的高压氧气或乙炔降低到工作所需要的低压，并能保证在气焊过程中气体压力基本稳定。

3) 乙炔发生器和乙炔瓶。使水与电石进行化学反应产生一定压力的乙炔气体的装置。我国主要应用的是中压式（0.045~0.15MPa）乙炔发生器，结构形式有排水式和联合式两种。

乙炔瓶是储存和运输乙炔的容器，其外表涂白色漆，并用红漆标注"乙炔"字样。瓶内装有浸透丙酮的多孔性填料，

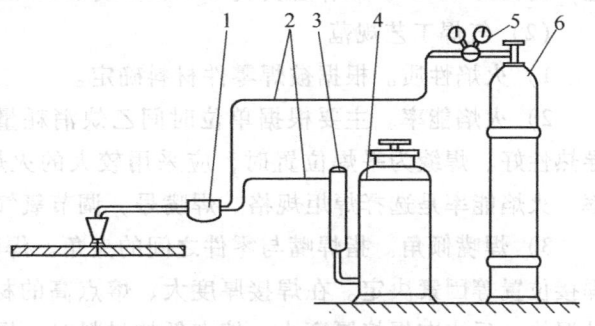

图4-11 气焊设备的组成
1—焊炬 2—橡胶管 3—回火保险器 4—乙炔发生器
5—减压器 6—氧气瓶

使乙炔得以安全而稳定地储存于瓶中。多孔性填料通常由活性炭、木屑、浮石和硅藻土合制而成。乙炔瓶额定工作压力为1.5MPa，一般容量为40L。

4) 回火防止器。在气焊或气割过程中，当气体压力不足，焊嘴堵塞、太热或离焊件太近时，会发生火焰沿着焊嘴回烧到输气管路的现象，称为回火。回火保险器是防止火焰向输气管路或气源回烧而引起爆炸的一种保险装置。它有水封式和干式两种。图4-12所示为水封式回火保险器。

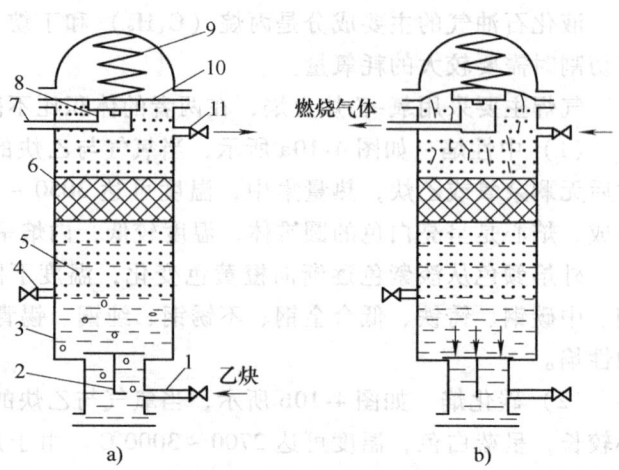

图4-12 水封式回火保险器
a) 正常工作 b) 发生回火
1—进气口 2—单向阀 3—筒体 4—水位阀 5—挡板 6—过滤器
7—放气阀 8—放气活门 9—弹簧 10—橡皮膜 11—出气口

5) 焊炬。其功用是将氧气和乙炔按一定比例混合，以确定的速度由焊嘴喷出，进行燃烧以形成具有一定能率和性质稳定的焊接火焰。按乙炔进入混合室的方式不同，焊炬可分成射吸式和等压式两种。最常用的是射吸式焊炬，其构造如图4-13所示。工作时，氧气从喷嘴以很高的速度射入射吸管，将低压乙炔吸入射吸管，使两者在混合管充分混合后由焊嘴喷出，点燃即成焊接火焰。

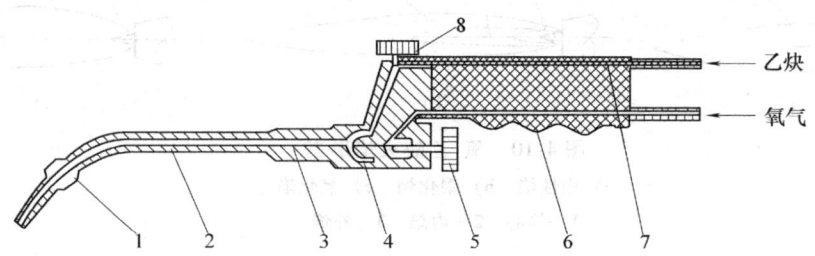

图4-13 射吸式焊炬的构造
1—焊嘴 2—混合管 3—射吸管 4—喷嘴 5—氧气阀 6—氧气导管 7—乙炔导管 8—乙炔阀

6) 橡胶管 氧气橡胶管为黑色，内径为8mm，工作压力为1.5MPa；乙炔橡胶管为红色，内径为10mm，工作压力为0.5MPa或1.0MPa。橡胶管长一般为10~15m。

(2) 气焊工艺规范

1) 火焰性质。根据被焊零件材料确定。

2) 火焰能率。主要根据单位时间乙炔消耗量来确定。在焊件较厚、零件材料熔点高、导热性好、焊缝为平焊位置时，应采用较大的火焰能率，以保证焊件熔透，提高劳动生产率。火焰能率是选择焊炬规格、焊嘴号，调节氧气压力的依据。

3) 焊嘴倾角。指焊嘴与零件之间的夹角。焊嘴倾角要根据焊件的厚度、焊嘴的大小及焊接位置等因素决定。在焊接厚度大、熔点高的材料时，焊嘴倾角要大些，以使火焰集中、升温快；反之在焊接厚度小、熔点低的材料时，焊嘴倾角要小些，以防止焊穿。

4) 焊接速度。焊接速度过快易造成焊缝熔合不良、未焊透等缺陷；焊接速度过慢则会产生过热、焊穿等问题。焊接速度应根据零件厚度，在选择适当的火焰能率的前提下，通过观察和判断熔池的熔化程度来掌握。

5) 焊丝直径。主要根据零件厚度确定,见表4-3。

表4-3 焊丝直径的选择

零件厚度/mm	焊丝直径/mm
1~2	1~2 或不加焊丝
2~3	2~3
3~5	3~3.2
5~10	3.2~4
10~15	4~5

(3) 气焊操作技术

1) 焊接火焰的点燃与熄灭。在火焰点燃时,先微开氧气调节阀,再打开乙炔调节阀,用明火点燃气体,这时的火焰为碳化焰,然后按焊接要求调节好火焰的性质和能率即可进行正常焊接作业了。火焰熄灭时,首先关闭乙炔调节阀,然后关闭氧气调节阀即将气体火焰熄灭。若顺序颠倒先关闭氧气调节阀,会冒黑烟或产生回火。

2) 左焊法和右焊法。左焊法如图4-14a所示,焊接方向是自左向右,火焰热量较集中,并对熔池起到保护作用,适用于焊接厚度大、熔点较高的零件,但操作难度大,一般采用较少;右焊法如图4-14b所示,焊接方向是自右向左,

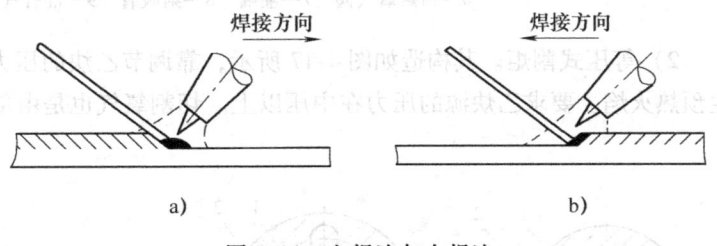

图4-14 左焊法与右焊法
a) 左焊法 b) 右焊法

由于焊接火焰与零件有一定的倾斜角度,所以熔池较浅,适用于焊接薄板。因右焊法操作简单,故应用普遍。气焊低碳钢时,左焊法焊嘴与零件夹角为50°~60°,右焊法焊嘴与零件夹角为30°~50°。

3) 焊炬运走形式。焊接操作时一般左手拿焊丝,右手持焊炬。焊接过程中,焊炬除沿焊接方向前进外,还应根据焊缝宽度做一定幅度的横向运动,如在焊薄板卷边接头时做小锯齿形或小斜圆形运动,不开坡口对接接头焊接时做圆周运动等。

4) 焊丝运走形式。焊丝运走除随焊炬运动外,还有焊丝的送进。平焊位焊丝与焊炬的夹角可在90°左右,焊丝要送到熔池中,与母材同时熔化。至于焊丝送进速度、摆动形式或点动送进方式须根据焊接接头形式、母材熔化等具体情况决定。

(4) 气焊材料的选择 气焊材料主要有焊丝和焊剂。焊丝有碳钢焊丝、低合金钢焊丝、不锈钢焊丝、铸铁焊丝、铜及铜合金焊丝、铝及铝合金焊丝等种类,焊接时根据零件材料对应选择,达到焊缝金属的性能与母材匹配的效果。在焊接不锈钢、铸铁、铜及铜合金、铝及铝合金时,为防止因氧化而产生夹杂物及熔合困难,应加入焊剂。一般将焊剂直接撒在焊件坡口上或蘸在焊丝上。在高温下,焊剂与金属熔池内的金属氧化物或非金属夹杂物相互作用生成熔渣,覆盖在熔池表面,以隔绝空气,防止熔池金属继续氧化。

3. 气割

气割是低碳钢和低合金钢切割中使用最普遍、最简单的一种方法。

（1）割炬 割炬的作用是使可燃性气体与氧气混合，形成一定热能和形状的预热火焰，同时在预热火焰中心喷射出切割氧气流，进行金属气割。和焊炬相似，割炬也分为射吸式割炬和等压式割炬两种。

1）射吸式割炬。其结构如图4-15所示，预热火焰的产生原理同射吸式焊炬。另外，切割氧气经切割氧气管，由割嘴的中心通道喷出，进行气割。最常用的割嘴形式是环形割嘴和梅花形割嘴，如图4-16所示。

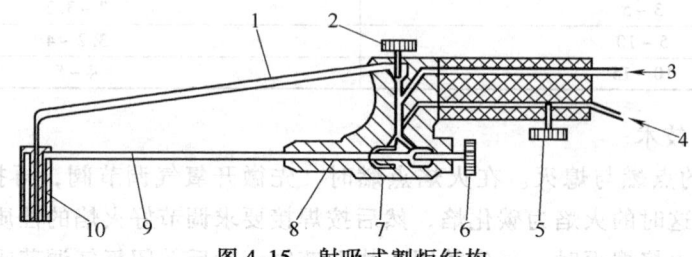

图4-15 射吸式割炬结构
1—切割氧气管 2—切割氧气阀 3—氧气 4—乙炔 5—乙炔阀
6—预热氧气阀 7—喷嘴 8—射吸管 9—混合气管 10—割嘴

2）等压式割炬。其构造如图4-17所示，靠调节乙炔的压力实现与预热氧气的混合，从而产生预热火焰。要求乙炔源的压力在中压以上。切割氧气也是由单独的管道进入割嘴并喷出。

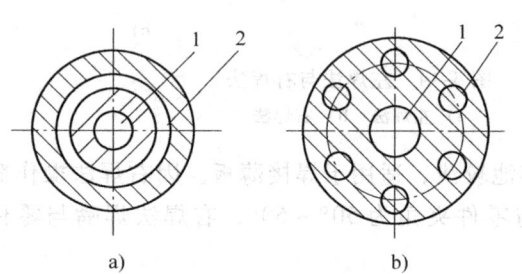

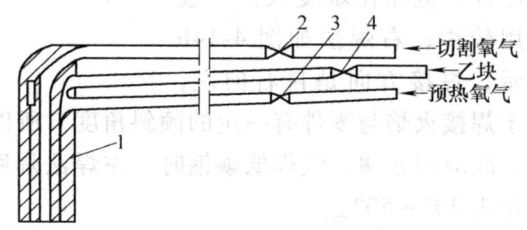

图4-16 割嘴构造
a）环形割嘴 b）梅花形割嘴
1—切割氧孔道 2—混合气孔道

图4-17 等压式割炬结构
1—割嘴 2—切割氧气阀 3—预热氧气阀 4—乙炔阀

（2）气割工艺

1）手工气割操作注意事项。切割开始前，清除零件切割线附近的油污、铁锈等杂物，在零件下面留出一定的空间，以利于氧化渣的吹出。切割时，先点燃预热火焰，调整其性质成中性焰或轻微氧化焰，将起割处金属加热到接近熔点温度，再打开切割氧气进行气割。切割临近结束时，将割炬后倾，使钢板下部先割透，然后割断钢板。切割结束后，先关闭切割氧气，再关闭乙炔，最后关闭预热氧气，将火焰熄灭。

2）切割规范。切割规范包括切割氧气压力、切割速度、预热火焰能率、切割倾角、割嘴与零件表面间距等。当零件厚度增加时，应增大切割氧气压力和预热火焰能

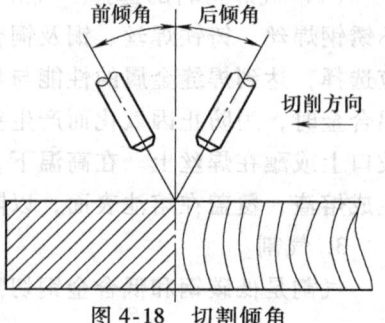

图4-18 切割倾角

率，适当减小切割速度；而氧气纯度提高时，可适当降低切割氧气压力，提高切割速度。切割氧气压力、切割速度、预热火焰能率三者选择适合可保证切口整齐。切割倾角如图 4-18 所示，其选择根据具体情况而定，机械切割和手工曲线切割时，割嘴与零件表面垂直；在手工切割厚度为 30mm 以下的零件时，采用 20°~30° 的后倾角；在手工切割厚度为 30mm 以上的零件时，先采用 5°~10° 的前倾角，割穿后，割嘴垂直于零件表面，快结束时，采用 5°~10° 的后倾角。控制割嘴与零件的距离，使火焰焰心与零件表面的距离为 3~5mm。

4.4 电阻焊及其他焊接方法

1. 电阻焊

电阻焊是将零件组合后通过电极施加压力，利用电流通过零件的接触面及临近区域产生的电阻热将其加热到熔化或塑性状态，使之形成金属结合的方法。根据接头形式电阻焊可分成定位焊、缝焊、凸焊和对焊四种，如图 4-19 所示。

与其他焊接方法相比，电阻焊具有一些优点：不需要填充金属，冶金过程简单，焊接应力及应变小，接头质量高；操作简单，易实现机械化和自动化，生产率高。

其缺点是接头质量难以用无损检测方法检验，焊接设备较复杂，一次性投资较高。

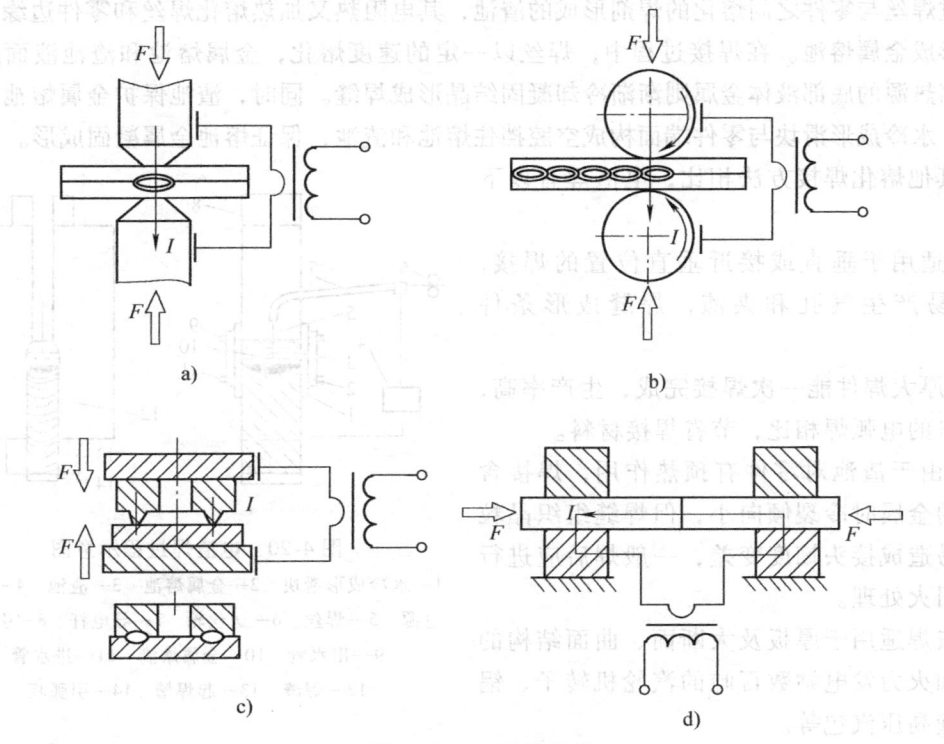

图 4-19 电阻焊分类
a) 定位焊 b) 缝焊 c) 凸焊 d) 对焊

（1）定位焊 如图 4-19a 所示，待焊的薄板被压紧在两圆柱状电极之间，通电后接触部位温度迅速升高，将两焊件接触处的金属熔化而形成熔核，熔核周围的金属处于塑性状态。然后切断电源，保持或增大压力，使熔核金属在压力下冷却，形成组织致密的焊点。

定位焊主要适用于不要求密封的薄板搭接结构和金属网、交叉钢筋等构件的焊接。

(2) 缝焊　缝焊的焊接过程与定位焊类似。如图4-19b所示，它采用一对圆盘状电极代替定位焊时所用的圆柱状电极，圆盘状电极压紧焊件并转动，依靠电极和焊件之间的摩擦力带动焊件向前移动，配合断续通电（或连续通电），形成一连串相互重叠的焊点。缝焊一般应用在有密封性要求的接头制造上，适用于厚为0.1~2mm的薄板焊接，如汽车油箱、暖气片、罐头盒的生产。

(3) 凸焊　凸焊是在一焊件接触面上预先加工出一个或多个突起点，在电极加压下与另一零件接触，通电加热后突起点被压塌，从而形成焊接点的电阻焊方法，如图4-19c所示。突起点可以是凸点、凸环或环形锐边等形式。凸焊焊接循环与定位焊一样。凸焊主要应用于低碳钢、低合金钢冲压件的焊接，另外螺母与板焊接、线材交叉焊也多采用凸焊。

(4) 对焊　如图4-19d所示，将两零件端部相对放置，加压使其端面紧密接触，通电后利用电阻热加热零件接触面至塑性状态，然后迅速施加大的顶锻力完成焊接。对焊方法主要用于断面面积小于250mm^{2}的丝材、棒材、板条和厚壁管材的连接。

2. 电渣焊

电渣焊是一种利用电流通过液体熔渣所产生的电阻热加热熔化填充金属和母材，以实现金属焊接的熔化焊接方法。如图4-20所示，两被焊零件垂直放置，中间留有20~40mm间隙，电流流过焊丝与零件之间熔化的焊剂形成的渣池，其电阻热又加热熔化焊丝和零件边缘，在渣池下部形成金属熔池。在焊接过程中，焊丝以一定的速度熔化，金属熔池和渣池液面逐渐上升，远离热源的底部液体金属则渐渐冷却凝固结晶形成焊缝。同时，渣池保护金属熔池不被空气污染，水冷成形滑块与零件端面构成空腔挡住熔池和渣池，保证熔池金属凝固成形。

与其他熔化焊接方法相比，电渣焊有以下特点：

1) 适用于垂直或接近垂直位置的焊接，此时不易产生气孔和夹渣，焊缝成形条件最好。

2) 厚大焊件能一次焊接完成，生产率高，与开坡口的电弧焊相比，节省焊接材料。

3) 由于渣池对零件有预热作用，焊接含碳量高的金属时冷裂倾向小，但焊缝组织晶粒粗大，易造成接头韧度变差，一般焊后应进行正火和回火处理。

电渣焊适用于厚板及大断面、曲面结构的焊接，如火力发电站数百吨的汽轮机转子、锅炉大厚壁高压汽包等。

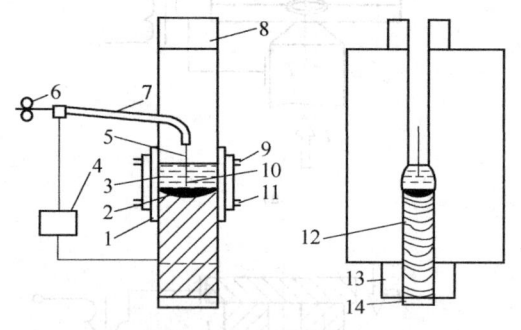

图4-20　电渣焊过程示意图
1—水冷成形滑块　2—金属熔池　3—渣池　4—焊接电源　5—焊丝　6—送丝轮　7—导电杆　8—引出板
9—出水管　10—金属熔滴　11—进水管
12—焊缝　13—起焊槽　14—引弧板

3. 钎焊

钎焊是利用比被焊材料熔点低的金属作钎料，经过加热使钎料熔化，靠毛细管作用将钎料吸入到接头接触面的间隙内，润湿被焊金属表面，使液相与固相之间相互扩散而形成钎焊接头的焊接方法。

钎焊材料包括钎料和钎剂。钎料是钎焊用的填充材料，在钎焊温度下具有良好的湿润性，能充分填充接头间隙，能与焊件材料发生一定的溶解、扩散作用，保证和焊件形成牢固的结合。在钎料的液相线温度高于450℃时，接头强度高，称为硬钎焊；低于450℃时，接头强度低，称为软钎焊。钎料按化学成分可分为锡基、铅基、锌基、银基、铜基、镍基、铝基、镓基等多种。

钎剂的主要作用是去除钎焊零件和液态钎料表面的氧化膜，保护母材和钎料在钎焊过程中不进一步氧化，并改善钎料对焊件表面的湿润性。钎剂种类很多，软钎剂有氯化锌溶液、氯化锌氯化铵溶液、盐酸、松香等，硬钎剂有硼砂、硼酸、氯化物等。

根据热源和加热方法的不同钎焊也可分为：火焰钎焊、感应钎焊、炉中钎焊、浸沾钎焊、电阻钎焊等。

钎焊具有以下优点：

1) 钎焊时由于加热温度低，对零件材料的性能影响较小，焊接的应力变形比较小。

2) 可以用于焊接碳钢、不锈钢、高合金钢、铝、铜等金属材料，也可以用于连接异种金属、金属与非金属。

3) 可以一次完成多个零件的钎焊，生产率高。

钎焊的缺点是接头的强度一般比较低，耐热能力较差，适于焊接承受载荷不大和常温下工作的接头。另外钎焊之前对焊件表面的清理和装配要求比较高。

4. 气体保护焊

气体保护焊是以外加气体作为电弧介质并保护电弧与焊接区的电焊方法。常用的保护气体有氩气、二氧化碳、氮气及混合气体等，根据被焊材料及焊接要求选择。

气体保护焊的优点是电弧可见，焊接对中容易，易实现全位置焊接；电弧在气流的压缩下热量集中，焊速快，熔池小，热影响区窄，工件的焊接变形较小，易实现焊接生产过程自动化。

(1) 氩弧焊　氩弧焊是以氩气为保护气体的一种电弧焊方法。

如图4-21所示，从喷嘴喷出氩气在电弧及熔池周围形成连续封闭的气流。由于氩气是惰性气体，既不与熔化金属发生化学反应，又不溶解于金属，且氩气比空气重、形成的保护气氛好，因而能有效地保护熔池；电弧稳定，金属飞溅小，能获得高质量的焊缝；所以特别适合焊接化学性质比较活泼的金属及其合金。

氩弧焊的主要缺点是氩气价格贵，焊接成本高，焊前要严格清理，而且焊接设备复杂、维修不便，一般用于有色金属及不锈钢和高强度钢等重要结构的焊接。

按照电极的不同，氩弧焊可分为熔化极氩弧焊和非熔化极氩弧焊两种，如图4-21所示。熔化极氩弧焊也称直接电弧法，其焊丝直接作为电极，并在焊接过程中熔化为填充金属。熔化极氩弧焊均采用直流反接法，由于电极是焊丝，故焊接电流可大大增大，可焊接中厚板。非熔化极氩弧焊也称间接电弧法，其电极为不熔化的钨极，填充金属由另外的焊丝提供，主要用于焊接厚度在4mm以下的薄板和管子。

(2) 二氧化碳气体保护焊　二氧化碳气体保护焊是以二氧化碳为保护气体的电弧焊接方法。它用焊丝作为电极并兼作填充金属，可以半自动或自动方式进行焊接。

二氧化碳气体保护焊的优点是生产率高，焊接成本低，焊接质量好，可全位置焊接，明弧操作，焊后不需清渣，易于实现机械化和自动化。主要缺点是由于二氧化碳气体是氧化性气体，高温时分解成一氧化碳和氧原子，因此造成合金元素烧损、焊缝吸氧，导致电弧稳定

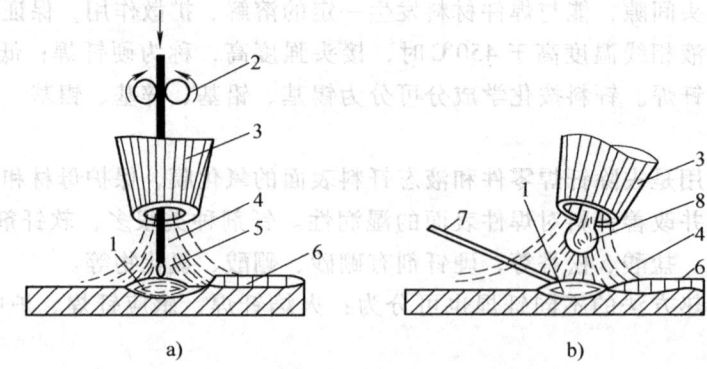

图 4-21 氩弧焊
a) 熔化极氩弧焊 b) 非熔化极氩弧焊
1—熔池 2—送丝滚轮 3—喷嘴 4—气体 5—焊丝 6—焊缝 7—填充焊丝 8—钨极

性差、金属飞溅等。

二氧化碳气体保护焊主要用于低碳钢和低合金结构钢构件的焊接。在一定条件下也可用于焊接不锈钢，还可用于耐磨零件的堆焊、铸钢件的焊补等。但是不适于焊接易氧化的非铁金属及其合金。

电 焊 实 习

1. 实习记录

（1）你所用的电焊机按供给电流性质称为_____电焊机。

（2）你所用的焊条直径为_____ mm，长为_____ mm，药皮类型为_____。

（3）电焊常用的工具和防护用品有哪些？

（4）实习中焊接的钢板厚度为_____ mm，焊接位置是_____，接头形式是_____，选用电流为_____ A。

（5）平焊焊条与工件的角度为_____，电弧长度约为_____ mm。

（6）填写图4-22中各焊缝部分的名称。

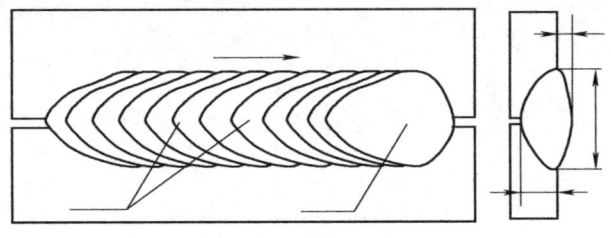

图4-22　焊接部分的名称

2. 观察与思考

（1）何谓焊缝？何谓母材？

（2）焊条由哪两部分组成？其作用分别是什么？

（3）平焊操作中的"三度"是什么意思？

（4）焊条电弧焊，被焊工件厚度大于_____ mm时，在接头处应开坡口，其作用是什么？

（5）分析下列焊接缺陷的原因

1）烧穿

2）未焊透

3）严重飞溅

4）焊缝过窄或过宽

3. 体会与建议

气 焊 实 习

1. 实习记录

（1）气焊用氧气瓶和乙炔瓶的外表分别涂成何种颜色？

（2）焊炬或割炬所用氧气的橡胶管和乙炔气的橡胶管分别是什么颜色？

（3）气焊所用工具是_____，型号是_____。

（4）气焊的热源是_____，适合焊接_____mm 厚的钢板。

（5）气焊时，点火应先开_____阀，后开_____阀；熄火应先关_____阀，后关_____阀。

2. 观察与思考

（1）比较气焊火焰的特点，填写表 4-4。

表 4-4　气焊火焰的特点

	氧气与乙炔的体积比	火焰形态示意图	被焊材料
中性焰			
碳化焰			
氧化焰			

（2）气焊开始时，一般焊炬与工件的夹角为_____；正常焊接时，应保持在_____范围内；结束时，适当_____。

（3）实习中看到的刀头焊接，刀头材料为_____，刀体材料为_____，用_____加热，焊接时加入的熔剂是_____。

（4）说明氧气切割的切割过程和切割条件。

（5）画出焊炬和割炬的结构示意图，并说明两者的主要区别。

3. 体会及建议

实习时间：_____　分数：_____

第 5 章 切削加工基本知识

5.1 切削加工概述

切削加工是利用刀具和工件做相对运动,用刀具从金属材料(毛坯)上切去多余的金属层,从而获得几何形状、尺寸精度和表面质量都符合图样要求的机器零件的加工方法。

切削加工可分为机械加工和钳工两部分。机械加工的主要方法有车削、铣削、钻削、刨削、磨削等,如图 5-1 所示。所用的机床分别有车床、钻床、镗床、铣床、刨床、磨床等。

钳工一般是在钳工工作台上手持工具进行切削加工,其主要方法有划线、錾削、锯削、锉削、刨削、钻孔、扩孔、铰孔、攻螺纹、套螺纹、机械装配和设备维修等。

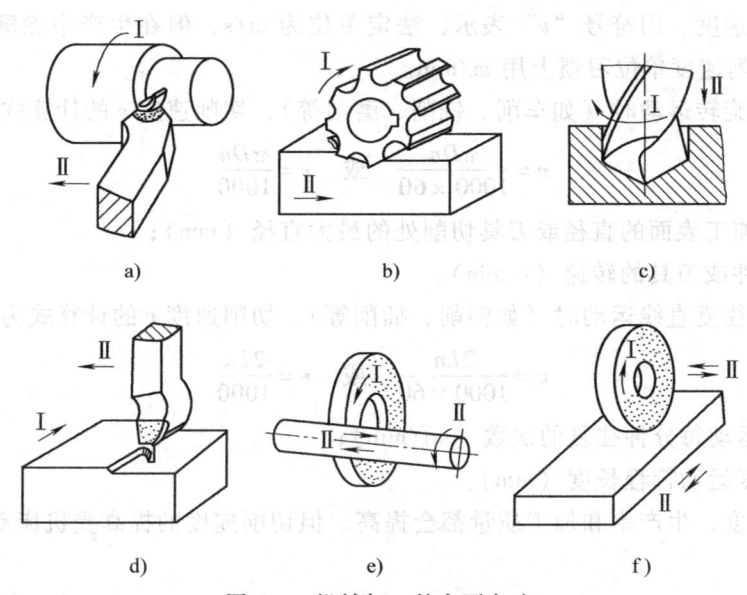

图 5-1 机械加工的主要方法
a) 车削 b) 铣削 c) 钻削 d) 刨削 e)、f) 磨削

1. 切削运动

刀具与工件之间的相对运动称为切削运动。根据在切削过程中所起的作用不同,切削运动分为主运动和进给运动。

(1) 主运动 能够提供切削加工可能性的运动。在切削过程中主运动速度最高,消耗动力最大。以图 5-1 所示机械加工方法为例,车削中工件的旋转运动、铣刀的旋转运动、钻头的旋转运动、刨刀的往复直线运动和砂轮的旋转运动都是主运动。

(2) 进给运动 能够提供连续切削可能性的运动。在切削加工中,进给运动速度相对低,消耗的动力相对低。以图 5-1 所示机械加工方法为例,车削中车刀的纵、横向移动,铣削和刨削中工件的纵、横向移动,钻削中钻头的轴线移动,磨削外圆时工件的旋转和往复轴向移动及砂轮周期性横向移动都是进给运动。

切削加工中主运动只有一个,进给运动则可能是一个或几个。

2. 工件加工表面

以车削为例,工件在车削过程中有三个不断变化着的表面,如图 5-2 所示。

(1) 待加工表面　工件上有待于切除的表面。

(2) 已加工表面　工件上经过刀具切削后产生的新表面。

(3) 过渡表面　工件上由主切削刃形成的那部分表面。

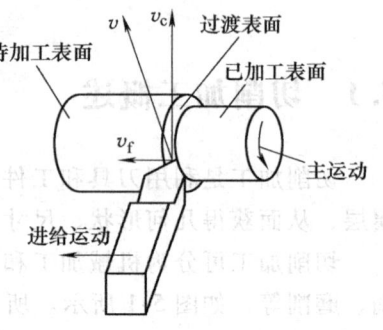

图 5-2　车外圆时的加工表面

3. 切削用量三要素

切削用量三要素是指切削速度、进给量和背吃刀量。切削用量的变化对零件加工质量和生产率有十分重要的影响。

(1) 切削速度　切削刃上选定点相对于工件在主运动方向上的瞬时速度。用符号"v"表示,法定单位为 m/s,但在生产中除磨削速度单位用 m/s 外,其他切削速度单位习惯上用 m/min。

当主运动为旋转运动时（如车削、铣削、磨削等）,切削速度 v 的计算式为

$$v = \frac{\pi D n}{1000 \times 60} \quad \text{或} \quad v = \frac{\pi D n}{1000}$$

式中　D——待加工表面的直径或刀具切削处的最大直径（mm）;

　　　n——工件或刀具的转速（r/min）。

当主运动为往复直线运动时（如刨削、插削等）,切削速度 v 的计算式为

$$v = \frac{2Ln}{1000 \times 60} \quad \text{或} \quad v = \frac{2Ln}{1000}$$

式中　n——主运动每分钟往复的次数（srt/min）;

　　　L——往复运动行程长度（mm）。

提高切削速度,生产率和加工质量都会提高。但切削速度的提高受机床动力与刀具寿命的限制。

(2) 进给量　进给量是指主运动在一个工作循环内,刀具与工件在进给运动方向上的相对位移量。用符号"f"表示,其单位为 mm/r 或 mm/str。

当主运动为旋转运动时,进给量 f 的单位为 mm/r,称为每转进给量。

当主运动为往复直线运动时,进给量 f 的单位为 mm/str,称为每行程进给量。

对于铰刀、铣刀等多齿刀具,进给量是指每齿进给量。即

$$f_z = \frac{f}{z}$$

单位时间进给量称为进给速度 v_f,单位为 mm/s 或 mm/min。进给量越大,生产率一般越高,但工件的加工质量也越低。

(3) 背吃刀量　通过切削刃上的选定点,垂直于进给运动方向上测量的主切削刃切入工件的深度,称为背吃刀量。车外圆时,可以用已加工表面和待加工表面之间的垂直距离计

算。即

$$\alpha_p = \frac{D-d}{2}$$

式中　D——待加工表面的直径（mm）；
　　　d——已加工表面的直径（mm）。

背吃刀量增大，生产率提高，但切削力增大，容易引起工件振动，使加工质量降低。

切削用量三要素是影响加工质量、刀具磨损、生产率及生产成本的重要参数。粗加工时，一般以提高生产率为主，可选用较大的背吃刀量和进给量，切削速度受机床功率和刀具寿命的限制，不宜太高。半精或精加工时，首先保证加工质量，可选较小的背吃刀量和进给量，一般选用较高的切削速度。在切削加工时可参考切削加工手册及有关工艺来选择切削用量。

5.2　刀具与量具

在切削过程中，影响加工效率的三个主要因素是机床、刀具、工件，其中刀具直接担负切削任务。刀具的性能直接影响着工件的加工质量、生产成本和生产率的高低。而刀具性能的好坏主要取决于刀具材料切削性能的优劣和刀具的结构与几何参数等。这里简单介绍刀具材料方面的知识，有关刀具的其他知识将在后面分别介绍。

量具是用来测量零件线性尺寸、角度以及检测零件几何误差的工具。为保证被加工零件的各项技术参数符合设计要求，在加工前后和加工过程中，都必须用量具进行检测。所选择的量具应当适合于被检测量的性质，适合于被检测零件的形状、测量范围。通常选择的量具的读数精度应小于被测量公差的15%。

1. 刀具

在切削加工时，刀具切削部分要在高温条件下承受较大的切削力、摩擦、冲击、振动。为了保证零件的加工精度和刀具寿命，刀具材料必须具有特殊的综合性能。

（1）刀具材料的性能

1）较高的硬度和耐磨性。刀具的硬度应高于工件材料的硬度。常温下刀具的硬度一般应在60HRC以上。耐磨性是指材料抵抗磨损的能力。材料硬度越高，耐磨性越好。

2）足够的强度和韧性。切削时刀具要承受较大的切削力、冲击和振动，为避免切削刃崩裂和折断，刀具材料应具有足够的强度和韧性。

3）较高的耐热性。耐热性是指刀具在高温下保持足够的硬度，又称热硬性。

4）较好的工艺性和经济性。为了便于刀具的加工制造，刀具材料要有良好的工艺性能。选用刀具材料时应注意经济效果，力求价格低廉。

上述几项性能之间可能互相矛盾，所以在选择刀具材料时应综合考虑。

（2）常用刀具材料

1）碳素工具钢。碳的质量分数为0.65%~1.35%的优质钢是碳素工具钢，常用的钢号有T7A、T8A、T10A等。其特点是：工艺性能良好，经适当热处理，硬度可达60~64HRC，有较高的耐磨性，价格低廉。但热硬性差，在200~300℃时硬度开始降低，所以允许切削速度较低。主要用于制造手用工具、低速及小进给量的机用刀具，如丝锥、锉刀、锯条等。

2) 合金工具钢。合金工具钢是在碳素工具钢中加入适当的合金元素铬（Cr）、硅（Si）、钨（W）、锰（Mn）、钒（V）等炼制而成的（合金元素总质量分数不超过5%）。合金工具钢提高了刀具的韧性、耐磨性和耐热性。其耐热温度达325～400℃，所以切削速度比碳素工具钢提高了。主要用于制造细长或截面面积大、刃形复杂的刀具，如铰刀、丝锥和板牙等。

3) 高速工具钢。富含钨（W）、铬（Cr）、钼（Mo）、钒（V）等合金元素的高合金工具钢。与碳素工具钢、合金工具钢相比，高速钢的热硬性很高，在切削温度高达500～650℃时，仍能保持60HRC的硬度。同时，高速钢还具有较高的耐磨性以及较高的强度和韧性。主要用于制造各种刀具，如车刀、铣刀、钻头等。

4) 硬质合金。硬质合金是将一些难熔的、高硬度的合金碳化物微米数量级粉末与金属粘结剂按粉末冶金工艺制成的刀具材料。常用的合金碳化物有WC、TiC、TaC、NbC等，常用的粘结剂有Co、Mo、Ni等。硬质合金具有高硬度、高熔点和化学稳定性好等特点。因此，硬质合金的硬度、耐磨性、耐热性均超过高速钢，其缺点是抗弯强度低，冲击韧性差，所以大都制成刀片形式焊接或机械夹固在中碳钢的刀杆体上使用。

5) 陶瓷。以氧化铝为主要成分，在高温下烧结而成，常用的有纯 Al_2O_3 陶瓷和 Ti-Al_2O_3 混合陶瓷两种。陶瓷材料具有很高的硬度和耐磨性，很好的耐热性，其缺点是强度低、韧性差。所以陶瓷材料一般做成车刀（高速），适用于钢、铸铁及塑性大的材料的半精加工和精加工，对于冷硬铸铁、淬硬钢等高硬度材料的加工特别有效；但不适于机械冲击和热冲击大的加工场合。

6) 人造金刚石。人造金刚石具有超高的硬度和很好的耐磨性，主要用作磨具及磨料，作为刀具在高速下对有色金属及非金属材料进行精细切削。

7) 立方氮化硼。其硬度仅次于金刚石，耐热性比金刚石好得多，主要用于加工钢铁等黑色金属，特别是高温合金、淬火钢和冷硬铸铁等。

2. 量具

量具的种类很多，这里仅介绍常用的几种。

(1) 游标卡尺 游标卡尺是一种比较精密的量具，如图5-3所示。其结构简单，可以直接量出工件的内径、外径、长度和深度等。游标卡尺按测量精度可分为0.10mm、0.05mm、0.02mm三个量级。按测量尺寸范围有0～125mm、0～150mm、0～200mm、0～300mm等多种规格。使用时根据零件精度要求及零件尺寸大小进行选择。

现以图5-3所示的游标卡尺为例，说明它的刻线原理和读数方法。

刻线原理：图5-3所示游标卡尺的读数精度为0.02mm，测量尺寸范围为0～150mm。它由尺身和游标两部分组成。尺身上每小格为1mm，当两卡爪贴合（尺身与游标的零线重合）时，游标上的50格正好等于尺身上的49mm。游标上每格长度为49mm÷50＝0.98mm。尺身与游标每格相差0.02mm。

读数可分为三个步骤：

1) 根据游标零线以左的尺身上的最近刻度读出整毫米数23mm。

2) 根据游标零线以右与尺身上刻线对准的刻线数乘以0.02mm读出数，即0.02mm×12＝0.24mm。

3) 将上面整数和小数相加得出测量尺寸，即23mm＋0.24mm＝23.24mm。

第 5 章　切削加工基本知识　75

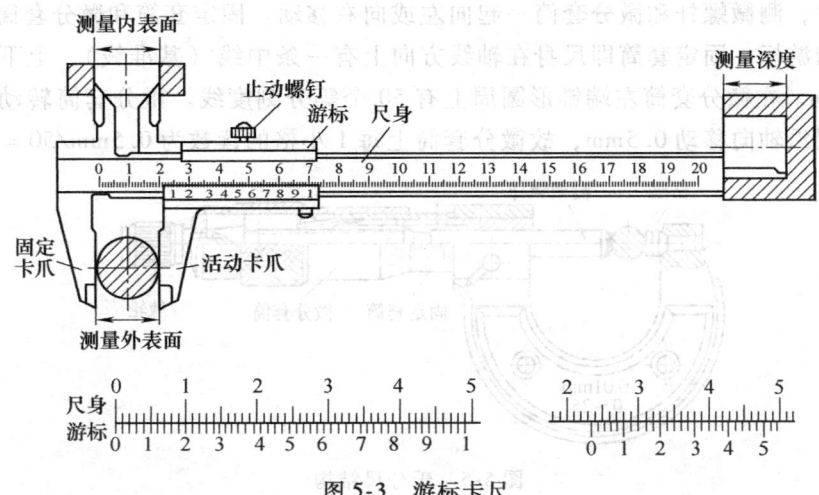

图 5-3　游标卡尺

游标卡尺使用注意事项：

1）使用前应先擦净卡尺，合拢卡爪，检查尺身和游标的零线是否对齐。如果未对齐，应送计量部门检修。

2）放正卡尺测量内外圆时，卡尺应垂直于工件轴线，两卡爪应处于直径处。

3）当卡爪与工件被测量面接触时，用力不能过大，否则会使卡爪变形，加速卡爪的磨损，使测量精度下降。

4）读数时视线要对准所读刻线并垂直于尺面，否则读数不准。

5）未读出读数之前，若将游标卡尺离开工件表面，必须先将止动螺钉拧紧。

6）不得用游标卡尺测量毛坯表面和正在运动的工件。

图 5-4 所示为专门用于测量深度和高度的游标卡尺。高度游标卡尺除用来测量高度外，也可用于精密划线。

(2) 千分尺　千分尺是用微分套筒读数的示值为 0.01mm 的测量工具。千分尺的测量精度比游标卡尺高。按照用途可分为外径千分尺、内径千分尺和深度千分尺几种。外径千分尺按其测量范围有 0~25mm、25~50mm、50~75mm 等各种规格。

刻线原理：图 5-5 所示为测量范围为 0~25mm 的千分尺。弓架左端有固定砧座，右端的测微螺杆和微分套筒连在一起，当转

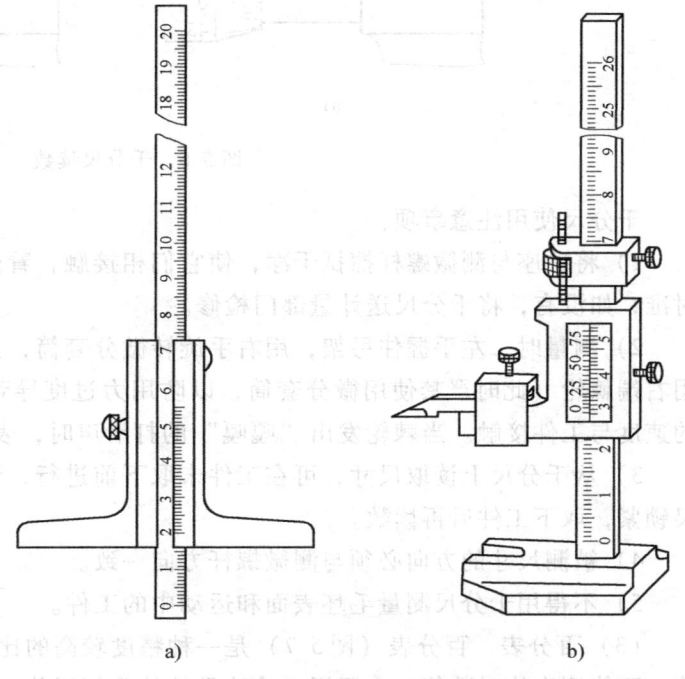

图 5-4　专门用于测量深度和高度的游标卡尺
a) 深度游标卡尺　b) 高度游标卡尺

动微分套筒时，测微螺杆和微分套筒一起向左或向右移动。固定套筒和微分套筒相当于游标卡尺的主尺和游标。固定套筒即尺身在轴线方向上有一条中线（基准线），上下两排刻线互相错开 0.5mm。在微分套筒左端锥形圆周上有 50 个等分刻度线。微分套筒转动一周，带动测微螺杆一同沿轴向移动 0.5mm，故微分套筒上每 1 小格的读数为 0.5mm/50 = 0.01mm。

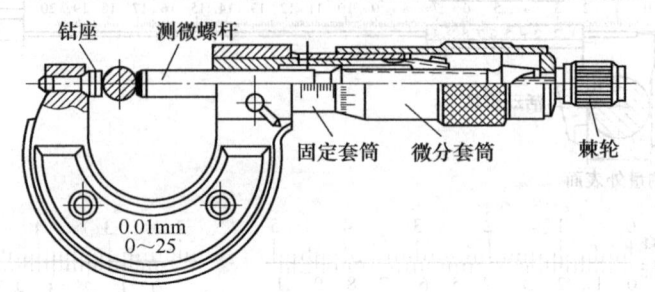

图 5-5　千分尺结构

读数可分为三个步骤：

1）读出距边线最近的轴向刻度线数（为 0.5mm 的整数倍），防止在尺身上多读半格。
2）读出与轴向刻度中线重合的圆周刻度数。
3）将上面两部分读数相加即为总尺寸。

图 5-6a 所示千分尺的读数应为 12mm + 0.05mm = 12.05mm，图 5-6b 所示千分尺的读数为 32.5mm + 0.35mm = 32.85mm。

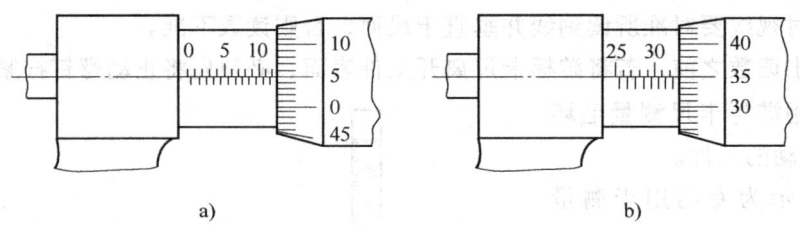

图 5-6　千分尺读数

千分尺使用注意事项：

1）将砧座与测微螺杆擦拭干净，使它们相接触，看微分套筒圆周刻度零线与中线是否对准，如没有，将千分尺送计量部门检修。
2）测量时，左手握住弓架，用右手旋转微分套筒，当测微螺杆快接近工件时，必须使用右端棘轮（此时严禁使用微分套筒，以防用力过度导致测量不准或破坏千分尺）以较慢的速度与工件接触。当棘轮发出"嘎嘎"的打滑声时，表示压力合适，应停止旋转。
3）从千分尺上读取尺寸，可在工件未取下前进行，读完后松开千分尺；也可先将千分尺锁紧，取下工件后再读数。
4）被测尺寸的方向必须与测微螺杆方向一致。
5）不得用千分尺测量毛坯表面和运动中的工件。

（3）百分表　百分表（图5-7）是一种精度较高的比较测量工具。它只能读出相对的数值，不能测出绝对数值。主要用来检验零件的几何误差，也常用于工件装夹时精确找正。常用百分表的测量精度为 0.01mm。

测量原理:测量杆向上和向下移动1mm时,通过齿轮传动系统带动大指针转动一周,小指针转动一格。刻度盘上刻有100个等分格,每格读数值为1mm/100=0.01mm;小指针每格读数为1mm。测量时,先读出小指针刻度值(整毫米数),再读出大指针刻度数,并乘以0.01,然后两者相加,即为所测的尺寸。

百分表使用注意事项:

1)使用前,应检查测量杆的灵活性。具体做法是:轻轻推动测量杆,看其能否在套筒内灵活移动。每次松开手后,指针应回到原来的刻度位置。

2)使用时,常将百分表装于专用的百分表架上(图5-8),百分表的测量杆要与被测表面垂直,否则将使测量杆移动不灵活,测量结果不准确。

3)百分表用完后,应擦拭干净,放入盒内,并使测量杆处于自由状态,防止表内弹簧过早失效。

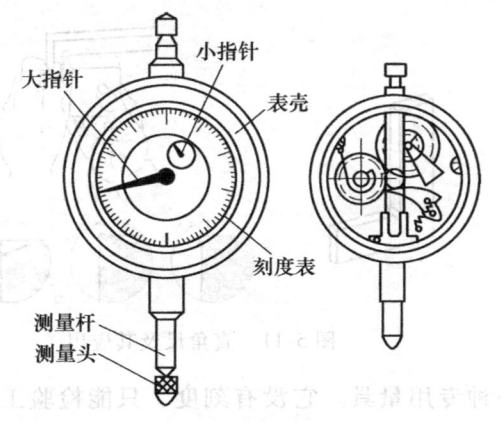

图5-7 百分表

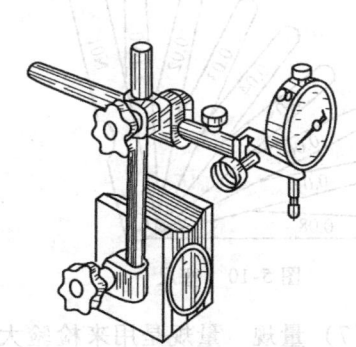

图5-8 百分表架(磁性表架)

(4)游标万能角度尺 游标万能角度尺是用来测量零件角度的。游标万能角度尺采用游标读数,可测任意角度,如图5-9所示。扇形板可以带动游标沿主尺移动。角尺可用卡块紧固在扇形板上。可移动的直尺又可用卡块固定在角尺上。基尺与主尺连成一体。

游标万能角度尺的刻线原理与读数方法和游标卡尺相同。其主尺上每格为1°,主尺上的29°与游标上的刻度30相对应。游标每格为29°/30=58′。主尺与游标每格相差2′,也就是说,游标万能角度尺的读数精度为2′。

测量时应先找正游标万能角度尺的零位:当角尺与直尺均装上,且角尺的底边及基尺均与直尺无间隙接触时,主尺与游标的"0"线对齐。找正零位后的游标万能角度尺可根据被测工件角度的大致范围组合基尺、角尺、直尺的相互位置,可测量0°~320°范围的任意

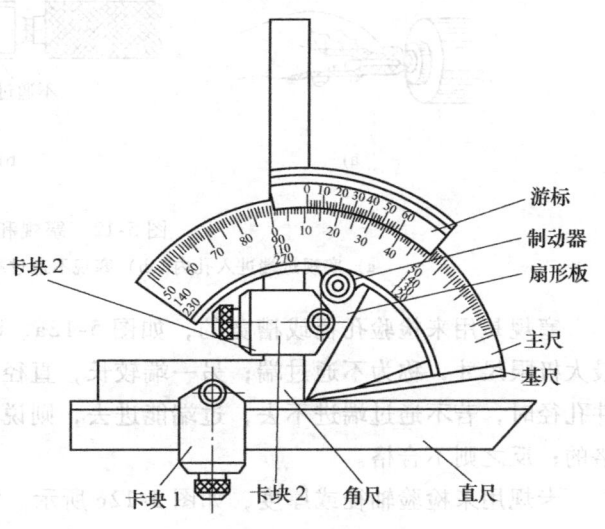

图5-9 游标万能角度尺

角度。

(5) 塞尺　塞尺是用其厚度来测量间隙大小的薄片量尺，如图 5-10 所示。它是一组厚度不等的薄钢片。钢片的厚度为 0.03～0.3mm，厚度值印在每片钢片上。使用时根据被测间隙的大小选择厚度接近的钢片（可以用几片组合）插入被测间隙。能塞入钢片的最大厚度即为被测间隙值。

使用塞尺时必须先擦净尺面和工件，组合成某一厚度时选用的片数越少越好。另外，将塞尺插入间隙时不能用力太大，以免折弯尺片。

(6) 直角尺　直角尺的两边成精确 90°，是用来检查工件垂直度的非刻线量尺。使用时将其一边与工件的基准面贴合，然后使其另一边与工件的另一表面接触。根据光隙可以判断误差状况，也可用塞尺测量其缝隙大小，如图 5-11 所示。直角尺也可以用来保证划线垂直度。

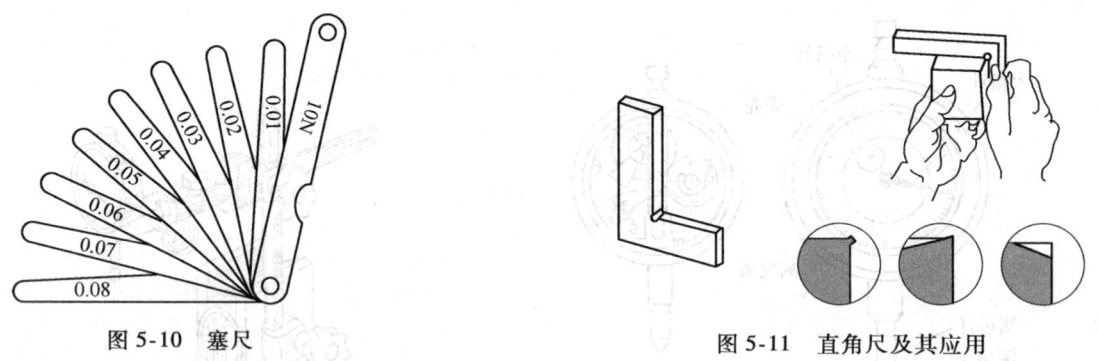

图 5-10　塞尺　　　　　　　　图 5-11　直角尺及其应用

(7) 量规　量规是用来检验大批工件的一种专用量具。它没有刻度，只能检验工件是否合格，而不能测量出工件的具体尺寸。常用的量规包括塞规和卡规，如图 5-12 所示。

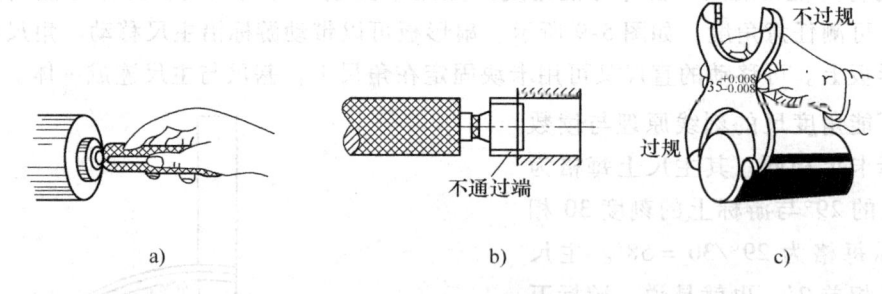

图 5-12　塞规和卡规
a) 塞规过端进入孔内　b) 塞规不通过端止于孔边　c) 卡规的使用

塞规是用来检验孔径或槽宽的，如图 5-12a、b 所示。它的一端较短，直径等于工件的最大极限尺寸，称为不通过端；另一端较长，直径等于工件的最小尺寸，称为过端。检测工件孔径时，若不通过端进不去，过端能进去，则说明工件的实际尺寸在公差范围之内，是合格的；反之则不合格。

卡规用来检验轴径或厚度，如图 5-12c 所示。它和塞规相似，但尺寸上、下限规定与塞规相反，测量方法与塞规相同。

5.3 基准、定位、夹具

1. 基准

（1）基准的概念　机械零件可以看作一个空间的几何体，是由若干点、线、面的几何要素所组成的。零件在设计、制造的过程中必须指定一些点、线、面用来确定其他点、线、面的位置，这些作为依据的几何要素称为基准。基准可以是在零件上具体表现出来的点、线、面，也可以是实际存在，但又无法具体表现出来的几何体要素，如零件上的对称平面、孔或轴的中心线等。

（2）基准的分类　按照作用的不同，基准分为设计基准和工艺基准两类。设计基准是零件设计图样上所用的基准。工艺基准是在零件加工、机器装配等工艺过程中所用的基准。工艺基准又分为工序基准、定位基准、测量基准和装配基准。其中定位基准用具体的定位表面体现，并与夹具保持正确接触，以保证工件在机床上的正确位置，最终加工出位置正确的工件表面。

图 5-13 所示的机体零件，顶面 A 是表面 B、C 和孔 D 轴线是设计基准；孔 D 的轴线是孔 E 轴线的设计基准；而表面 B 是表面 A、C、孔 D 及孔 E 加工时的定位基准。定位基准常用符号"＿＿∧＿＿"来表示。

2. 工件的定位

（1）工件的装夹　工件要进行切削加工，首先要将工件装夹在机床上，保持与刀具之间正确的相对运动关系。工件在机床上的装夹分定位和夹紧两个过程。定位就是使工件在机床上具有正确的位置。工件定位后必须夹紧，以保证工件在重力、切削力、离心惯性力等作用下保持原有的正确位置。装夹工件时必须先定位后夹紧。

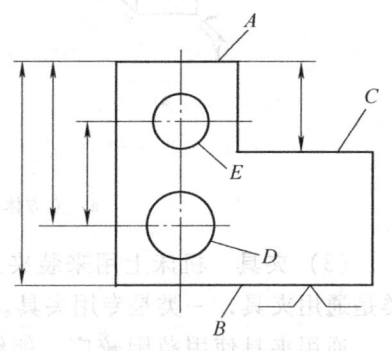

图 5-13　机体的基准

通常，工件的装夹有以下三种方法：

1）直接找正装夹。直接找正是指利用百分表、划针等在机床上直接找正工件，使其获得正确位置的定位方法，如图 5-14a 所示。这种方法的定位精度和操作效率取决于所使用工具及操作者的技术水平。一般说来，此方法比较费时，多用于单件、小批量生产或要求位置精度特别高的工件。

2）划线找正装夹。划线找正是在机床上用划针按毛坯或半成品上待加工处的划线找正工件，以获得正确位置的方法，如图 5-14b 所示。这种找正装夹方法受划线精度和找正精度的限制，定位精度不高，主要用于批量较小、毛坯精度较低及大型零件等不便使用夹具的粗加工。

3）夹具装夹。夹具装夹是指利用夹具使工件获得正确的位置并夹紧。夹具是按工件专门设计制造的，装夹时定位准确可靠，无需找正，装夹效率高，精度较高，该方法广泛应用于成批生产和大量生产。

（2）工件的定位　一个刚体在空间具有六个自由度，如图 5-15 所示。这些自由度分别是沿三个坐标轴的平移和绕三个坐标轴的旋转。工件的定位就是对工件的某几个自由度或全部加以限制（消除）。工件在夹具中的定位实际上就是使工件上体现定位基准的定位表面与

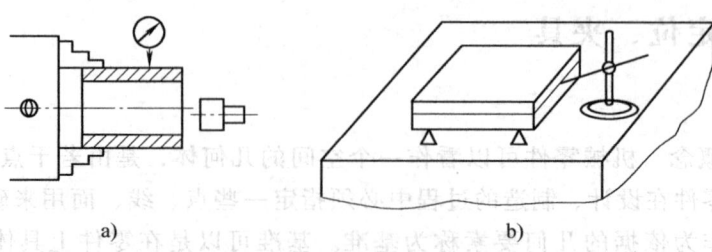

图 5-14 工件的找正装夹
a) 直接找正装夹 b) 划线找正装夹

夹具上的定位元件保持紧密接触。这样就限制了工件应该被限制的自由度,使其在夹具及机床上具有正确的位置,也就能够加工出位置正确的工件表面。

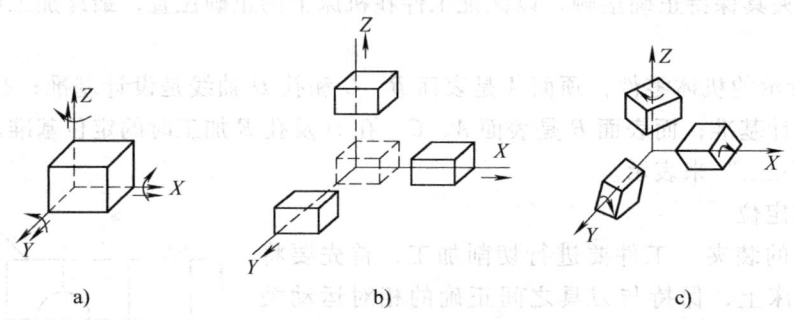

图 5-15 刚体的自由度
a) 立方体 b) 沿三个轴的移动 c) 绕三个轴的旋转

（3）夹具　机床上用来装夹工件的夹具可分为两类,一类是通用夹具,一类是专用夹具。

通用夹具使用范围较广,能够装夹多种尺寸的工件。但通用夹具一般只能装夹形状简单的工件,并且工作效率较低。通用夹具一般作为机床附件来使用,常见的有自定心卡盘、单动卡盘、平口钳等。

专用夹具是为某种工件的某一工序专门设计和制造的,使用起来方便、准确、效率高。专用夹具通常由定位元件、导向元件、夹紧元件、夹具体等部分组成。定位元件起定位作用,常用的有支承钉、支承板、定位销等;导向元件起引导刀具的作用,有钻套、镗模套等;夹紧元件起夹紧作用,保证定位不被破坏,常见的有螺纹压板机构、气动夹紧机构、液压夹紧机构等。定位元件、导向元件、夹紧元件都装在夹

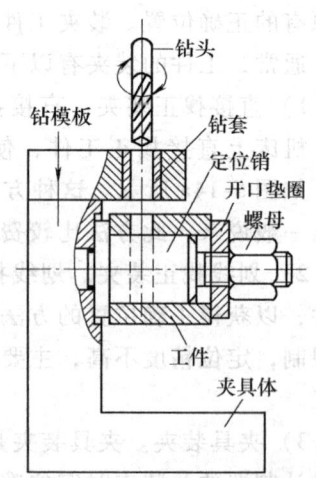

图 5-16 专用夹具的组成

具体上,一起构成了夹具。夹具最终还要正确地安装在机床的工作台上,这样就保证了工件在机床上的正确位置,使刀具与工件之间保持正确的运动关系。专用夹具的组成如图 5-16 所示。

5.4 零件切削加工步骤

零件切削加工的步骤安排是否合理，对零件加工质量、生产率及加工成本都有很大的直接影响。同时，工艺规程的编制过程也是一个综合解决各种技术问题的过程，许多技术问题往往需要平行地加以考虑。

1. 零件切削步骤安排的依据

零件的切削步骤安排是从研究零件图及其技术条件开始的。首先应确定其主要加工内容，并将其划分成工序，进而选择适当的设备，并根据零件图和规定的生产数量选取合适的毛坯。制定切削步骤应具备如下主要技术资料：

（1）产品零件图及有关部件图或总装图　产品零件图及与之相应的技术条件是规定对所制零件要求的唯一文件，也是进行检验和验收的唯一依据。因此必须对零件图的各项技术指标进行认真研究，然后才能制定相应的步骤。

（2）零件的数量及毛坯资料　在一定时间内要加工零件的数量直接影响所组织生产的方式以及毛坯的选择。毛坯的类型对零件的工艺过程和工序内容以及基准的选择都有重要的影响。

（3）设备及其各种手册　所拟订的工艺过程和工序内容应当与现有的设备及生产条件相适应，以提高工作效率和经济效益。

2. 零件切削的步骤

（1）零件图的阅读　零件图是技术文件，是制造零件的依据，而与之有关的技术资料则有助于更深刻地了解零件图中各项技术要求的实质。必须认真分析零件图，找出零件的结构特征和主要技术要求，为选择加工方法及其加工设备奠定基础。

零件的结构与其工艺过程密切相关，零件的结构不仅影响毛坯的选择、工序内容的安排，同时也影响着机床的选用等。例如：对于形状简单的小型零件多选用型材作毛坯，而尺寸较大、结构复杂且强度要求高的零件多选用锻件或焊接结构件作毛坯。对于回转体零件，其加工设备一般选用车床、铣床及镗床等。

对零件的技术要求包括：被加工表面的尺寸精度和形状精度以及各加工面之间的位置精度；被加工表面的表面粗糙度及零件的热处理要求等。根据零件的技术要求，可以直接选择该表面的最终加工方法。

（2）选择毛坯　常用的毛坯有轧制件、铸件、锻件和焊接结构件等。选择毛坯时应注意的因素主要包括：零件的力学性能要求，零件的结构与尺寸，零件的加工数量以及工厂的现有设备条件和技术水平等。在选择毛坯的种类和制造方法时，应考虑零件的设计和加工要求以及毛坯的制造成本，以便达到既能保证质量又能提高经济效益的目的。

（3）选择加工机床　根据零件被加工部位的形状和尺寸，选择合适类型的机床，这是既能保证加工精度和表面质量，又能提高生产率的必要条件之一。选择机床时应注意的因素很多，主要包括：

1）加工范围与零件的结构尺寸相适应，如加工表面为回转面、回转体端面和螺旋面，遇到这种表面时，多选用车床加工，并根据工序的要求选择刀具、机床的加工精度。

2）加工精度应与零件的技术要求相适应，因为零件的精度一般主要靠机床来保证。

3）工艺性能应与工序的性质以及零件的材质相适应，如对于粗加工，其主要任务是切除大部分余量，因此应选用较大的背吃刀量和进给量，可选用功率大、刚性好的机床，而精度可以低一些。

同时，还应综合考虑加工方法及夹具、刀具、量具等问题。

(4) 安装工件和刀具 零件在切削加工时，必须牢固地安装在机床上，并使其相对机床和刀具有一个正确位置。安装是否正确，对保证零件加工质量及提高生产率都有很大的影响。

为了完成切削加工，必须根据零件的材质及工序性质选用合适的刀具，并将刀具牢固地安装在机床上。

(5) 零件切削加工 一个零件往往有多个表面需要加工，而表面的质量要求又不相同。为了高效率、高质量、低成本地完成各零件表面的切削加工，要视零件的具体情况，合理地安排加工顺序和划分加工阶段。

1）加工阶段划分。

① 粗加工阶段。即用较大的背吃刀量和进给量、较低的切削速度进行切削。这样既可以用较少的时间切除零件上大部分加工余量，提高生产率，可为精加工打下基础，同时还能及时发现毛坯缺陷，及时报废或修补。

② 精加工阶段。该阶段零件加工余量较小，可用较小的背吃刀量和进给量、较高的切削速度进行切削。这样加工产生的切削力和切削热较小，容易达到零件的尺寸精度、形状精度和表面粗糙度要求。

划分加工阶段除有利于保证加工质量外，还能合理地使用设备，即粗加工可以在功率大、精度低的机床上进行，以充分发挥设备的潜力；精加工则在高精度机床上进行，以利于长期保持设备的精度。但是，当毛坯质量高、加工余量小、刚性好、加工精度要求不是很高时，可以不用划分加工阶段，而在一道工序中完成粗、精加工。

2）工艺顺序安排。影响加工顺序安排的因素很多，通常考虑以下原则：

① 基准先行原则。应在一开始就确定好加工精基准面，然后再以精基准面为基准加工其他表面。一般零件上以较大的平面作为精基准面。

② 先粗后精原则。先粗加工，后精加工，有利于保证加工精度和提高生产率。

③ 先主后次原则。主要表面是指零件上的工作表面、装配基准等，它们的技术要求较高，加工工作量较小，对零件变形影响小，而又与主要表面有相互位置要求，所以应在主要表面加工之后或穿插其间安排加工。

④ 先面后孔原则。有利于保证孔和平面间的位置精度。

(6) 零件检测 加工后的零件是否符合零件图要求，必须通过用测量工具测量来加以判断。工件的检测一般分为加工过程中的检测和加工完成后的检测。加工过程中的检测，主要是为了通过检测来适当调整机床、改变切削用量，继续加工；加工完工后的检测，主要是为了通过检测来判断零件是否合格。

5.5 零件加工的技术要求

一般来说，零件加工的质量主要由加工精度和表面粗糙度来衡量。两者对零件的使用性能都有很大的影响,其中,表面粗糙度对使用性能的影响最大。

1. 加工精度

加工精度是指工件加工后,其实际尺寸、形状和位置等几何参数与理想几何参数相符合的程度。相符合的程度越高,偏差越小,加工精度就越高。加工精度包括尺寸精度、形状精度和位置精度。

(1) 尺寸精度 尺寸精度是指加工表面本身尺寸(如圆柱面的直径)或几何要素之间的尺寸(如两平行平面间的距离)的精确程度,即实际尺寸与理想尺寸的符合程度。尺寸精度要求的高低是用尺寸公差来体现的。"极限与配合"国家标准将确定尺寸精度的标准公差分为 20 个等级,分别用 IT01、IT0、IT1、IT2、…、IT18 来表示。从前向后,精度逐渐降低。IT01 公差值最小,精度最高。IT18 公差值最大,精度最低。相同的尺寸,精度越高,对应的公差值越小。相同的公差等级,尺寸越小,对应的公差值越小。零件设计时常选用的尺寸公差等级为 IT6~IT11。IT12~IT18 为未注公差尺寸的公差等级(常称为自由公差)。

考虑到零件加工的难易程度,设计者不宜将零件的尺寸精度标准定得过高,只要满足零件的使用要求即可。各种加工方法能达到的精度等级见表 5-1。

表 5-1 各种加工方法能达到的精度等级

加工方法	公差等级																	
	IT01	IT0	IT1	IT2	IT3	IT4	IT5	IT6	IT7	IT8	IT9	IT10	IT11	IT12	IT13	IT14	IT15	IT16
研磨	○	○	○	○	○	○	○											
珩					○	○	○	○										
外圆磨							○	○	○	○								
平磨							○	○	○									
金刚石车							○	○	○									
金刚石镗							○	○	○									
拉削							○	○	○									
铰孔								○	○	○	○	○						
车									○	○	○	○						
镗									○	○	○	○						
铣									○	○	○							
刨插												○						
钻孔												○	○	○				
液压挤压											○							
冲压												○	○	○	○			
压铸												○	○	○				
粉末冶金成形							○	○	○									
粉末冶金烧结								○	○	○								
砂型铸造、气割																		○
锻造																○		

(2) 形状精度和位置精度 形状精度是指零件上的几何要素线、面的实际形状相对于理想形状的准确程度。位置精度是指零件上的点、线、面要素的实际位置相对于理想位置的准确程度。形状精度和位置精度分别用形状公差和位置公差(合称几何公差)来表示。几何公差的分类、项目及符号见表 5-2。

对于一般机床加工能够保证的几何公差要求,图样上不必标出,也不作检查。对几何公差要求高的零件,应在图样上标注。几何公差等级分 1~12 级(圆度和圆柱度分为 0~12

级)。同尺寸公差一样,等级数值越大,公差值越大。

表 5-2　几何公差的分类、项目及符号

分类	项目	符号	分类	项目	符号
形状公差	直线度	—	定向	平行度	∥
	平面度	▱		垂直度	⊥
	圆度	○		倾斜度	∠
	圆柱度	⌭	位置公差 定位	同轴度	◎
	线轮廓度	⌒		对称度	═
	面轮廓度	⌓		位置度	⌖
			跳动	圆跳动	↗
				全跳动	⌰

2. 表面粗糙度

在切削加工时,零件的表面会形成加工痕迹。由于加工方法和加工条件的不同,在工件表面会产生一些微小的峰谷。在已加工表面上这些微小的高低程度称为表面粗糙度,也称微观不平度。表面粗糙度与零件的抗磨性、抗蚀性、配合性和密封性有着密切的关系,直接影响到机器装配后的可靠性和使用寿命。

GB/T 1031—2009《产品几何技术规范(GPS)　表面结构　轮廓法　表面粗糙度及其数值》规定,表面粗糙度参数一般从 Ra、Rz、Ry 三项高度特性参数中选取一项,实际使用中常采用轮廓算术平均偏差 Ra。

零件的表面粗糙度可用标准样块比较测定。一般用肉眼观察,或用手指抚摸,或依靠指甲在表面上轻轻滑动的感觉来判断零件的表面粗糙度。常用加工方法所能达到的表面粗糙度 Ra 值见表 5-3。

表 5-3　常用加工方法所能达到的表面粗糙度 Ra 值

表面要求	表面特征	表面粗糙度 Ra 值/μm	加工方法
不加工	毛坯表面清除毛刺	∇	钳工
粗加工	明显可见刀痕	50	钻孔、粗车、粗铣、粗刨、粗镗
	可见刀痕	25	
	微见刀痕	12.5	
半精加工	可见加工痕迹	6.3	半精车、精车、精铣、精刨、粗磨、精镗、铰孔、拉削
	微见加工痕迹	3.2	
	不见加工痕迹	1.6	
精加工	可辨加工痕迹方向	0.8	精铰、刮削、精拉、精磨
	微辨加工痕迹方向	0.4	
	不辨加工痕迹方向	0.2	
精密加工或光整加工	暗光泽面	0.1	精密磨、珩磨、研磨、抛光、超精加工、镜面磨削
	亮光泽面	0.05	
	镜状光泽面	0.025	
	雾状光泽面	0.012	
	镜面	<0.012	

第6章 车削加工

6.1 车削加工概述

在车床上，工件做旋转运动，刀具做切削进给运动，完成机械零件切削加工的过程，称为车削加工。在零件的组成表面中，回转面用得最多，因此，车削加工是切削加工中最基本、最常见的加工方法，各类车床约占金属切削机床总数的一半，其在生产中占有重要的地位。

1. 车削加工的范围

车削加工适合加工回转零件，其所能完成的主要工作如图6-1所示。

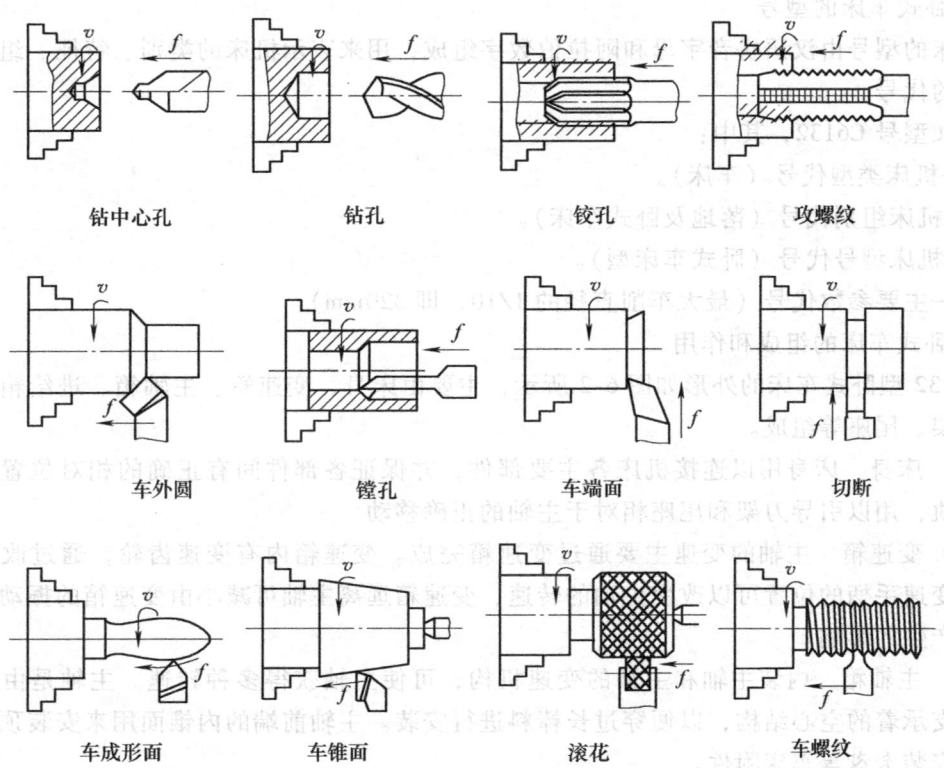

图6-1 车削加工可完成的主要工作

车削加工可以在卧式车床、立式车床、转塔车床、仿形车床、自动车床、数控车床及各种专用车床上进行，以满足不同尺寸、形状零件的加工及提高劳动生产率，其中卧式车床应用最广。

车削加工的尺寸精度一般可达到IT7~IT8，表面粗糙度值为$Ra0.8~3.2\mu m$。尤其是对不宜磨削的有色金属进行精车加工可获得更高的尺寸精度和更小的表面粗糙度Ra值。

2. 车削加工的特点

车削加工与其他切削加工方法比较有如下特点。

（1）车削适应范围广　它是加工不同材质、不同精度的各种具有回转表面零件不可缺少的工序。

（2）容易保证零件各加工表面的位置精度　例如，在一次安装过程中加工零件各回转面时，可保证各加工表面的同轴度、平行度、垂直度等位置精度的要求。

（3）生产成本低　车刀是刀具中最简单的一种，制造、刃磨和安装较方便。车床附件较多，生产准备时间短。

（4）生产率较高　车削加工一般是等截面连续切削。因此，切削力变化小，较刨、铣等切削过程平稳。可选用较大的切削用量，生产率较高。

6.2　卧式车床

车床的型号很多，下面主要以实习中常用的C6132型卧式车床为例进行介绍。

1. 卧式车床的型号

机床的型号由汉语拼音字母和阿拉伯数字组成，用来表示机床的类别、特征、组系和主要参数的代号。

例如型号C6132，其中：

C—机床类型代号（车床）。

6—机床组别代号（落地及卧式车床）。

1—机床型号代号（卧式车床型）。

32—主要参数代号（最大车削直径的1/10，即320mm）。

2. 卧式车床的组成和作用

C6132型卧式车床的外形如图6-2所示，主要由床身、变速箱、主轴箱、进给箱、溜板箱、刀架、尾座等组成。

（1）床身　床身用以连接机床各主要部件，并保证各部件间有正确的相对位置。床身上的导轨，用以引导刀架和尾座相对于主轴的正确移动。

（2）变速箱　主轴的变速主要通过变速箱完成。变速箱内有变速齿轮，通过改变变速箱上的变速手柄的位置可以改变主轴的转速，变速箱远离主轴可减小由变速箱的振动和发热对主轴产生的影响。

（3）主轴箱　内装主轴和主轴的变速机构，可使主轴获得多种转速。主轴是由前后轴承精密支承着的空心结构，以便穿过长棒料进行安装。主轴前端的内锥面用来安装顶尖，外锥面可安装卡盘等车床附件。

（4）进给箱　进给箱是传递进给运动并改变进给速度的变速机构。传入进给箱的运动，通过进给箱的变速齿轮可使光杠和丝杠获得不同的转速，以得到加工所需的进给量或螺距。

（5）溜板箱　溜板箱是进给运动的操纵机构。溜板箱与床鞍连接在一起，将光杠的旋转运动转变为车刀的横向或纵向移动，用以车削端面或外圆；将丝杠的旋转运动转变为车刀的纵向移动，用以车削螺纹。溜板箱内设有互锁机构，使光杠、丝杠两者不能同时使用。

（6）刀架　图6-3所示为C6132型卧式车床的刀架。刀架用来装夹车刀并使其作纵向、

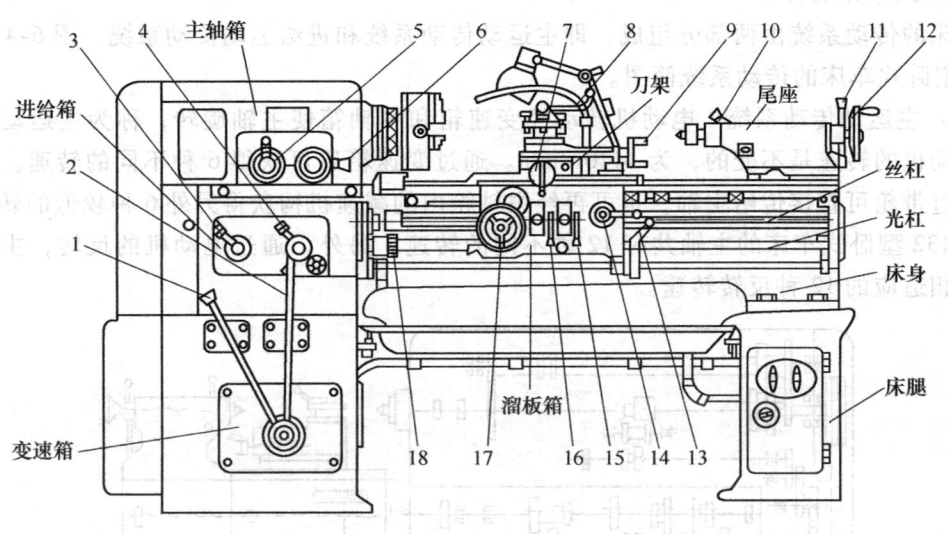

图 6-2 C6132 型卧式车床的外形

1、2、6—主运动变速手柄　3、4—进给运动变速手柄　5—刀架纵向移动变速手柄
7—刀架横向运动手柄　8—方刀架锁紧手柄　9—小滑板移动手柄　10—尾座套筒锁紧手柄
11—尾座锁紧手柄　12—尾座套筒移动手轮　13—主轴正反转及停止手柄
14—开合螺母开合手柄　15—横向进给自动手柄　16—纵向进给自动手柄
17—纵向进给手动手柄　18—光杠、丝杠更换使用的离合器

横向和斜向运动。它是多层结构，其中方刀架 2 可同时安装四把车刀，以供车削时选用。小滑板（小刀架）4 受其行程的限制，一般做手动短行程的纵向或斜向进给运动，车削圆柱面或圆锥面。转盘 3 用螺栓与中滑板（中刀架）1 紧固在一起，松开螺母 6，转盘 3 可在水平面内旋转任意角度。中滑板 1 沿床鞍 7 上面的导轨做手动或自动横向进给运动。床鞍（大刀架）7 与溜板箱连接，带动车刀沿床身导轨做手动或自动纵向移动。

（7）尾座　尾座套筒内装入顶尖用来支承长轴类零件的另一端，也可装上钻头、铰刀等刀具，进行钻孔、铰孔等工作。当尾座在床身导轨上移动到某一所需位置后，便可通过压板和固定螺钉将其固定在床身上。松开尾座底板的紧固螺母，拧动两个调节螺钉，可调整尾座的横向位置，以便顶尖中心对准主轴中心，或偏离一定距离车削长圆锥面。松开套筒锁紧手柄，转动手轮带动丝杠，能使螺母及与它相连的套筒相对尾座体移动一定距离。如将套筒退缩到最后位置，即可自行卸出带锥度的顶尖或钻头等工具。

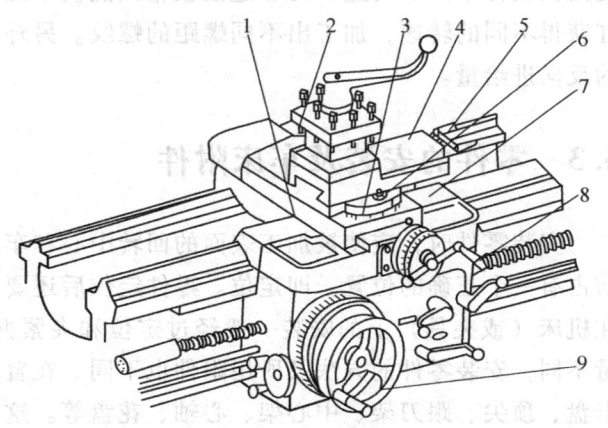

图 6-3 C6132 型卧式车床的刀架

1—中滑板　2—方刀架　3—转盘　4—小滑板　5—小滑板手柄
6—螺母　7—床鞍　8—中滑板手柄　9—床鞍手轮

3. 卧式车床的传动

车床的传动系统由两部分组成,即主运动传动系统和进给运动传动系统。图 6-4 所示为 C6132 型卧式车床的传动系统简图。

(1) 主运动传动系统 电动机转动经变速箱和主轴箱使主轴旋转,称为主运动传动系统。电动机的转速是不变的,为 1440r/min。通过变速箱后可获得 6 种不同的转速。这 6 种转速通过带轮可直接传给主轴,也可再经主轴箱内的减速机构获得另外 6 种较低的转速。因此,C6132 型卧式车床的主轴共有 12 种不同的转速。另外,通过电动机的反转,主轴还有与正转相适应的 12 种反转转速。

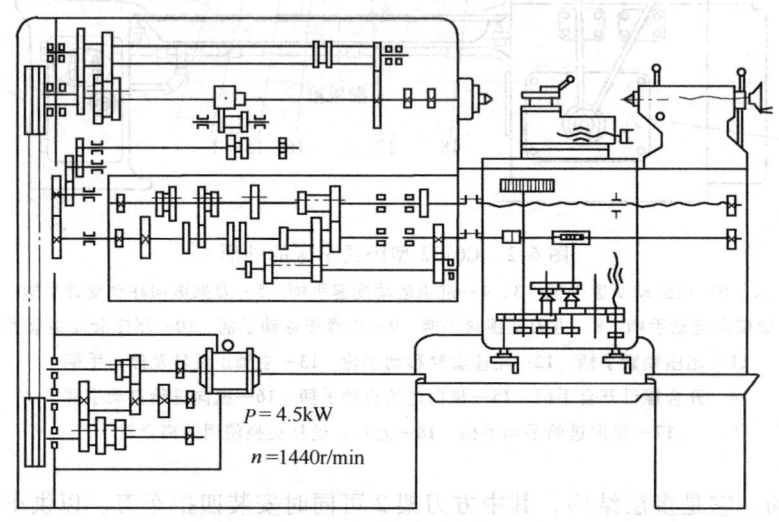

图 6-4　C6132 型卧式车床的传动系统简图

(2) 进给运动传动系统 主轴的转动经进给箱和溜板箱使刀架移动,称为进给运动传动系统。车刀的进给速度是与主轴的转速配合的,主轴转速一定,通过进给箱的变速机构可使光杠获得不同的转速,再通过溜板箱又能使车刀获得不同的纵向或横向进给量;也可使丝杠获得不同的转速,加工出不同螺距的螺纹。另外,调节正反进给手柄可获得与正转相适应的反向进给量。

6.3　零件的安装及车床附件

安装零件时,应使被加工表面的回转中心和车床主轴的轴线重合,以保证零件在加工之前占有一个正确的位置,即定位。零件定位后还要夹紧,以承受切削力、重力等。所以零件在机床(或夹具)上的安装一般经过定位和夹紧两个过程。按零件的形状、大小和加工批量不同,安装零件的方法及所用附件也不同。在普通车床上常用的附件有自定心卡盘、单动卡盘、顶尖、跟刀架、中心架、心轴、花盘等。这些附件一般由专业厂家生产,作为车床附件配套供应。

1. 自定心卡盘

自定心卡盘的构造如图 6-5 所示。使用时,用卡盘扳手转动小锥齿轮 1,可使与其相啮合的大锥齿轮 2 随之转动,大锥齿轮 2 背面的平面螺纹就使三个卡爪 3 同时做向心或离心移动，以夹紧或松开零件。当零件直径较大时，可换上反爪进行装夹，如图 6-5b 所示。虽然定心精度不高，一般为 0.05～0.15mm，而且夹紧力较小，仅适用于夹持表面光滑的圆柱形或六角形等零件，而不适用于单独安装质量大或形状复杂的零件。但由于三个卡爪是同时移动的，装夹零件时能自动定心，可省去许多找正零件的时间。因此，自定心卡盘仍然是车床上最常用的通用夹具。使用自定心卡盘时应注意：

1）零件在卡爪间必须放正，轻轻夹紧，夹持长度至少 10mm，零件紧固后，随即取下扳手，以免开车时扳手飞出，砸伤人或机床。

2）开动机床，使主轴低速旋转，检查零件有无偏摆，若有偏摆应停车，用小锤轻敲找正，然后紧固零件。

3）移动车刀至车削行程的左端，用手旋转卡盘，检查刀架等是否与卡盘或零件碰撞。

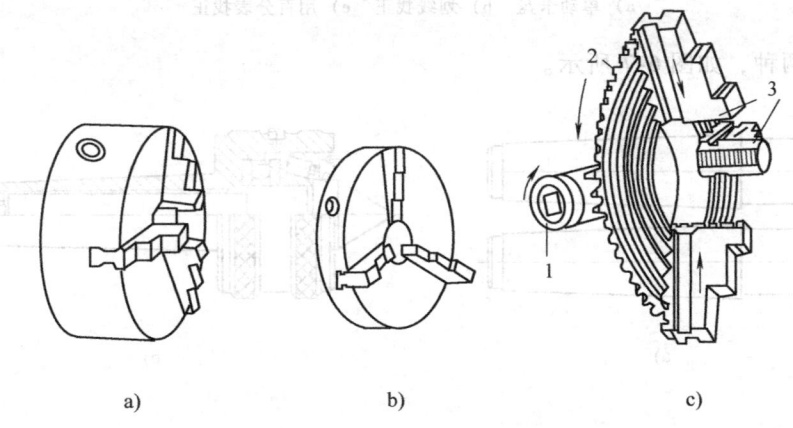

图 6-5 自定心卡盘的构造
a）外形 b）反爪外形 c）内部构造
1—小锥齿轮 2—大锥齿轮 3—卡爪

2. 单动卡盘

单动卡盘也是常见的通用夹具，如图 6-6a 所示。它的四个卡爪的径向位移由四个螺杆单独调整，不能自动定心，因此在安装零件时找正时间较长，要求技术水平高。用单动卡盘安装零件时卡紧力大，既适于装夹圆形零件，还可装夹方形、长方形、椭圆形、内外圆偏心零件或其他形状不规则的零件。单动卡盘只适用于单件小批量生产。

用单动卡盘安装零件时，一般用划线盘按零件外圆或内孔进行找正，也可按事先划出的加工界线用划线盘进行划线找正，如图 6-6b 所示。当要求定位精度达到 0.02～0.05mm 时，可以按事先划出的加工界线用划线盘进行划线找正，如图 6-6b 所示。当要求定位精度达到 0.01mm 时，还可用百分表找正，如图 6-6c 所示。下面说明以按事先划出的加工界线用划线盘找正的方法。

使划针靠近零件上划出的加工界线，慢慢转动卡盘，先找正端面，在离针尖最近的零件端面上用小锤轻轻敲击至各处距离相等。将划针针尖靠近外圆，转动卡盘，找正中心，将离开针尖最远处的一个卡爪松开，拧紧其对面的一个卡爪，反复调整几次，直至找正为止。

3. 顶尖

当需要加工较长或工序较多的轴类零件时，常采用顶尖装夹工件。常用的顶尖有固定顶

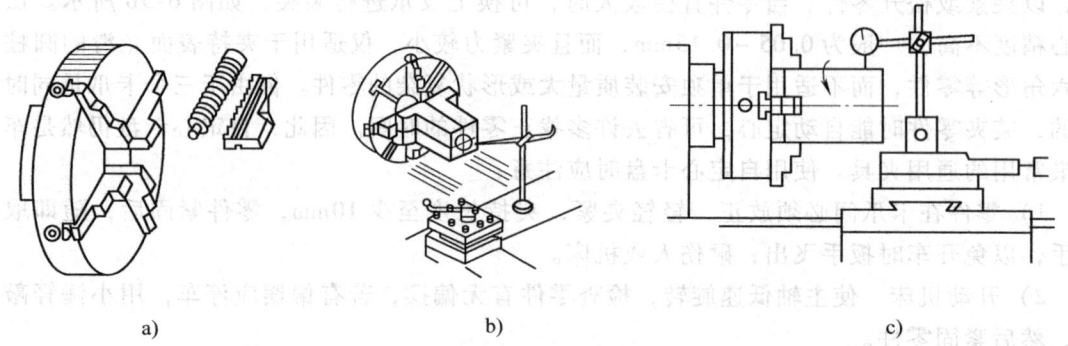

图 6-6 单动卡盘及其找正
a) 单动卡盘　b) 划线找正　c) 用百分表找正

尖和回转顶尖两种,如图 6-7 所示。

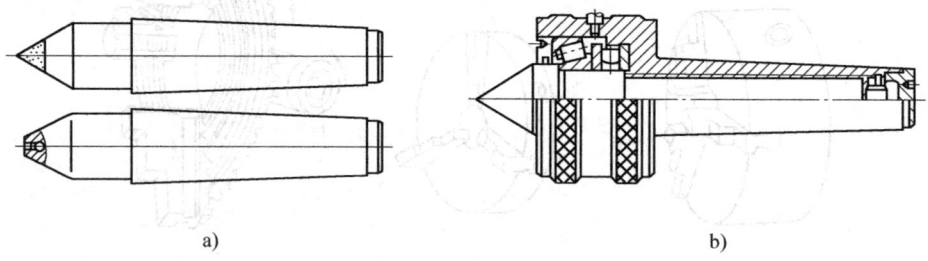

图 6-7 顶尖
a) 固定顶尖　b) 回转顶尖

如图 6-8 所示,零件装夹在前、后顶尖之间,由拨盘带动鸡心夹头（卡箍）,鸡心夹头带动零件旋转。前顶尖装在主轴上,和主轴一起旋转;后顶尖装在尾座上固定不转。当不需要掉头安装即可在车床上保证零件的加工精度时,也可用自定心卡盘代替拨盘。用顶尖安装零件的步骤如下：

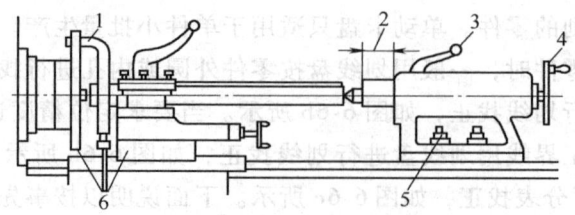

图 6-8 用双顶尖安装零件
1—夹紧零件　2—调整套筒伸出长度　3—锁紧套筒　4—调整零件在顶尖间的松紧度
5—将尾座固定　6—刀架移至车削行程左侧,用手转动拨盘,检查是否碰撞

1) 安装零件前,车两端面,用中心钻在两端面上加工出中心孔,如图 6-9 所示。A 型中心孔的 60°锥面和顶尖的锥面相配合,前端小圆柱孔的作用是保证顶尖与锥面紧密接触,

并可储存润滑油。B 型中心孔有双锥面，中心孔前端的 120°锥面用于防止 60°定位锥面被碰坏。

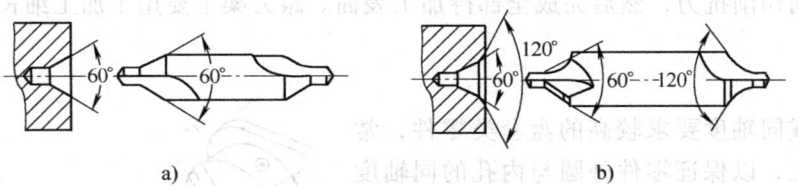

图 6-9 中心钻与中心孔
a) A 型 b) B 型

2) 在零件一端安装鸡心夹头，用手稍微拧紧鸡心夹头螺钉，在零件的另一端中心孔里涂上润滑油。

3) 擦净与顶尖配合的各锥面，并检查中心孔是否平滑，再将顶尖用力装入锥孔内，调整尾座横向位置，直至前后顶尖轴线重合，如图 6-10 所示。将零件置于两顶尖间，视零件长短调整尾座位置，保证能让刀架移至车削行程的最右端，同时又要尽量使尾座套筒伸出最短，然后将尾座固定。

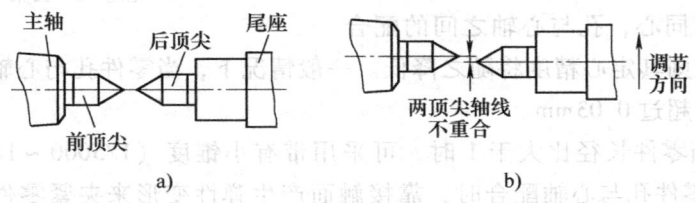

图 6-10 找正顶尖
a) 调整后前、后顶尖轴线重合 b) 调整前、后顶尖轴线

4) 转动尾座手轮，调节零件在顶尖间的松紧度，使之既能自由旋转，又无轴向松动，最后紧固尾座套筒。

5) 将刀架移至车削行程最左端。用手转动拨盘及卡箍，检查是否与刀架等碰撞。

6) 拧紧卡箍螺钉。

7) 当切削用量较大时，零件因发热而伸长，在加工过程中还需将顶尖位置进行及时调整。

4. 中心架和跟刀架

加工细长轴时，为防止工件在切削力作用下弯曲或工件振动，可使用中心架或跟刀架作为刀架的辅助支承，以提高刚度。

如图 6-11 所示，中心架 3 固定在车床导轨上，将三个互成 120°的可调节支承爪支承在预先加工好的工件外圆上，起固定支承作用。一般多用于加工台阶轴、长中心孔、内孔及长轴车端面等。

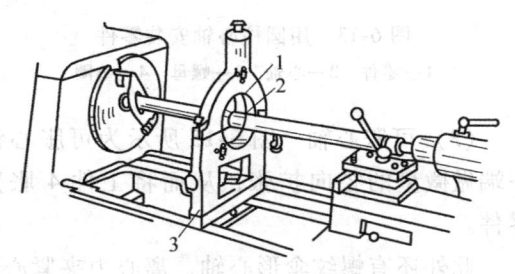

图 6-11 中心架的使用
1—可调节支承爪 2—预先车出的外圆面 3—中心架

如图 6-12 所示，跟刀架有两个卡爪，使用时固定在大滑板上，并随之一起移动。使用时，先在工件右端车出一小段圆柱面，并调整支承爪的松紧以与圆柱面相适应，跟刀架跟随着车刀抵消径向切削抗力，然后完成全部待加工表面。跟刀架主要用于加工细长轴或丝杠等零件。

5. 心轴

形状复杂或同轴度要求较高的盘套类零件，常用心轴安装加工，以保证零件外圆与内孔的同轴度及端面与内孔轴线的垂直度的要求。

用心轴安装零件，应先对零件的孔进行精加工（达 IT7~IT8），然后以孔定位。心轴用双顶尖安装在车床上，以加工端面和外圆。安装时，根据零件的形状、尺寸、精度要求和加工数量的不同，采用不同结构的心轴。

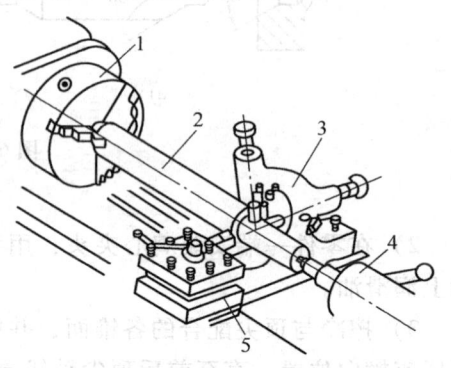

图 6-12 跟刀架的使用
1—自定心卡盘 2—零件 3—跟刀架
4—尾座 5—刀架

（1）圆柱心轴 当零件长径比小于 1 时，应使用带螺母压紧的圆柱心轴，如图 6-13 所示。零件左端靠紧心轴的台阶，由螺母及垫圈将零件压紧在心轴上。为保证内外圆同心，孔与心轴之间的配合间隙应尽可能小些，否则其定心精度将随之降低。一般情况下，当零件孔与心轴采用 H7/h6 配合时，同轴度误差不超过 0.03mm。

（2）圆锥心轴 当零件长径比大于 1 时，可采用带有小锥度（1/5000~1/1000）的心轴，如图 6-14 所示。零件孔与心轴配合时，靠接触面产生弹性变形来夹紧零件，故切削力不能太大，以防零件在心轴上滑动而影响正常切削。圆锥心轴定心精度较高，可达 0.005~0.01mm，多用于磨削或精车，但没有确定的轴向定位。

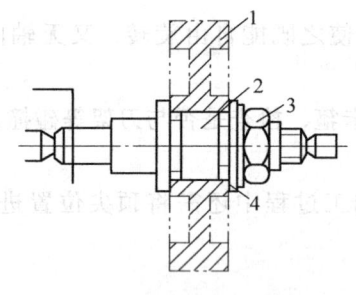

图 6-13 用圆柱心轴安装零件
1—零件 2—心轴 3—螺母 4—垫圈

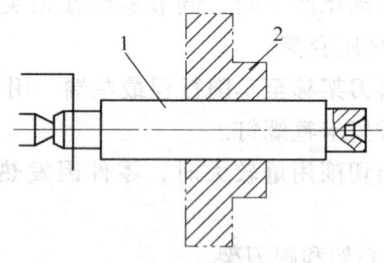

图 6-14 用圆锥心轴安装零件
1—心轴 2—零件

（3）可胀心轴 图 6-15 所示为可胀心轴（弹簧心轴），是通过调整锥形螺杆 5 使心轴一端做微量的径向扩张，从而将工件 4 胀紧的一种可快速装卸的心轴，适用于装夹小型零件。

此外还有螺纹伞形心轴、离心力夹紧心轴等。

6. 花盘

图 6-16a 所示为花盘外形图，花盘端面上的 T 形槽用来穿压紧螺栓。花盘通过中心的内

螺纹孔可直接安装在车床主轴上。安装时，花盘端面应与主轴轴线垂直，花盘本身形状精度要求高。零件通过压板、螺栓、垫铁等固定在花盘上。花盘用于安装大、扁、形状不规则且自定心卡盘和单动卡盘无法装夹的大型零件，可确保所加工的平面与安装平面平行以及所加工的孔或外圆的轴线与安装平面垂直。

弯板多为90°角铁，两平面上开有槽形孔，用于穿紧固螺钉。弯板用螺钉固定在花盘上，再将零件用螺钉固定在弯板上，如图6-16b所示。当要求待加工的孔（或外圆）的轴线与安装平面平行或两孔的中心线相互垂直时，可用花盘弯板安装零件。

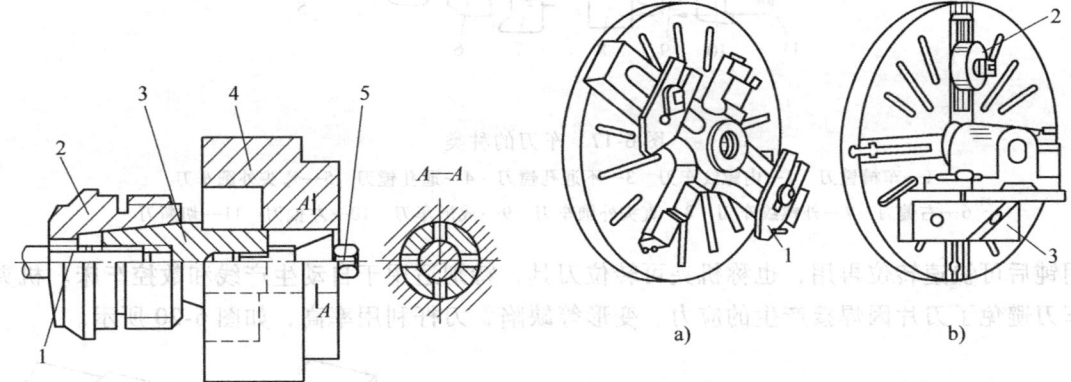

图6-15　可胀心轴
1—拉紧螺杆　2—车床主轴　3—胀力心轴
4—工件　5—锥形螺杆

图6-16　用花盘或花盘弯板安装零件
a) 花盘　b) 花盘弯板
1—压板　2—配重　3—弯板

用花盘或花盘弯板安装零件时，应在重心偏置的对应部位加配重进行平衡，以防加工时因零件的重心偏离旋转中心而引起振动和冲击。

6.4　车刀及车刀的安装

在金属切削加工中，刀具直接参与切削。为使刀具具有良好的切削性能，必须选择合适的刀具材料、合理的切削角度及适当的结构。虽然车刀的种类及形状多种多样，但其材料、结构、角度、刃磨及安装基本相似。

1. 车刀的种类和结构

车刀是一种单刃刀具，其种类很多，按用途可分为车槽镗刀、内螺纹车刀、不通孔镗刀、通孔镗刀等，如图6-17所示。

车刀按结构形式分以下几种：

（1）整体式车刀　车刀的切削部分与夹持部分材料相同，用于在小型车床上加工零件，高速钢刀具即属此类，如图6-18所示。

（2）焊接式车刀　车刀的切削部分与夹持部分材料完全不同。切削部分多以刀片形式焊接在刀杆上，常用的硬质合金车刀即属此类。适用于各类车刀，特别是较小的刀具，如图6-19所示。

（3）机夹式车刀　分为重磨式和不重磨式。前者切削刃用钝后可集中重磨，后者切削

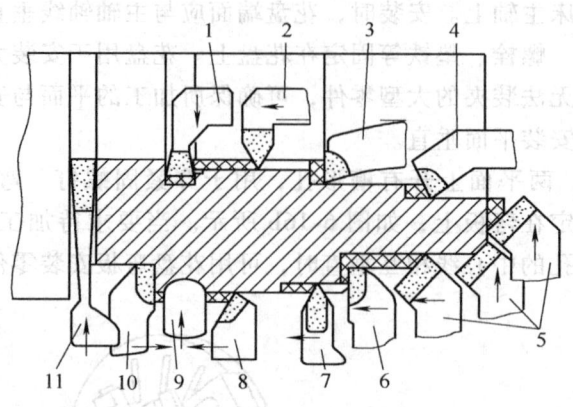

图 6-17　车刀的种类
1—车槽镗刀　2—内螺纹车刀　3—不通孔镗刀　4—通孔镗刀　5—弯头外圆车刀
6—右偏刀　7—外螺纹车刀　8—直头外圆车刀　9—成形车刀　10—左偏刀　11—切断刀

刃用钝后可快速转位再用，也称机夹可转位刀具，特别适用于自动生产线和数控车床。机夹式车刀避免了刀片因焊接产生的应力、变形等缺陷，刀杆利用率高，如图6-20所示。

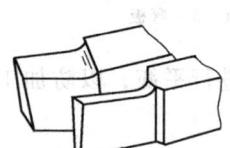
图 6-18　整体式车刀

图 6-19　焊接式车刀

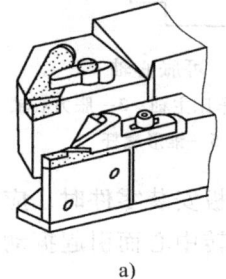
图 6-20　机夹式车刀
a）重磨式　b）不重磨式

2. 车刀的组成

车刀由刀头和刀杆组成，如图6-21所示。刀头用于切削，又称切削部分。刀杆一方面用来装夹或固定刀头；另一方面用来将车刀夹固在车床的方刀架上。刀头主要由三面、两刃、一尖组成。

（1）三面　三面是指前刀面、主后刀面和副后刀面。前刀面是指切屑流出的表面，也是车刀的上面。主后刀面是指刀具与工件加工表面相对的表面。副后刀面是刀具与工件的已加工表面相对的表面。

（2）两刃　两刃是指主切削刃和副切削刃。主切削刃是指前刀面与主后刀面的交线，担负主要切削任务。副切削刃是指前刀面与副后刀面的交线，紧靠在刀尖处担负少量的切削任务，并起一定的修光作用。

（3）一刀尖　刀尖是主切削刃和副切削刃的交

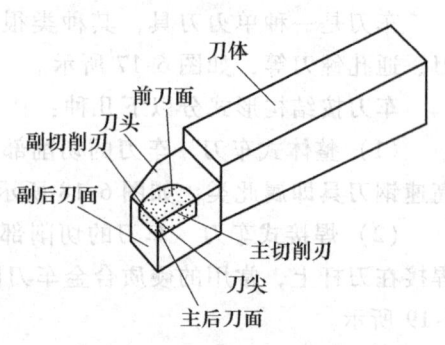
图 6-21　车刀的组成

点。为了增加刀尖的强度，实际使用中，刀尖处都磨成一小段圆弧过渡刃或直线。

3. 车刀的安装

使用车刀时必须正确安装，如图 6-22 所示。

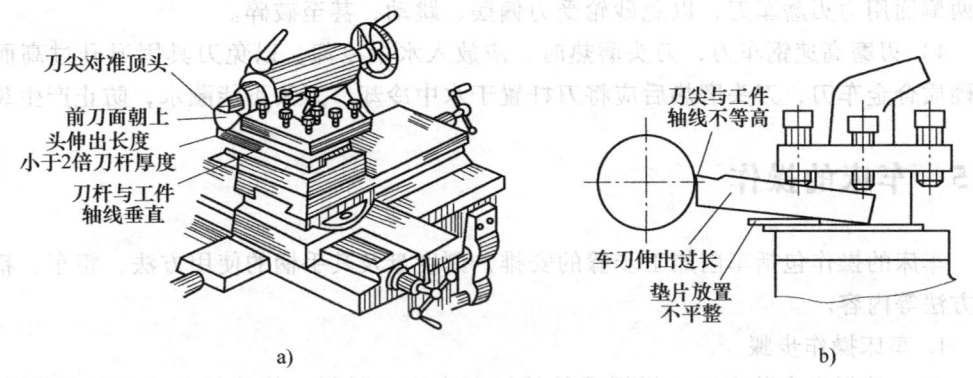

图 6-22 车刀的安装
a) 正确　b) 错误

车刀安装的基本要求如下：

1) 刀尖应与车床主轴轴线等高且与尾座顶尖对齐，刀杆应与零件的轴线垂直，其底面应平放在方刀架上。

2) 刀头伸出长度应小于刀杆厚度的 1.5~2 倍，以防切削时产生振动，影响加工质量。

3) 刀具应垫平、放正、夹牢。垫片数量不宜过多，以 1~3 片为宜，一般用两个螺钉交替锁紧车刀。

4) 锁紧方刀架。

5) 装好零件和刀具后，检查加工极限位置是否会干涉、碰撞。

4. 车刀的刃磨

当车刀用钝后，必须刃磨，以恢复其原来的形状和角度。车刀通常是在砂轮机上刃磨，如图 6-23 所示。磨高速钢刀具要用氧化铝砂轮（一般为白色），磨硬质合金刀具要用碳化硅砂轮（一般为绿色）。车刀在砂轮机上刃磨后，还要用油石加机油将各面磨光，以提高车刀寿命和被加工零件的表面质量。刃磨车刀时的注意事项包括以下几点：

1) 起动砂轮或磨刀时，人应站在砂轮侧面，防止砂轮破碎伤人。

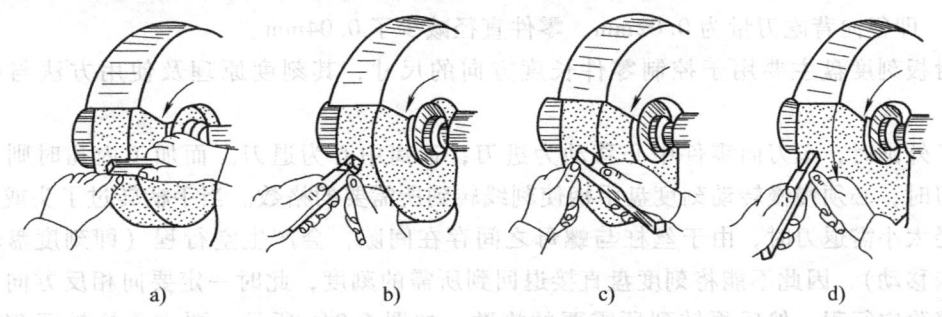

图 6-23 刃磨外圆车刀的一般步骤
a) 磨前刀面　b) 磨主后刀面　c) 磨副后刀面　d) 磨刀尖圆弧

2）刃磨时，双手拿稳车刀，并让受磨面轻贴砂轮。倾斜角度要合适，用力应均匀，以免挤碎砂轮，造成事故。

3）刃磨时，车刀应在砂轮圆周面上左右移动，使砂轮磨耗均匀，不出沟槽，不要在砂轮两侧面用力刃磨车刀，以免砂轮受力偏摆、跳动，甚至破碎。

4）刃磨高速钢车刀，刀头磨热时，应放入水中冷却，以免刀具因温升过高而软化。刃磨硬质合金车刀，刀头磨热后应将刀杆置于水中冷却，刀头不能蘸水，防止产生裂纹。

6.5 车床的操作

车床的操作包括车削加工步骤的安排，刻度盘及其手柄的使用方法，粗车、精车和试切的方法等内容。

1. 车床操作步骤

（1）选择和安装车刀　根据零件的加工表面和材料，将选好的车刀按照前面介绍的方法牢固地装夹在方刀架上。

（2）安装工件　根据工件的类型，选择前面介绍的机床附件，采用合理的装夹方法，夹紧工件。

（3）开车对刀　起动车床，使刀具与旋转工件的最外点接触，以此作为调整背吃刀量的起点，然后向右退刀。

（4）试切加工　对需要试切的工件，进行试切加工。若不需要试切加工，可用横刀架刻度盘直接进给到预定的切削深度。

（5）切削加工　根据零件的要求，合理确定进给次数，进行切削加工，加工完成后对零件进行测量检验，以确保加工质量。

2. 刻度盘及其手柄的使用

中滑板的刻度盘紧固在丝杠轴头上，中滑板和丝杠螺母紧固在一起。当中滑板手柄带着刻度盘转一周时，丝杠也转一周，这时螺母带动中滑板移动一个螺距。所以中滑板移动的距离可根据刻度盘上的格数来计算。

刻度盘每转一格，中滑板带动刀架横向移动的距离 = 丝杠螺距/刻度盘格数。

例如，C6132型卧式车床中滑板丝杠的螺距为4mm。中滑板刻度盘等分为200格，故每转一格中滑板移动的距离为 4mm ÷ 200 = 0.02mm。刻度盘转一格，滑板带着车刀移动0.02mm，即径向背吃刀量为0.02mm，零件直径减少了0.04mm。

小滑板刻度盘主要用于控制零件长度方向的尺寸，其刻度原理及使用方法与中滑板相同。

加工外圆时，车刀向零件中心移动为进刀，远离中心为退刀。而加工内孔时则与其相反。进刀时，必须慢慢转动刻度盘手柄使刻线转到所需要的格数。当手柄转过了头或试切后发现直径太小需退刀时，由于丝杠与螺母之间存在间隙，会产生空行程（即刻度盘转动而溜板并未移动），因此不能将刻度盘直接退回到所需的刻度，此时一定要向相反方向全部退回，以消除空行程，然后再转到所需要的格数。如图6-24a所示，要求手柄转至30刻度，但摇过头到了40刻度，此时不能将刻度盘直接退回到30刻度。如果直接退回到30刻度，则是错误的，如图6-24b所示。而应该反转约一周后，再转至30刻度，如图6-24c所示。

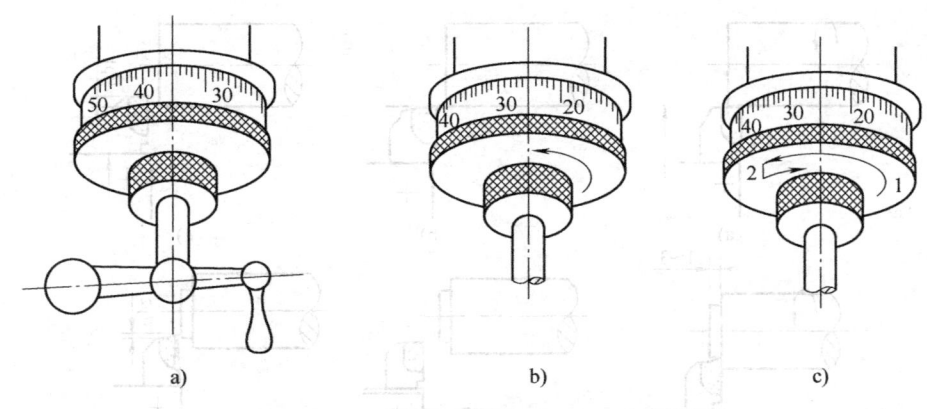

图 6-24 手柄摇过头后的纠正方法
a) 要求手柄转至 30 刻度，但摇过头到了 40 刻度
b) 错误：直接退至 30 刻度　c) 正确：反转约一周后，再转至 30 刻度

3. 粗车与精车

加工工件时，根据图样要求，工件的加工余量要经过几次进给才能切除。为了提高生产率，保证工件尺寸精度和表面粗糙度，可把车削加工分为粗车和精车，这样可以根据不同阶段的加工，合理选择切削参数。粗车与精车的加工特点见表 6-1。

表 6-1 粗车与精车的加工特点

目的	粗车	精车
目的	尽快从毛坯上切除大部分加工余量，使之接近最终形状和尺寸，提高生产率	切除粗车后的精车余量，保证零件的加工精度和表面粗糙度
加工质量	尺寸精度低：IT11～IT14 表面粗糙度值偏高：Ra 6.3～12.5μm	尺寸精度较高：IT6～IT8 表面粗糙度值较低：Ra 0.8～1.6μm
背吃刀量	较大，1～3mm	较小，0.3～0.5mm
进给量	较大，0.3～0.5mm/r	较小，0.1～0.3mm/r
切削速度	中等或偏低	一般采用高速
刀具要求	切削部分有较高的强度	切削刃锋利、光洁

4. 试切加工

试切是精车的关键。为了控制背吃刀量，保证零件径向尺寸的精度，开始车削时，应先进行试切。试切的方法与步骤：

（1）第一步　如图 6-25a、b 所示，开车对刀，使刀尖与零件表面轻微接触，确定刀具与零件的接触点，作为进行切深的起点，然后向右纵向退刀，记下中滑板刻度盘上的数值。注意对刀时必须开车，因为这样可以找到刀具与零件最高处的接触点，也不容易损坏车刀。

（2）第二步　如图 6-25c～e 所示，按背吃刀量或零件直径的要求，根据中滑板刻度盘上的数值进行切深，并手动纵向切进 1～3mm，然后向右纵向退刀。

（3）第三步　如图 6-25f 所示，进行测量。如果尺寸合格，就按该背吃刀量将整个表面加工完；如果尺寸偏大或偏小，就重新进行试切，直到尺寸合格。试切调整过程中，为了迅速而准确地控制尺寸，背吃刀量需按中滑板丝杠上的刻度盘来调整。

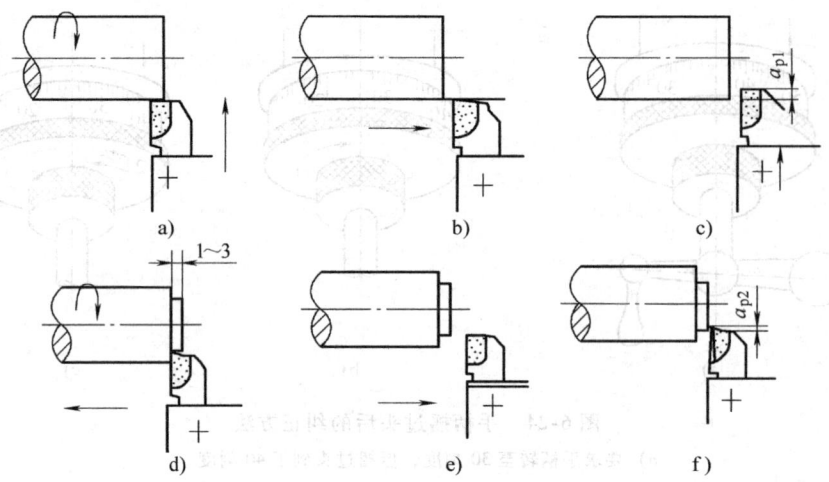

图 6-25 试切方法

a) 开车对刀,使车刀和工件表面轻微接触 b) 向右退刀 c) 按要求横向进给 a_{p1}
d) 试切 1~3mm e) 向右退刀,停车,测量 f) 调整背吃刀量至 a_{p2} 后,自动进给车外圆

6.6 车削工艺

利用车床的各种附件,选用不同的车刀,可以加工端面、外圆、内孔及螺纹面等各种回转面。

1. 车端面

端面常作为轴套、盘类零件的轴向基准,因此,车削时常将作为基准的端面先车出。对工件的端面进行车削的方法称为车端面。

如图 6-26a 所示,如选用右偏刀由外向中心车端面,此时由副切削刃切削。需要注意的是,车到中心时,凸台突然车掉,刀头易损坏,背吃刀量大时,易扎刀;如图 6-26b 所示,如选用右偏刀由中心向外车端面,主切削刃切削,切削条件有所改善;图 6-26c 所示为用左偏刀车端面;如图 6-26d 所示,如果用弯头车刀由外向中心车端面,主切削刃切削,凸台逐渐车掉,切削条件较好,加工质量较高。精车中心不带孔或带孔的端面时,可选用左偏刀由中心向外进给,由主切削刃切削,切削条件较好,能提高切削质量。

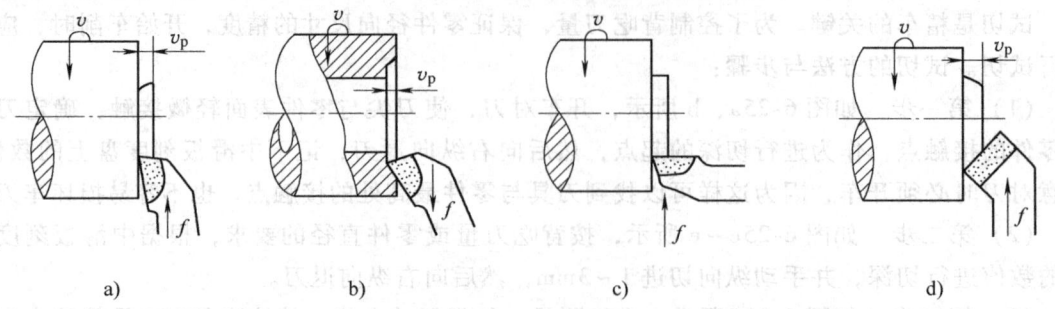

图 6-26 车端面

a) 用右偏刀由外向中心车端面 b) 用右偏刀由中心向外车端面
c) 用左偏刀由外向中心车端面 d) 用弯头车刀由外向中心车端面

车端面时应注意以下几点:

1) 安装零件时,要对其外圆及端面找正。

2) 安装车刀时,刀尖应对准零件中心,以免端面出现凸台(图 6-27),造成崩刀或不易切削。

3) 端面质量要求较高时,最后一刀应由中心向外切削。

4) 车大端面时,为了车刀能准确地横向进给,应将车床鞍板紧固在床身上,用小滑板调整背吃刀量。

2. 车外圆和台阶

车外圆是车削中最基本、最常见的加工方法。车外圆及其常用的刀具如图 6-28 所示。

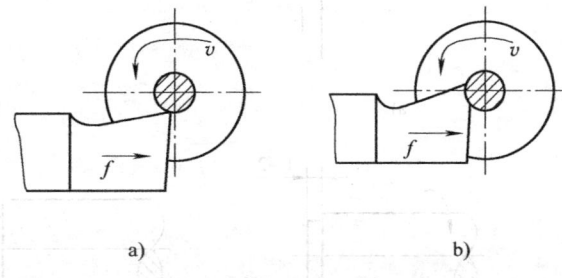

图 6-27 车端面时车刀的安装
a) 车刀安装过低 b) 车刀安装过高

尖刀主要用于车外圆;45°弯头刀和右偏刀既可车外圆,又可车端面,应用较为普通;右偏刀车外圆时径向力很小,常用来车削长轴的外圆;圆弧刀的刀尖具有圆弧,可用来车削具有过渡圆弧表面的外圆。

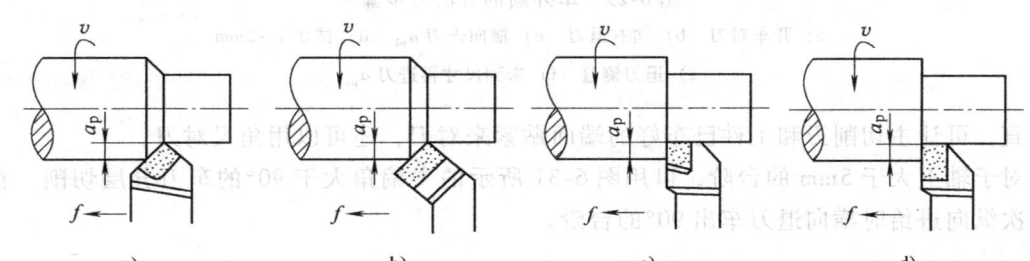

图 6-28 车外圆及其常用的刀具
a) 尖刀车外圆 b) 45°弯头刀车外圆 c) 右偏刀车外圆 d) 圆弧刀车外圆

为保证车外圆的尺寸精度,防止背吃刀量过大造成废品,需进行试切,其方法和步骤如图 6-29 所示。

1) 开车对刀。开动车床,工件旋转,摇手柄横向进刀,让车刀的刀尖与外圆面轻微接触。在刀具接近工件外圆时,进刀要仔细。

2) 向右退刀。摇动床鞍的手轮,使刀具向右移动,脱开与工件的接触。

3) 横向进刀。顺时针转动横向进给手柄,根据其上的刻度盘调整背吃刀量 a_{p1}。

4) 试切 1~2mm。手摇(或机动)床鞍上的手轮向左试切 1~2mm。

5) 退刀测量。试切后,操纵床鞍手轮向右退刀,脱离刀具与工件的接触,然后停车,工件停止转动,用量具测量试切外圆的直径。如果尺寸合格,开车以第 3 步调整的背吃刀量 a_{p1} 机动进给车削工件的整个外圆面;若尺寸不合格,则进行第 4 步。向右退刀离开工件的距离以不影响测量为宜。

6) 横向再进刀。因未到尺寸,再次横向进刀,调整背吃刀量 a_{p2} 为测量直径和所需直径差值的一半。之后可开车车削外圆。

轴上小于 5mm 的台阶可在车外圆时同时车出,如图 6-30 所示。为使台阶端面和工件轴

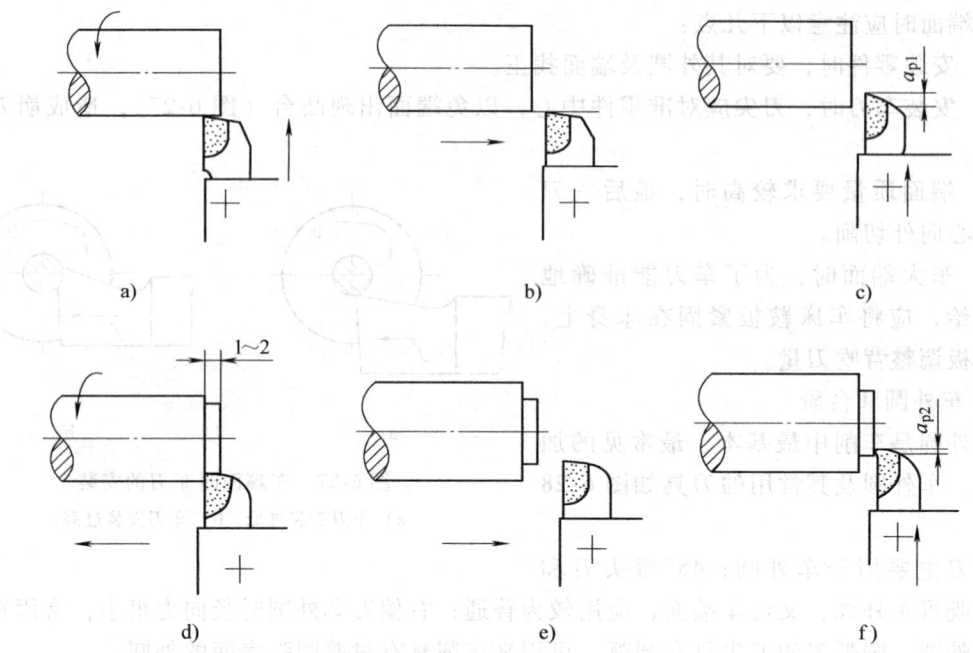

图 6-29 车外圆的方法与步骤

a）开车对刀 b）向右退刀 c）横向进刀 a_{p1} d）试切 1~2mm
e）退刀测量 f）未到尺寸再进刀 a_{p2}

线垂直，可让主切削刃和工件已车好的端面贴紧来对刀，还可以用角尺对刀。

对于轴上大于 5mm 的台阶，可用图 6-31 所示的主偏角大于 90°的车刀分层切削，在最后一次纵向进给时横向退刀车出 90°的台阶。

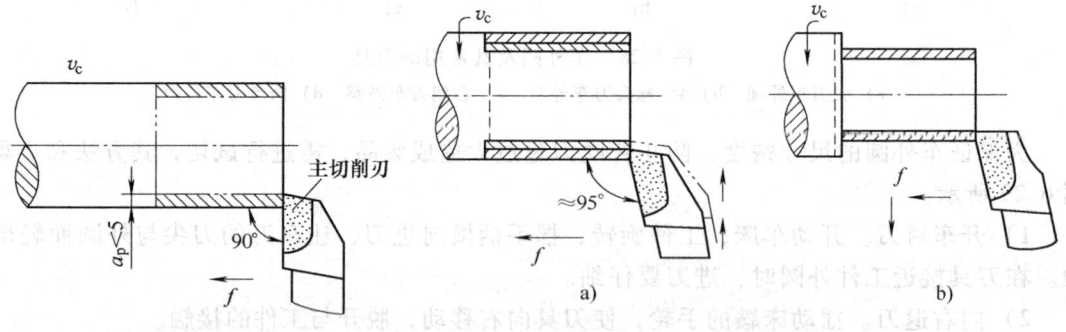

图 6-30 车削小台阶

图 6-31 大台阶分层车削
a）主切削刃和工件轴线夹角约 95°，分多次车削
b）在最后一次纵向进给时横刀退刀，车出 90°台阶

台阶的长度可用钢直尺来确定，如图 6-32 所示。车削台阶前，先用刀尖在所需长度处车出一线痕，以此作为加工界限。这种方法所确定的台阶长度一般应比要求的长度略短，以便留有余地。台阶的准确长度常用游标深度卡尺测量，如图 6-33 所示。

3. 切槽和切断

（1）切槽　回转体表面常有退刀槽、砂轮越程槽等沟槽。在回转体表面上车出沟槽的方法称为切槽，如图 6-34 所示。

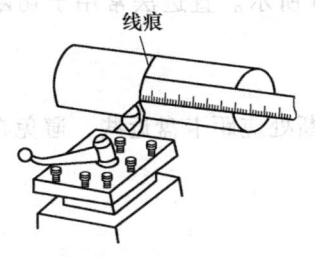
图 6-32 用钢直尺测量台阶长度

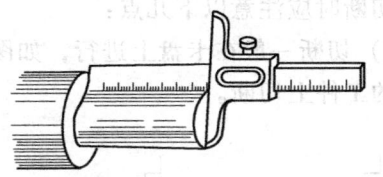
图 6-33 用游标深度卡尺测量台阶长度

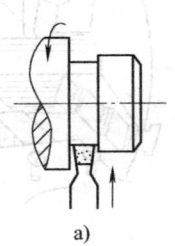
a)

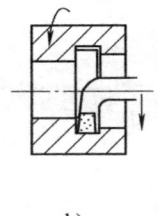
b)

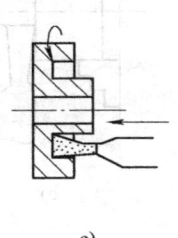
c)

图 6-34 切槽
a) 切外槽　b) 切内槽　c) 切端面槽

1) 切槽刀的选择。常选用高速钢切槽刀，其几何形状和角度如图 6-35 所示。

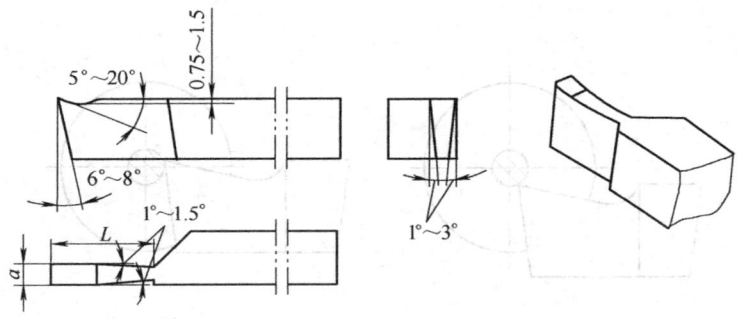

图 6-35 高速钢切槽刀的几何形状和角度

2) 切槽的方法。

① 车削精度不高的和宽度较窄的矩形槽，可以用刀宽等于槽宽的切槽刀，采用直进法一次车出；精度要求较高的矩形槽，一般分两次车成。

② 车削较宽的槽，可用多次直进法，并在槽的两侧留一定的精车余量，然后根据槽深、槽宽精车至尺寸。

③ 车削较小的圆弧形槽，一般用成形车刀车削；较大的圆弧槽，可用双手联动车削，然后用样板检查修整。

④ 车削较小的梯形槽，一般用成形车刀完成；较大的梯形槽，通常先车直槽，然后用梯形车刀直进法或左右切削法完成。

（2）切断　切断要用切断刀。切断刀的形状与切槽刀相似，但因刀头窄而长，很容易折断。常用的切断方法有直进法和左右借刀法两种，如 6-36 所示。直进法常用于切断铸铁等脆性材料；左右借刀法常用于切断钢等塑性材料。

切断时应注意以下几点：

1）切断一般在卡盘上进行，如图 6-37 所示。工件的切断处应距卡盘近些，避免在顶尖安装的工件上切断。

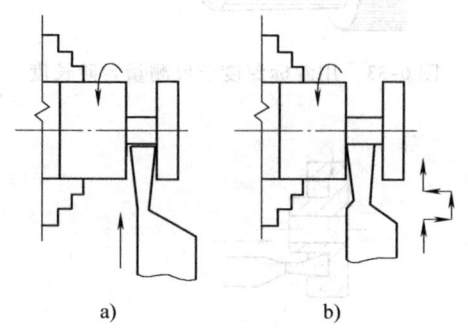

图 6-36　切断方法
a）直进法　b）左右借刀法

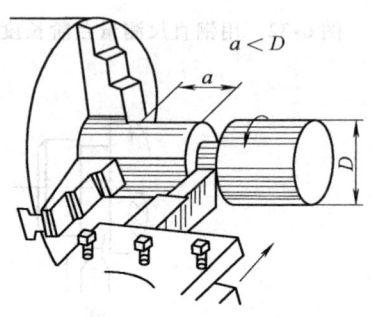

图 6-37　在卡盘上切断

2）如图 6-38 所示，切断刀刀尖必须与工件中心等高，否则切断处将剩有凸台，且刀头也容易损坏。

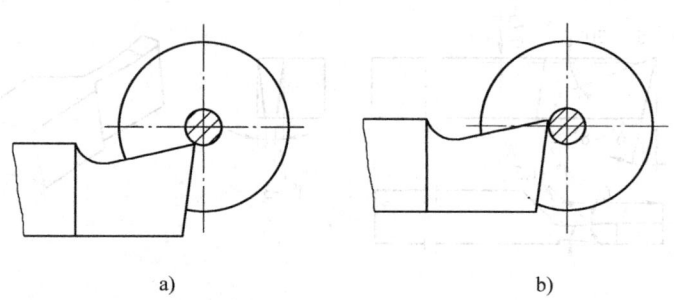

图 6-38　切断刀刀尖必须与工件中心等高
a）安装过低，不易切削　b）安装过高，刀头易被压断

3）切断刀伸出刀架的长度不要过长，进给要缓慢均匀。将要切断时，必须放慢进给速度，以免刀头折断。

4）切削钢件时需要加切削液进行冷却和润滑，切削铸铁时一般不加切削液，但必要时可用煤油进行冷却和润滑。

4. 车圆锥面、成形面及滚花

在机械制造业中，除采用内、外圆柱面作为配合表面外，还广泛采用内、外圆锥面作为配合表面，如车床主轴的锥孔、尾座的套筒、钻头的锥柄等。这是因为圆锥面配合紧密，拆卸方便，而且多次拆卸仍能准确定心。

(1) 车圆锥面　车削圆锥面的方法有四种：宽刀法、转动小刀架法、偏移尾座法和靠模法。

1) 宽刀法。如图 6-39 所示，车刀的主切削刃与零件轴线间的夹角等于零件的半锥角 α。宽刀法的特点是加工迅速，能车削任意角度的内、外圆锥面；但不能车削太长的圆锥面，并要求机床与零件系统有较好的刚性。

2) 小刀架转位法。如图 6-40 所示，转动小刀架，使其导轨与主轴轴线成半锥角 α 后再紧固其转盘，摇小刀架进给手柄车出锥面。

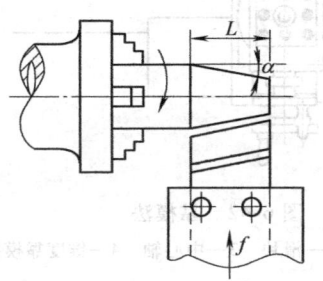

图 6-39　宽刀法

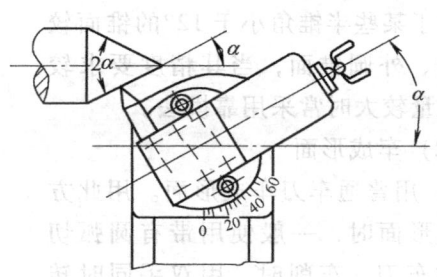

图 6-40　小刀架转位法

此法调整方便，操作简单，加工质量较好，适于车削任意角度的内、外圆锥面。但受小刀架行程限制，只能手动车削长度较短的圆锥面。

3) 偏移尾座法。如图 6-41 所示，将零件置于前、后顶尖之间，调整尾座横向位置，使零件轴线与纵向进给方向成半锥角 α。

尾座偏移量的计算公式为

$$s = \frac{D-d}{2L} L_0$$

式中　s——尾座偏移量；

　　　L——工件锥体部分长度；

　　　L_0——工件总长度；

　　　D——锥体大头直径；

　　　d——锥体小头直径。

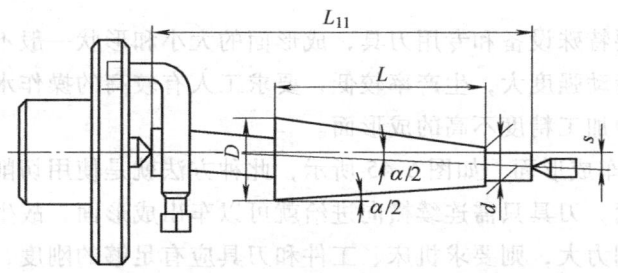

图 6-41　尾座偏移法

4) 靠模法。如图 6-42 所示，靠模板装置的底座固定在床身的后面，底座上装有锥度靠模板 4，它可绕中心轴 3 旋转到与零件轴线成半锥角 α。靠模板上装有可自由滑动的滑块 2。车削圆锥面时，首先须将中滑板 1 上的丝杠与螺母脱开，以使中滑板能自由移动。其次，为了便于调整背吃刀量，把小滑板转过90°，并把中滑板 1 与滑块 2 用固定螺钉联接在一起。然后调整锥度靠模板 4 的角度，使其与零件的半锥角 α 相同。于是，当床鞍做纵向自动进给时，滑块 2 就沿着锥度靠模板 4 滑动，从而使车刀的运动平行于锥度靠模板 4，车出所需的圆锥面。

对于某些半锥角小于 12°的锥面较长的内、外圆锥面，当其精度要求较高且批量较大时常采用靠模法。

（2）车成形面

1）用普通车刀车成形面。用此方法车成形面时，一般使用带有圆弧切削刃的车刀。车削时，用双手同时转

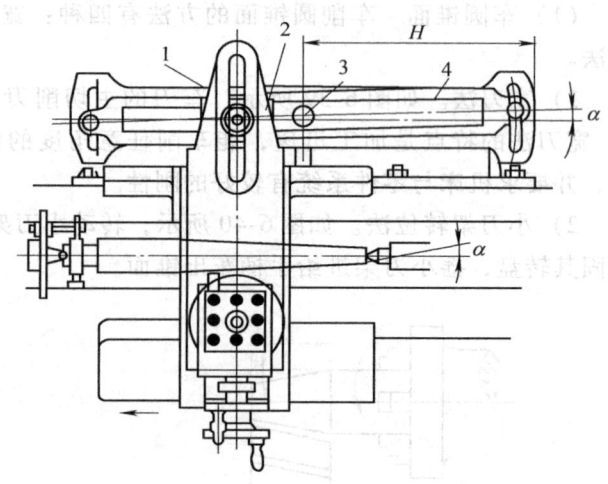

图 6-42 靠模法
1—中滑板 2—滑块 3—中心轴 4—锥度靠模板

动操纵横刀架和小刀架（床鞍）的手柄，把纵向进给运动和横向进给运动合成一个运动，使切削刃的运动轨迹与回转成形面的母线尽量一致，如图 6-43 所示。加工过程中往往需要多次用样板测量，如图 6-44 所示。一般在车削后要用锉刀仔细修整，最后再用砂纸抛光。表面粗糙度值为 $Ra3.2 \sim 12.5\mu m$。

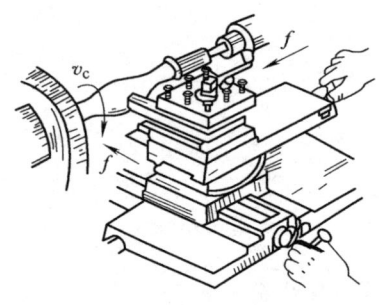

图 6-43 双手控制法车成形面

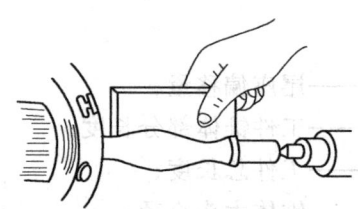

图 6-44 用样板测量成形面

这种方法不需要特殊设备和专用刀具，成形面的大小和形状一般不受限制。但因手动进给加工精度不高，劳动强度大，生产率较低，要求工人有较高的操作水平，故此法只适宜于在单件小批量生产中加工精度不高的成形面。

2）用成形车刀车成形面。如图 6-45 所示，此种方法就是使用切削刃与零件表面轮廓相同的车刀加工成形面，刀具只需连续横向进给就可以车出成形面，故生产率高。若参与切削的切削刃较长，切削力大，则要求机床、工件和刀具应有足够的刚度，同时应采用较小的进给量和切削速度。有时可先用尖刀按成形面形状粗车许多台阶，然后再用成形刀精车成形面。

成形面的加工精度取决于车刀刃形刃磨的精度。而成形车刀切削刃的制造和刃磨较困难，故这种方法适合于在批量生产中加工尺寸较小、成形面简单的工件。

3) 用靠模法车成形面。如图 6-46 所示，靠模装置固定在床身外侧的适当位置，靠模上有一曲线沟槽，其形状与工件母线相同。连接板一端固定在横刀架上，另一端与曲线沟槽中的滚柱连接。当床鞍纵向移动时，滚子则在曲线沟槽内移动，从而带动车刀也随着做曲线进给运动，即可车出所需的成形面。

用此方法车成形面时，应使横刀架与其丝杠脱开，车削前小刀架应转 90°，使其做横向移动来调整车刀的位置和控制背吃刀量。这种方法操作简单，生产率较高，但需要制造、安装专用靠模，故多用于在大批量生产中车削长度较大、形状较为简单的成形面。

图 6-45 用成形车刀车成形面

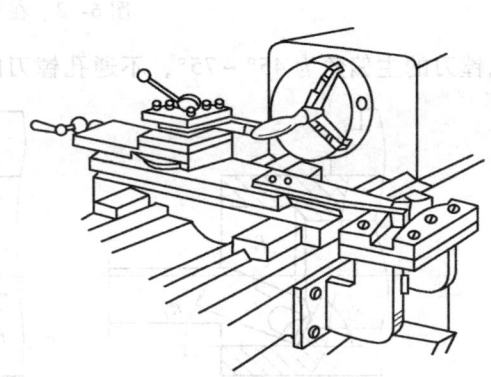

图 6-46 靠模法车成形面

（3）滚花　滚花是指用滚花刀挤压零件，使其表面产生塑性变形而形成花纹。花纹一般有直纹和网纹两种，滚花刀也分直纹滚花刀和网纹滚花刀。如图 6-47 所示，滚花前，应将滚花部分的直径车削得比零件所要求尺寸（0.15～0.8mm）大些；然后将滚花刀的表面与零件平行接触，且使滚花刀中心线与零件中心线等高。在滚花开始进刀时，需用较大的压力，待进刀一定深度后，再纵向自动进给，这样往复滚压 1～2 次，直到滚好为止。此外，滚花时零件转速要低，通常还需充分供给冷却液。

5. 车床上的孔加工

在车床上可以用钻头、镗刀、扩孔钻头、铰刀分别进行钻孔、镗孔、扩孔和铰孔。

下面介绍钻孔与镗孔。

（1）钻孔　利用钻头将工件钻出孔的方法称为钻孔。钻孔的公差等级为 IT10 以下，表面粗糙度的值约为 $Ra12.5\mu m$，多用于粗加工孔。在车床上钻孔如图 6-48 所示。工件装夹在卡盘上，钻头安装在尾座套筒锥孔内。钻孔前，先车平端面并车出一个中心孔或先用中心钻钻中心孔作为引导。钻孔时，摇动尾座手轮使钻头缓慢进给。注意应经常退出钻头排屑。钻孔进给不能过猛，以免折断钻头。钻钢料时应加切削液。

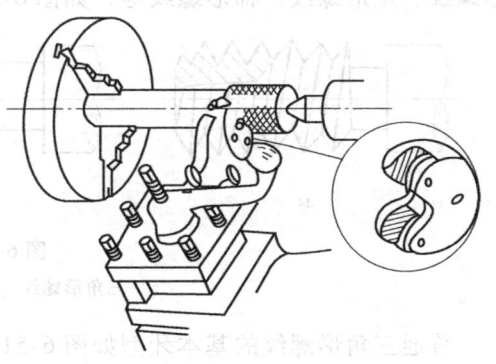

图 6-47 滚花

（2）镗孔　在车床上对工件的孔进行车削的方法称为镗孔。镗孔可以作为粗加工，也可以作为精加工。镗孔分为镗通孔和镗不通孔，如图 6-49 所示。镗孔基本上与车外圆相同，只是进刀和退刀方向相反。粗镗和精镗内孔时也要进行试切和测量，方法与车外圆相同。注

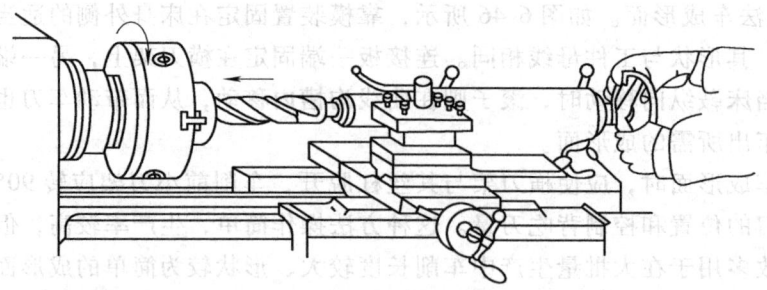

图 6-48　在车床上钻孔

意通孔镗刀的主偏角为 45°~75°，不通孔镗刀的主偏角大于 90°。

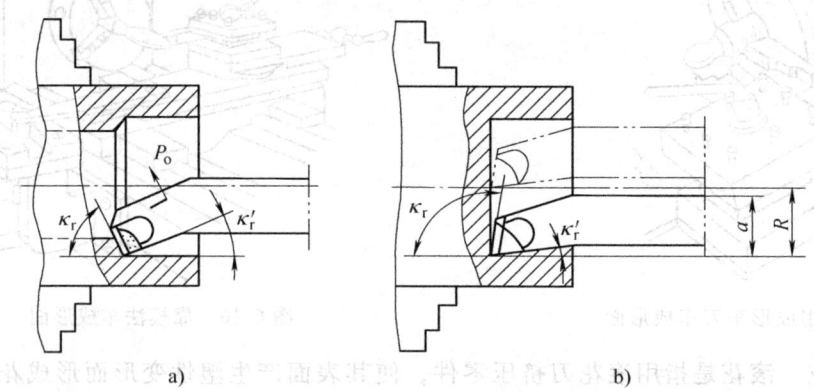

图 6-49　镗孔
a) 镗通孔　b) 镗不通孔

6. 车螺纹

（1）螺纹基础知识　将工件表面车削成螺纹的方法称为车螺纹。螺纹按牙型分有三角形螺纹、矩形螺纹、梯形螺纹等，如图 6-50 所示。其中普通米制三角形螺纹应用最广。

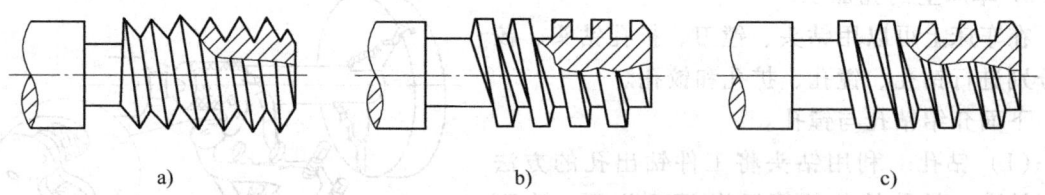

图 6-50　螺纹种类
a) 三角形螺纹　b) 矩形螺纹　c) 梯形螺纹

普通三角形螺纹的基本牙型如图 6-51 所示，各基本尺寸如下：

D—内螺纹大径（公称直径）。

d—外螺纹大径（公称直径）。

D_2—内螺纹中径。

d_2—外螺纹中径。

D_1—内螺纹小径。

d_1—外螺纹小径。

P—螺距。

H—原始三角形高度。

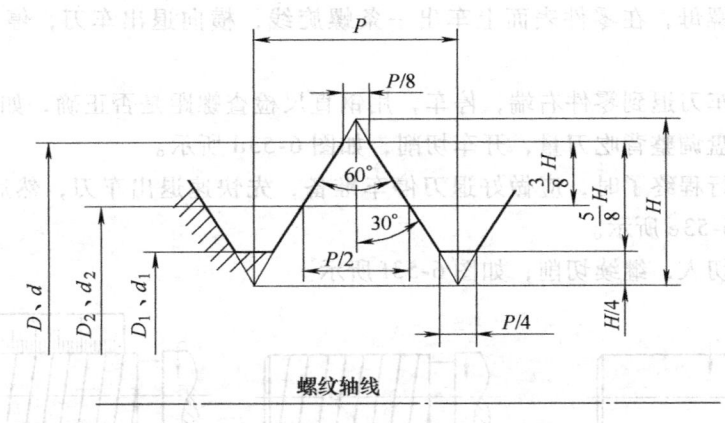

图 6-51 普通三角螺纹的基本牙型

决定螺纹的基本要素有三个：

1）牙型角 α　它是螺纹轴向剖面内螺纹两侧面的夹角。米制螺纹 $\alpha = 60°$，英制螺纹 $\alpha = 55°$。

2）螺距 P　它是沿轴线方向上相邻两牙间对应点的距离。

3）螺纹中径 D_2、d_2　它是平螺纹理论高度 H 的一个假想圆柱体的直径。在中径处的螺纹牙厚和槽宽相等。只有内、外螺纹中径一致时，两者才能很好地配合。

（2）车削外螺纹的方法与步骤

1）螺纹车刀及其安装。螺纹车刀的刀尖角、必须与螺纹牙型角（米制螺纹为60°）相等，前角等于零度。螺纹车刀按样板刃磨，刃磨后用油石修光。安装螺纹车刀时，刀尖必须与零件中心等高。调整时，用对刀样板对刀，保证刀尖角的等分线严格地垂直于零件的轴线，如图6-52所示。

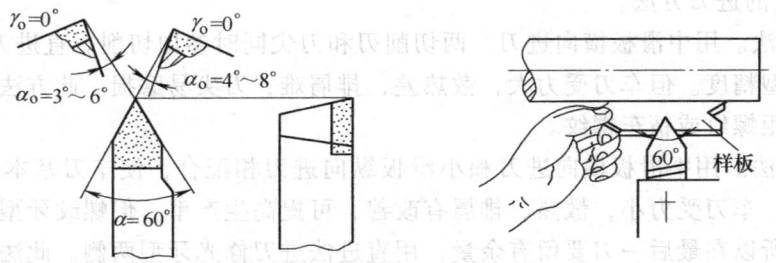

图 6-52　螺纹车刀几何角度与用样板对刀

2）车削螺纹的操作。在车床上车削单线螺纹的实质，就是使车刀的纵向进给量等于零件的螺距。为保证螺距的精度，应使用丝杠与开合螺母的传动来完成刀架的进给运动。车螺纹要经过多次进给才能完成。在多次进给过程中，必须保证车刀每次都落入已切出的螺纹槽内，否则，就会发生"乱扣"。当丝杠的螺距 P_s 是零件螺距 P 的整数倍时，可任意打开与合上开合螺母，螺纹车刀总会落入原来已切出的螺纹槽内，不会发生"乱扣"。若不为整数倍，多次进给和退刀时，均不能打开开合螺母，否则将发生"乱扣"。车外螺纹的操作步骤如下：

① 开车对刀，使车刀与零件轻微接触，记下刻度盘读数，向右退出车刀，如图 6-53a 所示。

② 合上开合螺母，在零件表面上车出一条螺旋线，横向退出车刀，停车，如图 6-53b 所示。

③ 开反车使车刀退到零件右端，停车，用钢直尺检查螺距是否正确，如图 6-53c 所示。

④ 利用刻度盘调整背吃刀量，开车切削，如图 6-53d 所示。

⑤ 车刀行至行程终了时，应做好退刀停车准备，先快速退出车刀，然后停车，开反车退回刀架，如图 6-53e 所示。

⑥ 再次横向切入，继续切削，如图 6-53f 所示。

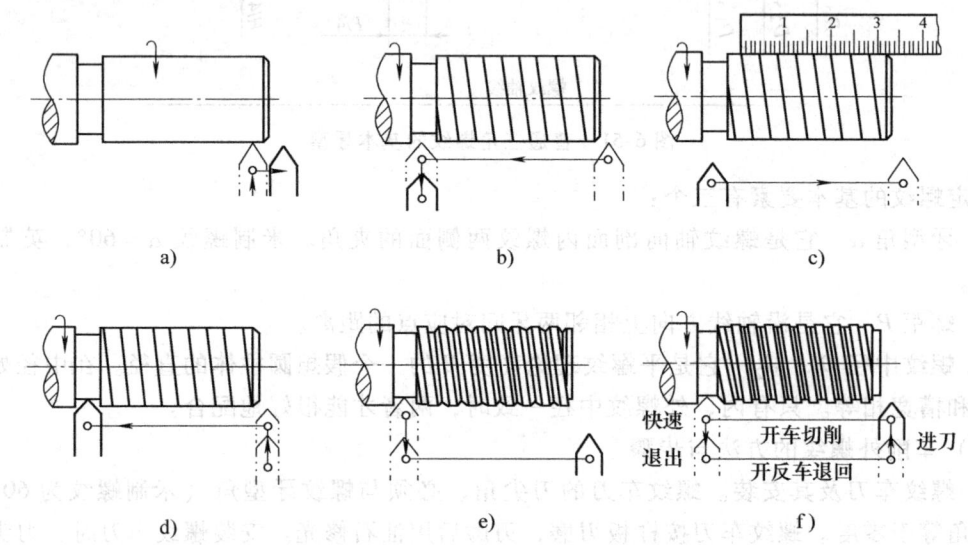

图 6-53 车削外螺纹操作步骤

3) 车螺纹的进刀方法。

① 直进刀法。用中滑板横向进刀，两切削刃和刀尖同时参加切削。直进刀法操作方便，能保证螺纹牙型精度。但车刀受力大，散热差，排屑难，刀尖易磨损。此方法适用于车削脆性材料、小螺距螺纹或精车螺纹。

② 斜进刀法。用中滑板横向进刀和小滑板纵向进刀相配合，使车刀基本上只有一个切削刃参加车削，车刀受力小，散热、排屑有改善，可提高生产率。但螺纹牙型的一侧表面粗糙度值较大，所以在最后一刀要留有余量，用直进法进刀修光牙型两侧。此法适用于塑性材料和大螺距螺纹的粗车。

不论采用哪种进刀方法，每次的背吃刀量要小，而总背吃刀量由刻度盘控制，并借助螺纹量规测量。测量外螺纹用螺纹环规，测量内螺纹用螺纹塞规。根据螺纹中径的公差，每种量规有过规、止规（塞规一般做在一根轴上，有过端、不通过端）。如果过规或过端能旋入螺纹，而止规或止端不能旋入，则说明所车的螺纹中径是合格的。螺纹精度不高或单件生产且没有合适的螺纹量规时，也可用与其相配件进行检验。

4) 注意事项。

① 调整中、小滑板导轨上的斜铁，可保证合适的配合间隙，使刀架移动均匀、平稳。

② 由顶尖上取下零件测量时，不得松开卡箍。重新安装零件时，必须使卡箍与拨盘保持原来的相对位置，并且须对刀检查。

③ 若需在切削中途换刀，则应重新对刀。由于传动系统存在间隙，对刀时应先使车刀沿切削方向走一段距离，停车后再进行对刀。此时移动小滑板使车刀切削刃与螺纹槽相吻合即可。

④ 为保证每次进给时刀尖都能正确地落在前次车削的螺纹槽内，当丝杠的螺距不是零件螺距的整数倍时，不能在车削过程中打开开合螺母，应采用正反车法。

⑤ 车削螺纹时严禁用手触摸零件或用棉纱擦拭旋转的螺纹。

6.7 车削典型零件实例

1. 轴类零件加工

图 6-54 所示为调整手柄零件图，材料 45 钢，其车削加工过程见表 6-2。

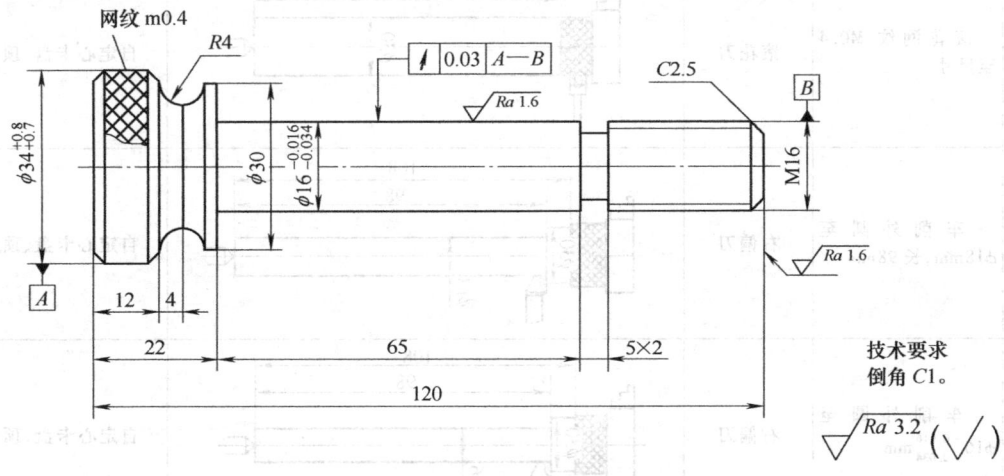

图 6-54 调整手柄零件图

表 6-2 调整手柄车削加工过程

序号	操作内容	刀具、工具	加工简图	夹具
1	下料：圆钢 φ40mm × 135mm			
2	车端面	弯头刀		自定心卡盘
3	钻 φ2.5mm 中心孔，用尾座顶住	φ2.5mm 中心钻		自定心卡盘、尾座
4	车削外圆至 φ35mm	右偏刀		自定心卡盘、顶尖

(续)

序号	操作内容	刀具、工具	加工简图	夹具
5	车削外圆至 $\phi 34^{+0.8}_{+0.7}$ mm	右偏刀		自定心卡盘、顶尖
6	车削 $\phi 30$mm 外圆至尺寸，长 108mm	右偏刀		自定心卡盘、顶尖
7	滚花网纹 M0.4 至尺寸	滚花刀		自定心卡盘、顶尖
8	车削外圆至 $\phi 18$mm，长 98mm	右偏刀		自定心卡盘、顶尖
9	车削外圆至 $\phi 16^{-0.016}_{-0.034}$ mm	右偏刀		自定心卡盘、顶尖
10	车削螺纹 M16 至 $\phi 15.75$mm，长 33	螺纹车刀		自定心卡盘、顶尖
11	车槽 $R4$mm 和退刀槽 5mm×2mm	成形刀		自定心卡盘、顶尖
12	倒角 $C1$ 和 $C2.5$	弯头刀		自定心卡盘、顶尖

(续)

序号	操作内容	刀具、工具	加工简图	夹具
13	车削螺纹 M16 至要求	螺纹车刀		自定心卡盘、顶尖
14	切断，总长 120mm	切断刀		自定心卡盘、顶尖

2. 模套类零件加工

图 6-55 所示为模套零件图，材料铸铁，其车削加工过程见表 6-3。

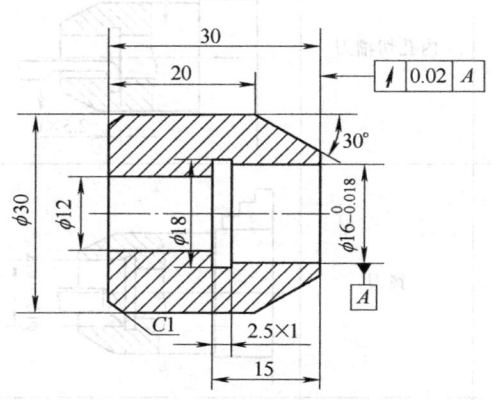

图 6-55 模套零件图

表 6-3 模套零件车削加工过程

序号	操作内容	刀具、工具	加工简图	夹具
1	备坯料 φ35mm×100mm 铸铁棒			
2	车端面	弯头刀		自定心卡盘
3	钻孔 φ12mm 深 34mm	φ2.5mm 中心钻 φ12mm 麻花钻		自定心卡盘

（续）

序号	操作内容	刀具、工具	加工简图	夹具
4	粗、精车外圆 φ30mm，长 34mm	右偏刀		自定心卡盘
5	车圆锥面	右偏刀		自定心卡盘
6	切内孔退刀槽	内孔切槽刀		自定心卡盘
7	镗孔	镗刀		自定心卡盘
8	切断，全长 31mm	切断刀		自定心卡盘
9	调头车倒角	弯头刀		自定心卡盘

车 削 实 习

1. 实习记录

（1）你所操作的车床的型号是什么？其中各符号及数字代表的含义是什么？

（2）车床应配有的主要附件有哪些？

（3）粗车常用的测量量具有哪些？精车常用的测量量具有哪些？

（4）车床的三箱指的是什么？

（5）车刀的三面、两刃、一尖分别是什么？

（6）写出车床各主要部分的名称和作用（十种）。

（7）车削一般可以达到的精度为_____，表面粗糙度值为_____。

2. 观察与思考

（1）车削的主运动是_____，进给运动是_____。

（2）车端面的车刀有哪两种？车削方法有哪两种？

（3）车锥面的方法有哪些？你是用什么方法车的锥面？

（4）在车刀和工件的相对运动中，车刀在工件上留下的轨迹是_____线，进给量越大，则_____越大，零件的表面粗糙度值越_____。

（5）试切的目的是_____。试切的方法有_____、_____、_____、_____、_____。

（6）车削实习中常用的刀具材料是_____，高速切削时应采用_____材料，这种材料有_____的性能。

（7）加工外圆时车刀向工件中心的移动为_____，远离中心为_____；加工内孔时车刀向工件中心的移动为_____，远离中心为_____。

（8）光杠是通过_____传动方式把旋转运动转变为刀具的直线运动，在主轴旋转方向不变的情况下，用_____能使进给方向反向；丝杠是通过_____传动方式把旋转运动转变为刀具的直线运动，在主轴旋转方向不变的情况下，用_____能使进给方向反向。

（9）填写图 6-56 所示四种车刀的名称和用途。

（10）你在车外圆过程中，曾遇到过哪些问题？试分析原因。

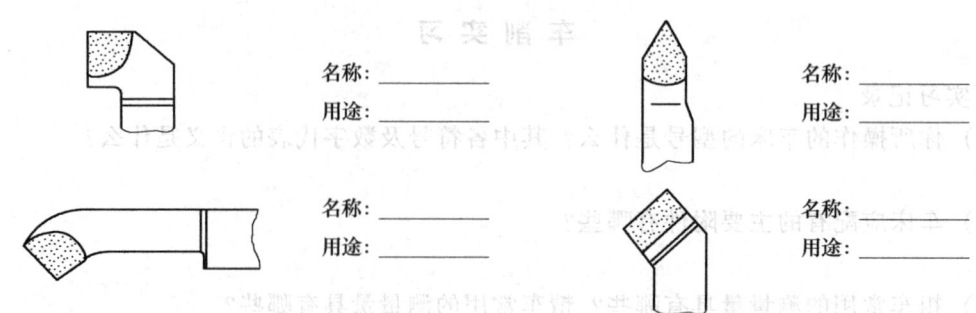

图 6-56　车刀

（11）比较镗孔和车外圆，填写表 6-4。

表 6-4　镗孔和车外圆

	刀具刚性（好或差）	刀具安装	进刀方法	切削用量（大或小）	测量方法	观察条件	冷却排屑（好或差）
车外圆							
镗孔							

（12）用箭头标出图 6-57 所示四种切削运动的方向

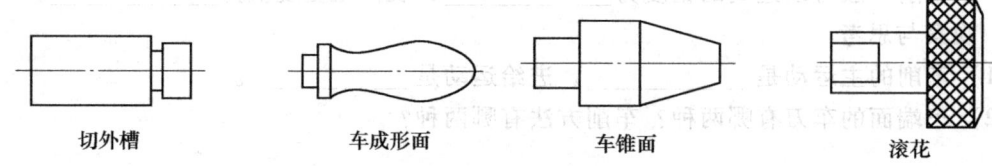

切外槽　　　　　车成形面　　　　　车锥面　　　　　滚花

图 6-57　切削运动方向

（13）分析切断时产生打刀或切断处剩有凸台的原因。

（14）图 6-58 所示为车螺纹示意图。已知车床丝杠螺距（单线）为 6mm，加工单线螺纹的螺距为 1.75mm，求交换齿轮 a、b、c、d 的齿数。

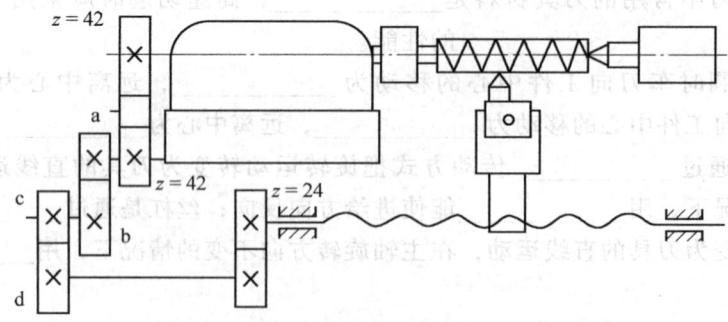

图 6-58　车螺纹示意图

3. 体会与建议

实习时间：_____　　　　分数：_____

第 7 章 铣 削 加 工

7.1 铣削加工概述

在铣床上用铣刀切削工件上各种表面或沟槽的过程称为铣削加工。

1. 铣削加工的范围

铣削加工的范围广泛，可加工各种表面、沟槽和成形面，还可进行切断、分度、铰孔、镗孔等工作。在切削加工中，铣床的工作量仅次于车床；在批量生产中，除加工狭长的平面外，铣床几乎可以替代刨床。铣削加工可完成的主要工作如图 7-1 所示。

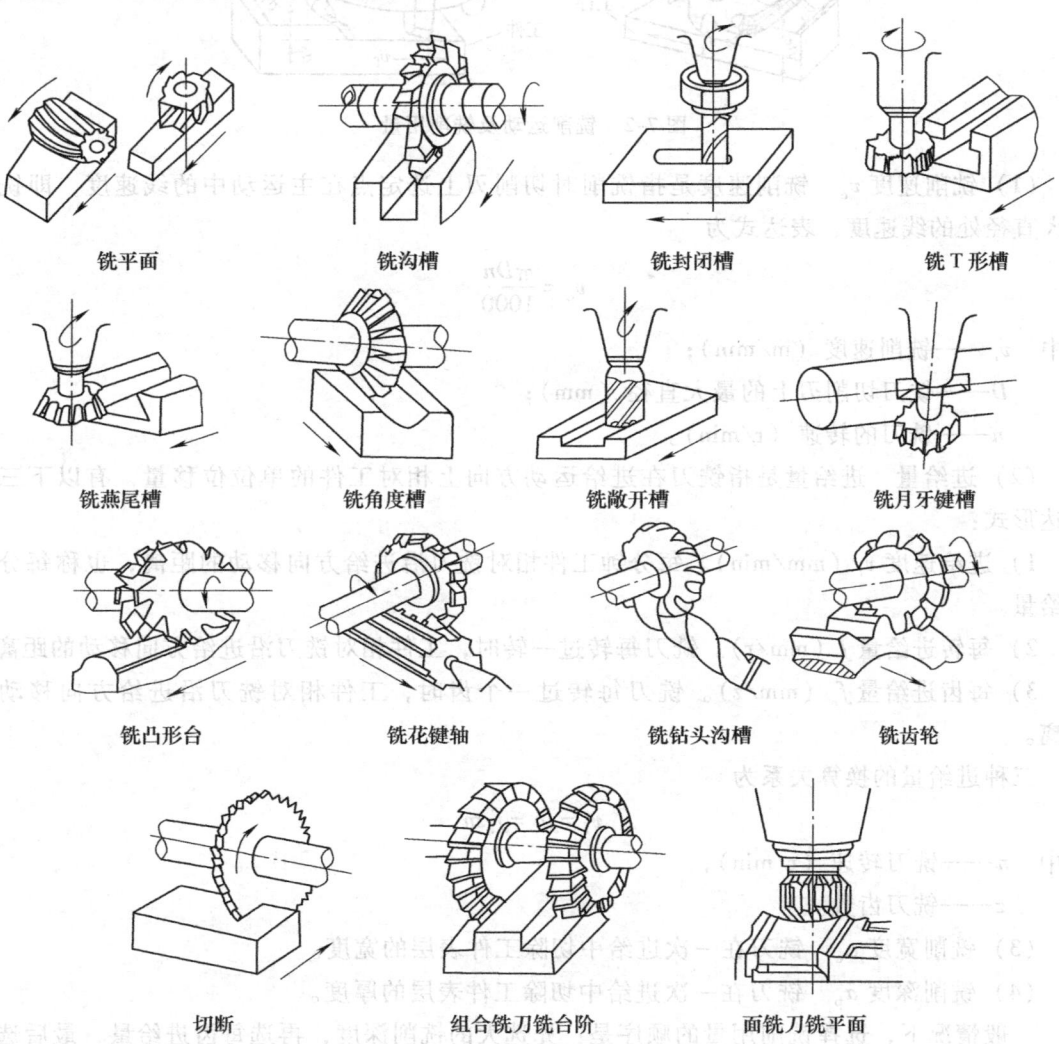

图 7-1 铣削加工可完成的主要工作

2. 铣削加工的特点

由于铣刀是旋转的多齿刀具，铣削时，每个刀齿的散热条件好，可提高切削速度，故生产率高。但铣刀刀齿的不断切入和切出使切削力不断变化，因此易产生冲击和振动。铣刀的种类很多，所以铣削的加工范围较广。但铣床的结构比较复杂，铣刀制造和刃磨比较困难，铣削加工的成本较高。

3. 铣削运动和铣削用量

铣削运动有主运动和进给运动。铣削用量是指铣削过程中的铣削速度、进给量、铣削宽度和铣削深度。通常将铣削速度、进给量、铣削宽度和铣削深度称为铣削用量四要素。铣削运动及铣削用量如图 7-2 所示。

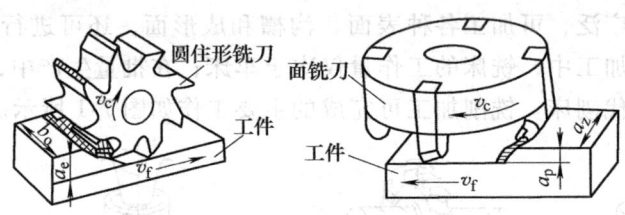

图 7-2 铣削运动及铣削用量

（1）铣削速度 v_c 铣削速度是指铣削时切削刃上选定点在主运动中的线速度，即铣刀最大直径处的线速度，表达式为

$$v_c = \frac{\pi D n}{1000}$$

式中 v_c——铣削速度（m/min）；

D——铣刀切削刃上的最大直径（mm）；

n——铣刀的转速（r/min）。

（2）进给量 进给量是指铣刀在进给运动方向上相对工件的单位位移量，有以下三种表达形式：

1）进给速度 v_f（mm/min）。每分钟工件相对铣刀沿进给方向移动的距离，也称每分钟进给量。

2）每转进给量 f（mm/r）。铣刀每转过一转时，工件相对铣刀沿进给方向移动的距离。

3）每齿进给量 f_z（mm/z）。铣刀每转过一个齿时，工件相对铣刀沿进给方向移动的距离。

三种进给量的换算关系为

$$v_f = fn = f_z z n$$

式中 n——铣刀转速（r/min）；

z——铣刀齿数。

（3）铣削宽度 a_e 铣刀在一次进给中切除工件表层的宽度。

（4）铣削深度 a_p 铣刀在一次进给中切除工件表层的厚度。

一般情况下，选择铣削用量的顺序是：先选大的铣削深度，再选每齿进给量，最后选择铣削速度。铣削宽度尽量等于工件加工面的宽度。

7.2 铣床

1. 铣床的种类和型号

铣床的种类很多,主要有升降台铣床、工作台不升降铣床、龙门铣床和工具铣床等。此外还有仿形铣床、仪表铣床和各种专用铣床。其中比较常用的是卧式升降台铣床和立式铣床。

铣床的型号和其他机床型号一样,按照 GB/T 15375—2008《金属切削机床 型号编制方法》的规定表示。

例如型号为 X6132 的卧式万能升降台铣床,其中:
X——机床类型代号(表示铣床类)。
6——机床组别代号(卧式升降台铣床)。
1——机床系别代号(万能升降台铣床)。
32——主要参数代号(工作台面宽度的 1/10,即 320mm)。

2. 卧式万能升降台铣床

X6132 型卧式万能升降台铣床如图 7-3 所示,其主要组成部分及作用如下:

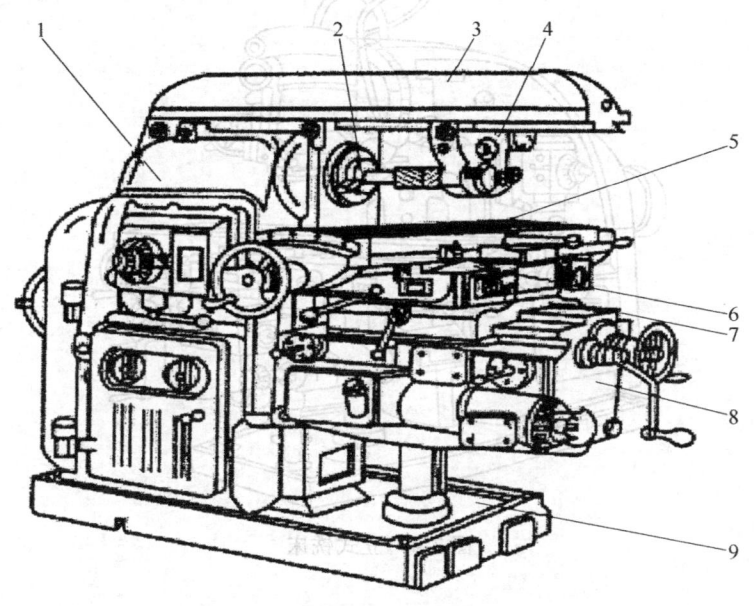

图 7-3 X6132 型卧式万能升降台铣床
1—床身 2—主轴 3—横梁 4—吊架 5—纵向工作台
6—转台 7—横向工作台 8—升降台 9—底座

(1)床身 床身用来固定和支承铣床上所有的部件,内部装有主电动机、主轴变速机构和主轴等,上部有横梁,下部与底座相连,前部垂直导轨装有升降台等部件。

(2)横梁 横梁前端装有吊架,用以支承刀杆。横梁可沿床身的水平导轨移动,其伸出的长度由刀杆的长度所决定。

(3)主轴 主轴是一根空心轴,前端有 7:24 的精密锥孔,用以安装铣刀刀杆并带动铣刀旋转。

（4）纵向工作台　纵向工作台由纵向丝杠带动在转台上做纵向移动，以带动工作台上的工件做纵向进给。台面上的T形槽用以安装夹具或工件。

（5）横向工作台　横向工作台位于升降台上面的水平导轨上，可带动纵向工作台一起做横向进给。

（6）转台　转台可将纵向工作台在水平面内旋转一定的角度（正反向均可转动0°~45°），以便铣削螺旋槽等。

（7）升降台　升降台可以带动整个工作台沿床身的垂直导轨上下移动，以调整工件与铣刀的距离和实现垂直进给。

（8）底座　底座用以支承床身和工作台，内盛切削液。

此外还有电气控制系统和冷却润滑系统等。

3. 立式铣床

立式铣床如图7-4所示，其主轴是垂直的，其他与卧式万能升降台铣床相同。立式铣床是一种生产率比较高的机床，可以利用立铣刀或面铣刀加工平面、台阶、斜面和键槽，还可以加工内外圆弧、T形槽及凸轮等。

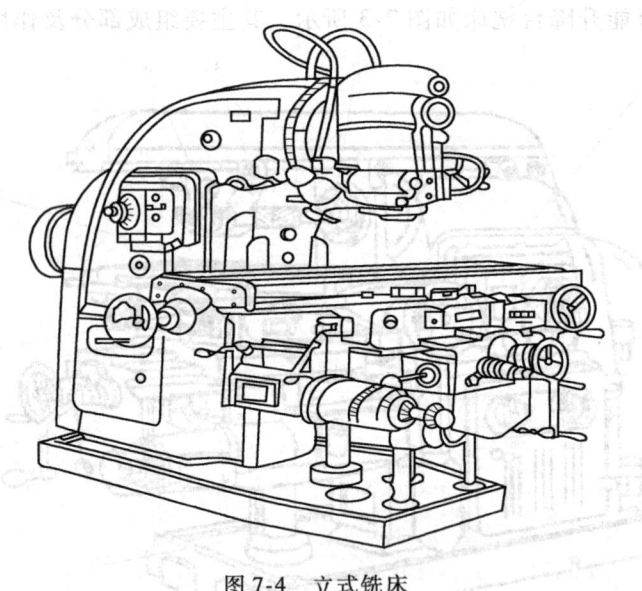

图7-4　立式铣床

7.3　铣床附件及工件的安装

铣床的主要附件有平口钳、万能分度头、万能铣头和回转工作台等。在铣床上安装工件时，通常根据工件的形状和大小，用压板、螺栓和挡铁直接安装在工作台上，当生产批量较大时，也可采用专用夹具或组合夹具安装工件。

1. 平口钳

铣床所用平口钳的钳口本身精度及其相对于底座底面的位置精度均较高。底座下面有两个定位键，以便安装时以工作台上的T形槽定位。平口钳有固定式和回转式两种。回转式平口钳可绕底座心轴回转360°，如图7-5所示。

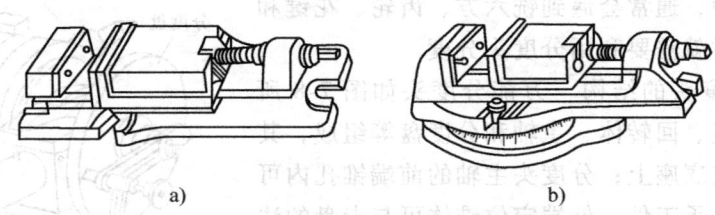

图7-5 平口钳
a) 固定式 b) 回转式

2. 万能铣头

在卧式铣床上装上万能铣头，不仅能完成各种立铣的工作，而且还可以根据铣削的需要，把铣头主轴扳成任意角度。万能铣头的底座用螺栓固定在铣床的垂直导轨上。铣床主轴的运动通过铣头内的两对锥齿轮传到铣头主轴上，铣头的壳体可绕铣床主轴轴线偏转任意角度，铣头主轴的壳体还能在铣头壳体上偏转任意角度，因此，铣头主轴就能在空间偏转成所需要的任意角度。图7-6所示为万能铣头。

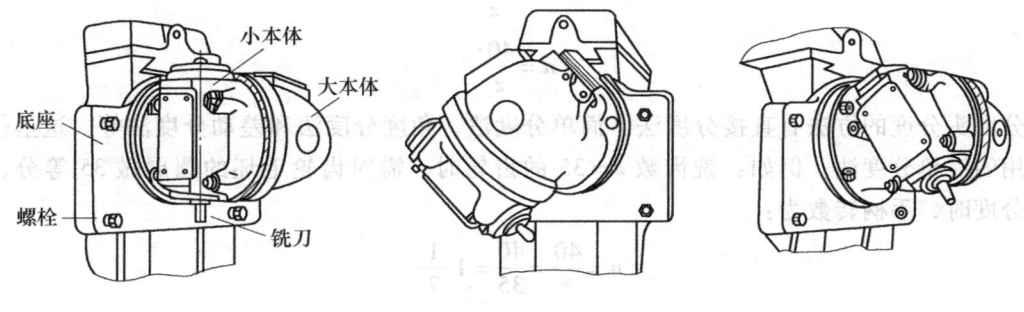

图7-6 万能铣头

3. 回转工作台

回转工作台又称为转盘、平分盘、圆形工作台等。它的内部有一套蜗轮蜗杆机构。摇动手轮，通过蜗杆轴，就能直接带动与转台相连接的蜗轮转动。转台周围有刻度，可以用来观察和确定转台位置。拧紧固定螺钉，转台就固定不动。转台中央有一孔，利用它可以方便地确定工件的回转中心。当底座上的槽和铣床工作台的T形槽对齐后，即可用螺栓把回转工作台固定在铣床工作台上。铣圆弧槽时，工件安装在回转工作台上，铣刀旋转，用手均匀、缓慢地摇动回转工作台而使工件铣出圆弧槽。图7-7所示为回转工作台。

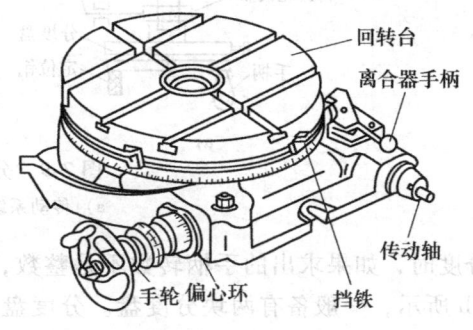

图7-7 回转工作台

4. 万能分度头

在铣削加工中，通常会遇到铣六方、齿轮、花键和刻线等工作，这时就需要利用分度头分度。

（1）万能分度头的结构　万能分度头如图 7-8 所示，它主要由底座、回转体、主轴和分度盘等组成，其中，回转体安装在底座上；分度头主轴的前端锥孔内可安装顶尖，用来支承工件；外端定位锥体可与卡盘的法兰盘锥孔相连接，以便用卡盘装夹工件。另外，主轴可随回转体在垂直平面内转动 -60°~90°，以适应在不同空间位置装夹工件的需要。

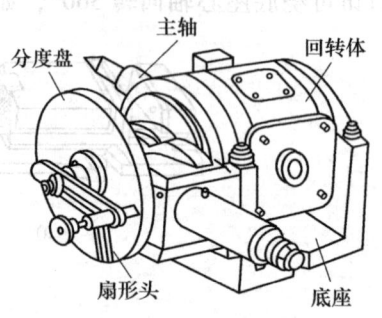

图 7-8　万能分度头

（2）万能分度头的分度方法　分度头内部的传动系统如图 7-9a 所示，可转动分度手柄，通过传动机构（传动比为 1:1 的一对齿轮与传动比为 1:40 的蜗轮蜗杆），使分度头主轴带动工件转动一定角度。手柄转一转，主轴带动工件转 1/40 转。

如果要将工件的圆周等分为 z 等分，则每次分度工件应转过 $1/z$ 转。设每次分度手柄的转数为 n，则手柄转数 n 与工件等分数 z 之间有如下关系

$$1:40 = \frac{1}{z}:n$$

$$n = \frac{40}{z}$$

分度头分度的方法有直接分度法、简单分度法、角度分度法和差动分度法等。这里仅介绍常用的简单分度法。例如：铣齿数 $z=35$ 的齿轮时，需对齿轮毛坯的圆周做 35 等分，每一次分度时，手柄转数为：

$$n = \frac{40}{z} = \frac{40}{35} = 1\frac{1}{7}$$

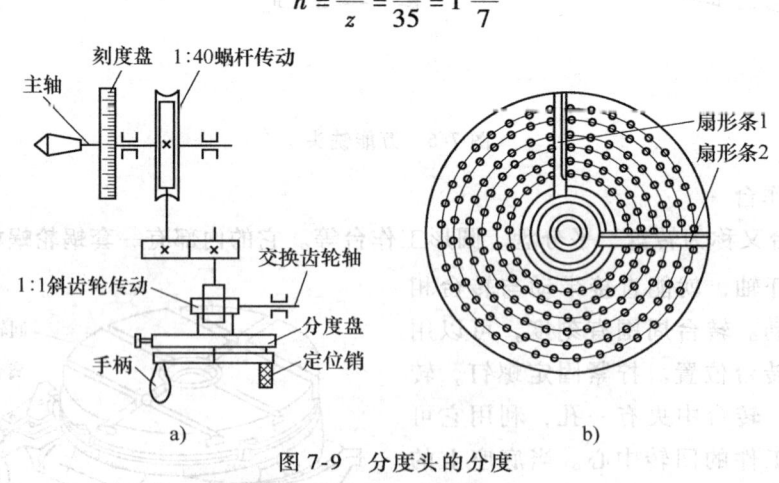

图 7-9　分度头的分度
a) 传动系统　b) 分度盘

分度时，如果求出的手柄转数不是整数，可利用分度盘上的等分孔距来确定。分度盘如图 7-9b 所示，一般备有两块分度盘。分度盘的两面各钻有不通的许多圈孔，各圈孔数均不相等，然而同一孔圈上的孔距是相等的。

分度头第一块分度盘正面各圈孔数依次为 24、25、28、30、34、37；反面各圈孔数依

次为 38、39、41、42、43。

第二块分度盘正面各圈孔数依次为 46、47、49、51、53、54；反面各圈孔数依次为 57、58、59、62、66。

按上例计算结果，即每分一齿，手柄需转过 $1\frac{1}{7}$ 转，其中 $\frac{1}{7}$ 转需通过分度盘来控制。用简单分度法时，需先将分度盘固定，再将分度手柄上的定位销调整到孔数为 7 的倍数（如 28、42、49）的孔圈上，如在孔数为 28 的孔圈上。此时分度手柄转过 1 整转后，再沿孔数为 28 的孔圈转过 4 个孔距，$n = 1\frac{1}{7} = 1\frac{4}{28}$。

为了确保手柄转过的孔距数可靠，可调整分度盘上的扇形条 1、2 间的夹角，如图 7-9b 所示，使之正好等于 4 个孔距，而孔数为 4+1=5，这样依次进行分度时就可准确无误。

7.4 铣刀及其安装

1. 铣刀

铣刀的种类有很多，按安装方法可分为带孔铣刀和带柄铣刀两大类。

（1）带孔铣刀 采用孔装夹的铣刀称为带孔铣刀，如图 7-10 所示。带孔铣刀多用在卧式铣床上，常用的主要有圆柱铣刀、圆盘铣刀、角度铣刀和成形铣刀。

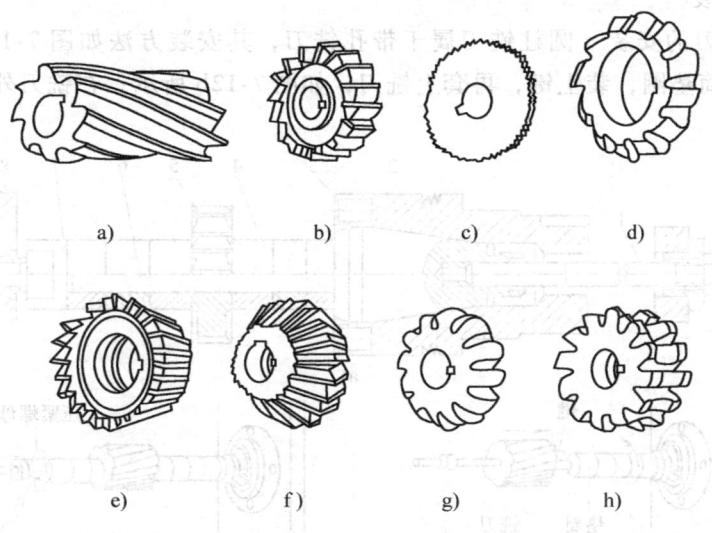

图 7-10 带孔铣刀

a）圆柱铣刀 b）三面刃铣刀 c）锯片铣刀 d）模数铣刀
e）单角铣刀 f）双角铣刀 g）凹圆铣刀 h）凸圆铣刀

1）圆柱铣刀 （图 7-10a），主要用其圆柱面的切削刃铣削平面。

2）圆盘铣刀 （图 7-10b、c），其中，三面刃铣刀主要用于加工不同宽度的直角沟槽、小平面和台阶面等；锯片铣刀主要用于切断工件或铣削窄槽。

3）成形铣刀 （图 7-10d、g、h），主要用于在卧式铣床上加工有特殊外形的表面，如凸圆弧、凹圆弧、齿轮等，或用来加工与切削刃形状相同的成形面。

4）角度铣刀 （图7-10e、f），可具有各种不同的角度，用于加工各种角度的沟槽和斜面等。

（2）带柄铣刀 采用柄部装夹的铣刀称为带柄铣刀，有锥柄和直柄两种，如图7-11所示。带柄铣刀多用于立式铣床上，常用的有镶齿面铣刀、立铣刀、键槽铣刀、T形槽铣刀和燕尾槽铣刀等。

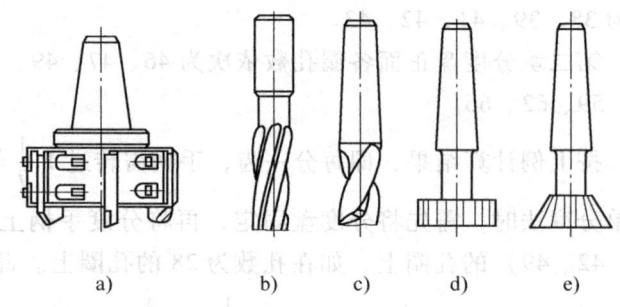

图7-11 带柄铣刀
a）镶齿面铣刀 b）立铣刀 c）键槽铣刀
d）T形槽铣刀 e）燕尾槽铣刀

1）镶齿面铣刀 （图7-11a），用于在卧式或立式铣床上加工平面，通常刀体上装有硬质合金刀片，刀杆伸出部分短，刚性好，加工平面时可以进行高速铣削。

2）立铣刀 （图7-11b），一般有直柄和锥柄两种，多用于加工斜面、沟槽、小平面和台阶面等。

3）键槽铣刀和T形槽铣刀 （图7-11c、d），其中，键槽铣刀专门用于加工封闭式键槽，T形槽铣刀专门用于加工T形槽。

4）燕尾槽铣刀 （图7-11e），专门用于加工燕尾槽。

2. 铣刀的安装

（1）带孔铣刀的安装 圆柱铣刀属于带孔铣刀，其安装方法如图7-12a所示。在刀杆上先套上几个套筒垫圈，装上键，再套上铣刀，如图7-12b所示；在铣刀外边的刀杆上，再

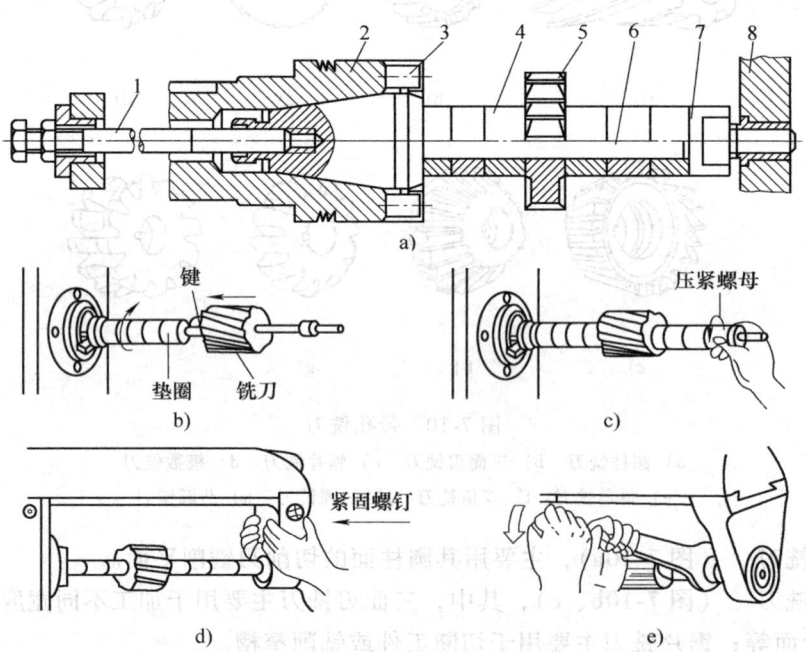

图7-12 带孔铣刀的安装
1—拉杆 2—主轴 3—端面键 4—套筒 5—铣刀 6—刀杆 7—螺母 8—吊架

套上几个套筒后拧上压紧螺母,如图 7-12c 所示;装上吊架,拧紧吊架紧固螺钉,轴承孔内加润滑油,如图 7-12d 所示;初步拧紧螺母,并开机观察铣刀是否装正,装正后用力拧紧螺母,如图 7-12e 所示。

(2) 带柄铣刀的安装

1) 锥柄铣刀的安装。如果锥柄立铣刀的锥柄尺寸与主轴孔内锥尺寸相同,则可直接装入铣床主轴中,并用拉杆将铣刀拉紧。如果铣刀锥柄尺寸与主轴孔内锥尺寸不同,则根据铣刀锥柄的大小,选择合适的变锥套,然后用拉杆把铣刀及变锥套一起拉紧在主轴上,如图 7-13a 所示。

2) 直柄铣刀的安装。如图 7-13b 所示,这类铣刀多用弹簧夹头安装。将铣刀的刀杆插入弹簧套的孔中,用螺母压弹簧的端面,使弹簧的外锥面受压而缩小孔径,即可将铣刀压紧。

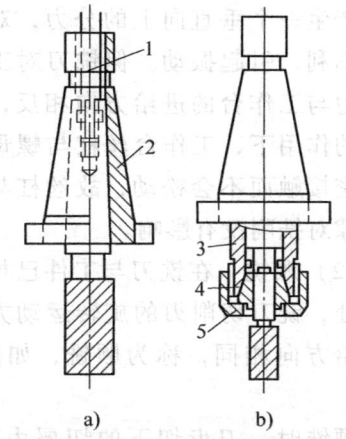

图 7-13 带柄铣刀的安装
a) 锥柄立铣刀的安装
b) 直柄立铣刀的安装
1—拉杆 2—变锥套 3—夹头体
4—螺母 5—弹簧套

7.5 铣削工艺

在铣床上,不同种类的铣刀和夹具构成一体,用来完成平面、斜面、沟槽及成形面等的加工。

1. 铣平面

用铣削方法加工工件的平面称为铣平面。使用面铣刀、圆柱立铣刀、三面刃圆盘铣刀和立铣刀在卧式铣床和立式铣床上均可进行水平面、垂直面和台阶面的加工,如图 7-14 所示。

在卧式升降台铣床上,利用圆柱铣刀铣削平面的方法称为周铣。周铣又分为顺铣和逆铣,如图 7-15 所示。

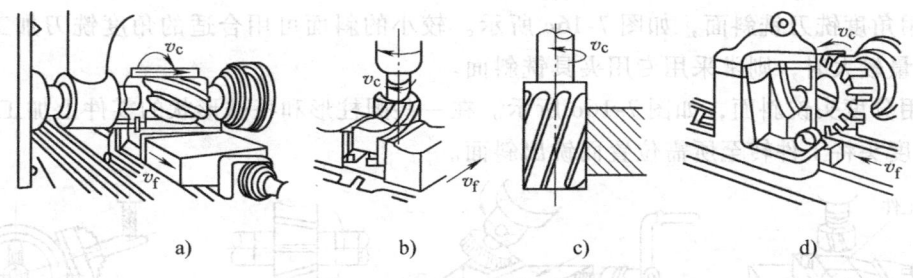

图 7-14 铣平面
a) 在卧式铣床上用圆柱铣刀铣水平面 b) 在立式铣床上用面铣刀铣水平面
c) 在立式铣床上用立铣刀铣垂直面 d) 在卧式铣床上用面铣刀铣垂直面

(1) 逆铣 在铣刀与工件已加工面的切点处,铣刀切削刃的旋转运动方向与工件进给方向相反,称为逆铣,如图 7-15a 所示。

逆铣时,刀齿切下的切屑由薄变厚,刀齿接触工件后要滑移一段距离才能切入,使刀具与工件的摩擦严重,切削温度升高,工件已加工面表面粗糙度值增大。同时逆铣时,刀齿对工件产生一个垂直向上的分力，对工件的夹固不利，引起振动。但铣刀对工件的水平分力与工作台的进给方向相反，在水平分力的作用下，工作台丝杠与螺母间总保持紧密接触而不会松动，故丝杠与螺母间的间隙对铣削没有影响。

（2）顺铣 在铣刀与工件已加工面的切点处，铣刀切削刃的旋转运动方向与工件进给方向相同，称为顺铣，如图 7-15b 所示。

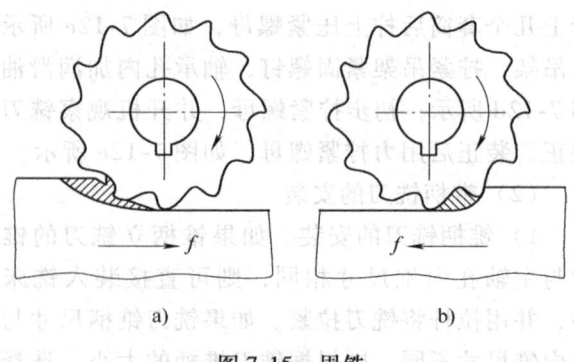

图 7-15 周铣
a) 逆铣 b) 顺铣

顺铣时，刀齿切下的切屑由厚变薄，避免了铣刀在已加工面的滑行过程，使刀具与工件的摩擦减小。同时刀齿对工件产生一个垂直向下分力将工件压紧，减小振动，使铣削平稳。但铣刀对工件的水平分力与工作台的进给方向一致，且工作台丝杠与螺母间一般都有间隙，因此在水平分力的作用下，工作台会消除间隙而突然振动，影响已加工面的质量，对刀具的寿命不利。

实际生产中，大多采用逆铣铣削平面。但若从提高刀具寿命和工件表面质量以及增加工件夹持的稳定性等方面考虑，一般应采用顺铣。

2. 铣斜面

铣斜面与铣平面的原理一致，只是工件的切削位置相对工件的安装位置进行了相应的改变，以使斜面能达到准确的斜度。斜面的铣削方法主要有以下几种。

1）使用倾斜垫铁铣斜面，如图 7-16a 所示。在零件设计基准的下面垫一块倾斜的垫铁，则铣出的平面就与设计基准面成倾斜位置。改变倾斜垫铁的角度，即可加工不同角度的斜面。

2）用万能铣头铣斜面，如图 7-16b 所示。由于万能铣头能方便地改变刀轴的空间位置，因此可以转动铣头以使刀具相对工件倾斜一个角度来铣斜面。

3）用角度铣刀铣斜面，如图 7-16c 所示。较小的斜面可用合适的角度铣刀加工。当加工零件批量较大时，则常采用专用夹具铣斜面。

4）用分度头铣斜面，如图 7-16d 所示。在一些圆柱形和特殊形状的零件上加工斜面时，可利用分度头将工件转至所需位置而铣出斜面。

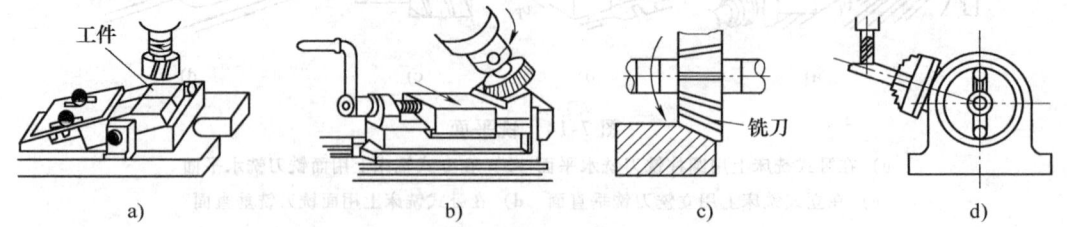

图 7-16 铣斜面
a) 使用倾斜垫铁 b) 用万能铣头 c) 用角度铣刀 d) 用分度头

3. 铣沟槽

在铣床上可以铣削键槽、直槽、T 形槽、V 形槽、燕尾槽和螺旋槽。图 7-17 所示为几种铣沟槽的方法。此类铣削加工多用立铣刀或盘铣刀。

1) 用三面刃铣刀铣直槽,如图 7-17a 所示。
2) 用角度铣刀铣 V 形槽,如图 7-17b 所示。
3) 用燕尾槽铣刀铣燕尾槽,如图 7-17c 所示。
4) 用 T 形槽铣刀铣 T 形槽,如图 7-17d 所示。
5) 用键槽铣刀铣键槽,如图 7-17e 所示。
6) 用半圆键槽铣刀铣半圆形键槽,如图 7-17f 所示。

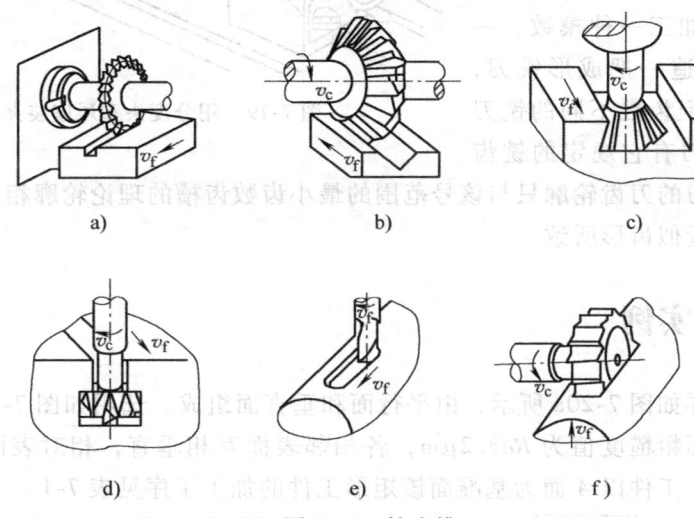

图 7-17 铣沟槽

4. 铣齿形

齿轮齿形的加工原理可分为两大类。

(1) 展成法 利用齿轮刀具与被切齿轮的互相啮合运转而切出齿形的方法,如插齿和滚齿加工等。

(2) 成形法 (又称型铣法) 利用与被切齿轮齿槽形状相符的盘状铣刀或指形齿轮铣刀切出齿形的方法,如图 7-18 所示。

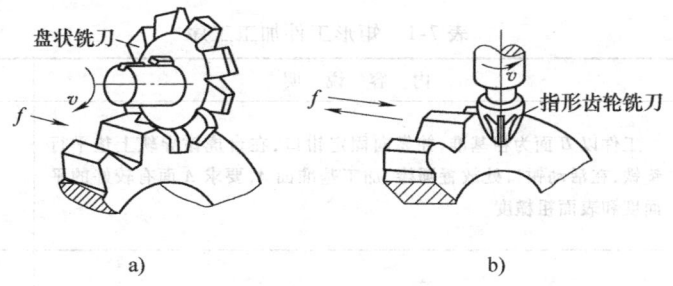

图 7-18 成形法铣齿轮
a) 用盘状铣刀铣齿轮 b) 用指形齿轮铣刀铣齿轮

铣削时,常用分度头和尾座装夹工件,如图 7-19 所示。可用盘状模数铣刀在卧式铣床上铣齿,也可用指形齿轮模数铣刀在立式铣床上铣齿。

圆柱齿轮和锥齿轮可在卧式铣床或立式铣床上加工,人字形齿轮在立式铣床上加工,蜗轮可以在卧式铣床上加工。卧式铣床加工齿轮一般用盘状铣刀,而在立式铣床上则使用指形齿轮铣刀。

成形法加工的特点是：设备简单，只用普通铣床即可，刀具成本低；由于铣刀每切一齿槽都要重复消耗一段切入、退刀和分度的辅助时间，因此生产率较低；加工出的齿轮精度较低，只能达到 9~11 级。这是因为在实际生产中，不可能每加工一种模数、一种齿数的齿轮就制造一把成形铣刀，而只能将模数相同但齿数不同的铣刀编成号数，每号铣刀有它规定的铣齿范围，而且每号铣刀的刀齿轮廓只与该号范围的最小齿数齿槽的理论轮廓相一致，对其他齿数的齿轮只能获得近似齿形所致。

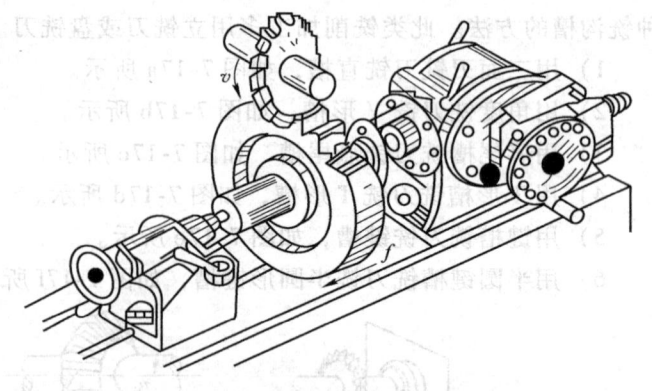

图 7-19 用分度头和尾座装夹工件

7.6 铣削综合实例

矩形零件的图样如图 7-20a 所示，由平行面和垂直面组成。选用如图 7-20b 所示的铸铁件毛坯。加工后表面粗糙度值为 $Ra3.2\mu m$，各相邻表面互相垂直，相对表面平行，并有一定的尺寸精度要求。工件以 A 面为基准面该矩形工件的加工工序见表 7-1。

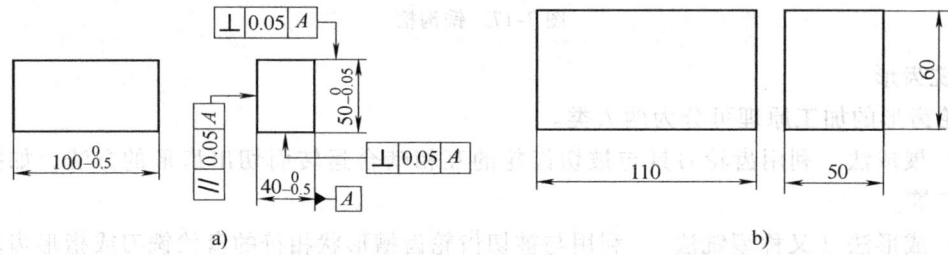

图 7-20 矩形工件

表 7-1 矩形工件加工工序

序号	操作内容	内容说明	加工简图
1	铣 A 面	工件以 B 面为粗基准，并靠向固定钳口，在台虎钳导轨上垫平行垫铁，在活动钳口处放置圆棒，加工基准面 A，要求 A 面有较好的平面度和表面粗糙度	
2	铣 B、C 面	以 A 面为基准面铣削 B、C 面。铣削时，将 A 面与固定钳口贴紧，在活动钳口处放置圆棒夹紧工件	

(续)

序号	操作内容	内 容 说 明	加 工 简 图
3	铣 D 面	使 A 面与台虎钳导轨上的平行垫铁贴紧,并保证定位基准面与铣床工作台台面的平行度。装夹时使用铜棒轻敲 D 面,以使 A 面与垫铁贴合良好。在铣削 C、D 面时应保证其与相对面的尺寸公差	
4	铣 E 面	将工件 A 面与固定钳口贴合,轻轻夹紧工件,然后用直角尺找正 B 面,夹紧工件,进行铣削	
5	铣 F 面	装夹方法与铣 E 面相同。此外,还要保证 E、F 面间的尺寸精度	

铣 削 实 习

1. 实习记录

(1) 你所操作的铣床的型号是什么？该型号中各符号及数字代表的含义是什么？

(2) 铣平面用的铣刀名称是_____，规格是_____。

(3) 铣齿轮用的铣刀名称是_____，规格是_____。

(4) 写出铣床各附件的名称及作用。

1) _____，作用：_____。

2) _____，作用：_____。

3) _____，作用：_____。

4) _____，作用：_____。

2. 观察与思考

(1) 注意观察铣刀的形状和用途，并回答下列问题：

1) 铣平面常用的铣刀有_____、_____、_____、_____。

2) 铣直槽常用的铣刀有_____、_____、_____。

3) 铣角度常用的铣刀有_____、_____。

(2) 比较顺铣、逆铣、端铣和周铣的特点及应用，填写表 7-2。

表 7-2 顺铣、逆铣、端铣与周铣

铣削方法	特　　点	应　　用
顺铣		
逆铣		
端铣		
周铣		

(3) 圆柱铣刀有_____和_____两种，其中以_____铣平面为好，原因是_____。

(4) 试述铣削 T 形槽的步骤。

(5) 如图 7-21 所示，铣削一螺栓的六方头，回答以下问题：

1) 选择机床：_____。

2) 选择安装方法：_____。

3) 选择刀具：_____。

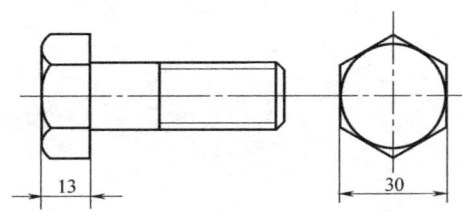

图 7-21　螺栓

4）分度时，分度头手柄应摇过的圈数和孔数是多少（分度盘现有孔数为 24、25、28、30、34、37）？

3. 体会与建议

第 8 章 刨削加工

8.1 刨削加工概述

用刨刀对工件做水平直线运动的切削称为刨削。刨削主要用于加工平面（水平面、垂直面和斜面）、沟槽（包括直槽、V形槽、T形槽和燕尾槽等）和直线型成形面等。牛头刨床加工零件举例如图 8-1 所示。

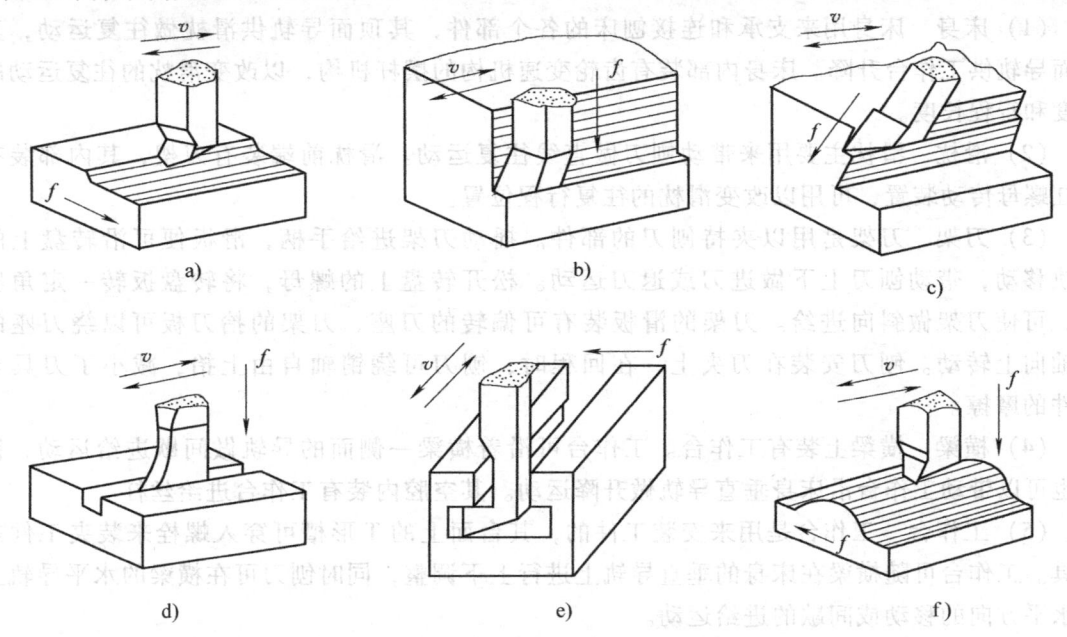

图 8-1 牛头刨床加工零件举例
a) 刨平面　b) 刨垂直面　c) 刨斜面　d) 刨直槽　e) 刨T形槽　f) 刨成形面

刨削加工的尺寸精度一般为 IT7~IT9，表面粗糙度值为 $Ra3.2~6.3\mu m$。

在牛头刨床上刨水平面时，刀具的直线往复运动为主运动，工件的间歇移动为进给运动，此时的切削用量如图 8-2 所示。刨削切削用量包括刨削速度、进给量和背吃刀量。刨削速度 v_c 是指主运动的平均速度，单位是 m/s；进给量 f 是指主运动往复运动一次工件沿进给方向移动的距离，单位为 m/srt；背吃刀量 a_p 是工件已加工表面和待加工表面之间的垂直距离，单位为 mm。

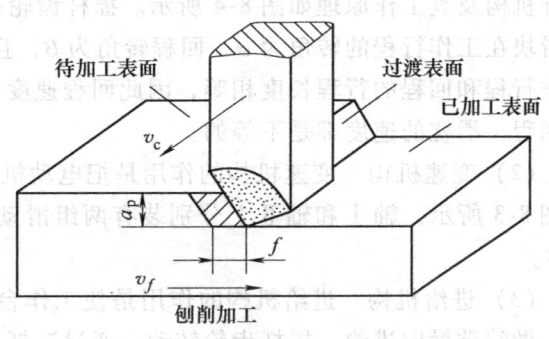

图 8-2 牛头刨床刨水平面时的切削用量

8.2 牛头刨床

牛头刨床是刨削类机床中应用最广的一种。下面以 B6065 型牛头刨床为例进行介绍。

1. 刨床型号

例如型号为 B6065 的刨床,其中:

B——刨床类机床。

60——牛头刨床。

65——最大刨削长度为 650mm。

2. B6065 型牛头刨床的组成及作用

B6065 型牛头刨床一般由床身、滑枕、底座、横梁、工作台和刀架等组成。

(1) 床身　床身用来支承和连接刨床的各个部件,其顶面导轨供滑枕做往复运动,其侧面导轨供工作台升降。床身内部装有齿轮变速机构的摆杆机构,以改变滑枕的往复运动的速度和行程长度。

(2) 滑枕　滑枕主要用来带动刨刀做直线往复运动。滑枕前端装有刀架,其内部装有丝杠螺母传动装置,可用以改变滑枕的往复行程位置。

(3) 刀架　刀架是用以夹持刨刀的部件。摇动刀架进给手柄,滑板便可沿转盘上的导轨移动,带动刨刀上下做进刀或退刀运动。松开转盘上的螺母,将转盘扳转一定角度后,可使刀架做斜向进给。刀架的滑板装有可偏转的刀座,刀架的抬刀板可以绕刀座的销轴向上转动。刨刀安装在刀夹上,在回程时,刨刀可绕销轴自由上抬,减小了刀具与工件的摩擦。

(4) 横梁　横梁上装有工作台。工作台可沿着横梁一侧面的导轨做间歇进给运动,横梁也可以带动工作台沿床身垂直导轨做升降运动。其空腔内装有工作台进给丝杠。

(5) 工作台　工作台是用来安装工件的,其台面上的 T 形槽可穿入螺栓来装夹工件或夹具。工作台可随横梁在床身的垂直导轨上进行上下调整,同时刨刀可在横梁的水平导轨上做水平方向的移动或间歇的进给运动。

3. 牛头刨床的传动系统

B6065 型牛头刨床的传动系统如图 8-3 所示,包括以下几部分:

(1) 摆杆机构　摆杆机构的作用是把摇杆齿轮的旋转运动转变为滑枕的往复直线运动,摆杆机构及其工作原理如图 8-4 所示。摇杆齿轮每转一周,滑枕就往复运动一次。其中,摇杆滑块在工作行程的转角为 α,回程转角为 β,且 $\alpha > \beta$,则工作行程时间大于回程时间,但工作行程和回程的行程长度相等,因此回程速度比工作速度快。另外,无论在工作行程还是在回程,滑枕的速度都是不等的。

(2) 变速机构　变速机构的作用是把电动机的旋转运动以不同的速度传递给摇杆齿轮。如图 8-3 所示,轴 I 和轴 II 上分别装有两组滑动齿轮,轴 III 有 $3 \times 2 = 6$ 种转速传给摇杆齿轮 8。

(3) 进给机构　进给机构的作用是使工作台在滑枕回程结束与刨刀再次切入工件的瞬间,做间歇横向进给。摇杆齿轮转动,通过连杆使棘爪摆动。棘爪摆动时,拨动棘轮,带动工作台横向进给丝杠做一定角度的转动,从而实现工作台的横向进给。棘爪返回时,由于其

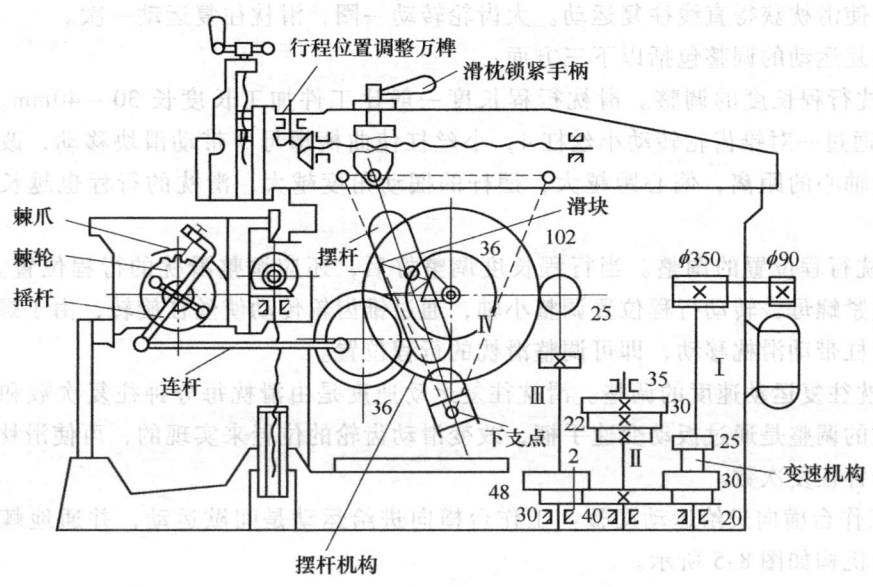

图 8-3 B6065 型牛头刨床传动系统

后面为一斜面,只能从棘轮顶滑过,不能拨动棘轮,所以工作台静止不动。这样就实现了工作台的间歇横向进给。

4. 牛头刨床的调整

牛头刨床的调整包括主运动调整和工作台横向进给运动调整两部分。

(1) 主运动调整　牛头刨床的主运动是滑枕的往复运动,是通过摆杆机构实现的。如图 8-4 所示,大齿轮 1 与摆杆通过曲柄螺母 3 与滑块等相连,曲柄螺母套在小丝杠 4 上,曲柄螺母上的曲柄销插在滑块内,滑块可在摆杆槽内滑动。大齿轮 1 旋转时,带动曲柄螺母 3、小丝杠 4 及滑块一起旋转,滑块在摆杆槽内滑动并带动摆杆绕下支点摆动。摆杆下端与

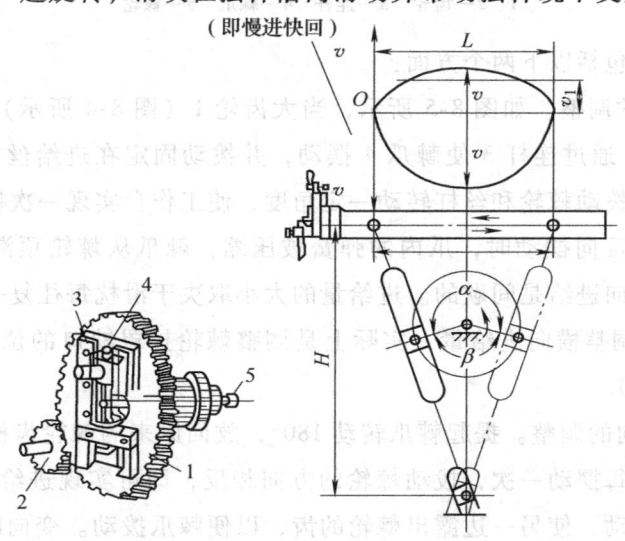

图 8-4 摆杆机构及其工作原理

1—大齿轮　2—小齿轮　3—曲柄螺母　4—小丝杠　5—轴

滑枕相连，使滑枕获得直线往复运动。大齿轮转动一圈，滑枕往复运动一次。

滑枕往复运动的调整包括以下三方面：

1) 滑枕行程长度的调整。滑枕行程长度一般比工件加工长度长 30~40mm。调整时，转动轴 5，通过一对锥齿轮转动小丝杠 4，小丝杠使曲柄螺母 3 带动滑块移动，改变了滑块偏离大齿轮轴心的距离，偏心距越大，摆杆的摆动角度越大，滑枕的行程也越长；反之则越短。

2) 滑枕行程位置的调整。当行程长度调整好后，还应调整滑枕的行程位置。调整时，松开滑枕锁紧螺母，转动行程位置调整小轴，通过锥齿轮传动使丝杠旋转，由于螺母固定不动，所以丝杠带动滑枕移动，即可调整滑枕的行程位置。

3) 滑枕往复运动速度的调整。滑枕往复运动速度是由滑枕每分钟往复次数和行程长度确定的。它的调整是通过扳动变速手柄，改变滑动齿轮的位置来实现的，可使滑枕得到六种不同的每分钟往复次数。

(2) 工作台横向进给运动调整　工作台横向进给运动是间歇运动，并通地棘轮机构来实现。棘轮机构如图 8-5 所示。

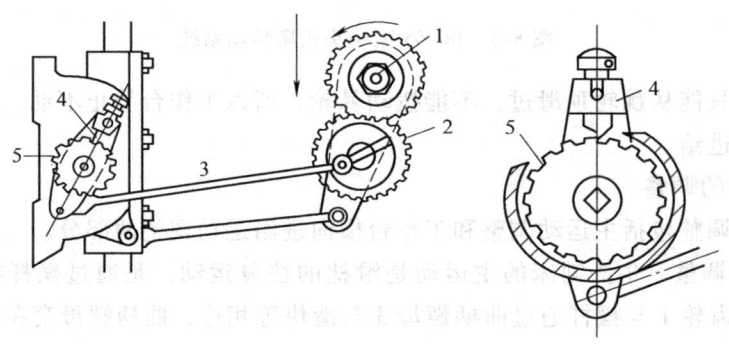

图 8-5　棘轮机构
1、2—齿轮　3—连杆　4—棘爪　5—棘轮

进给运动的调整包括以下两个方面：

1) 横向进给量的调整。如图 8-5 所示，当大齿轮 1（图 8-4 所示）带动一对齿数相等的齿轮 1、2 转动时，通过连杆 3 使棘爪 4 摆动，并拨动固定在进给丝杠上的棘轮 5 转动。棘爪每摆动一次，便拨动棘轮和丝杠转动一定角度，使工作台实现一次横向进给。由于棘爪背面是斜面，当它朝反向摆动时，爪内的弹簧被压缩，棘爪从棘轮顶滑过，不带动棘轮转动，所以工作台的横向进给是间歇的。进给量的大小取决于滑枕每往复一次时棘爪所能拨动的棘轮齿数 k，因此调整横向进给量，实际上是调整棘轮护罩缺口的位置，从而改变 k 值。k 值调整范围为 1~10。

2) 横向进给方向的调整。提起棘爪转动 180°，放回原来的棘轮齿槽中。此时棘爪的斜面与原来反向，棘爪每摆动一次，拨动棘轮的方向相反，即可实现进给运动的反向。此外，还必须将护罩反向转动，使另一边露出棘轮的齿，以便棘爪拨动。变向时，连杆 3 在齿轮 2 中的位置应调转 180°，以便刨刀后退时进给。提起棘爪转动 90°，使其与棘轮齿脱离接触，则停止自动进给。

8.3 刨刀及其安装

刨刀的结构、几何形状与车刀相似，但由于刨削过程有冲击力，刀具易损坏，所以刨刀截面通常比车刀大。为了避免刨刀扎入工件，刨刀刀杆常做成弯头的。刨刀形状如图 8-6 所示。

刨刀的种类很多，常用的刨刀如图 8-7 所示。其中平面刨刀用来刨平面，偏刀用来刨垂直面或斜面，角度偏刀用来刨燕尾槽和角度，弯切刀用来刨 T 形槽及侧面槽，切刀及割槽刀用来切断工件或刨沟槽。此外还有成形刀，用来刨特殊形状的表面。

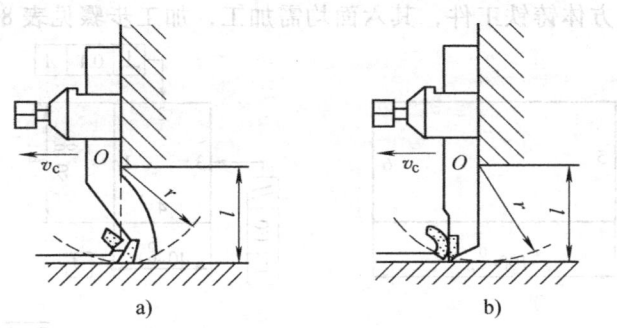

图 8-6 刨刀形状

a) 弯头刨刀　b) 直头刨刀

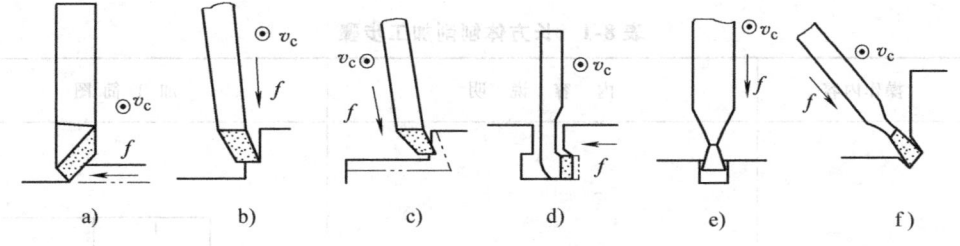

图 8-7 常用的刨刀

a) 平面刨刀　b) 偏刀　c) 角度偏刀　d) 弯切刀　e) 切刀　f) 割刀

刨刀安装在刀架的刀夹上。如图 8-8 所示，把刨刀放入刀夹槽内，将锁紧螺柱旋紧，即

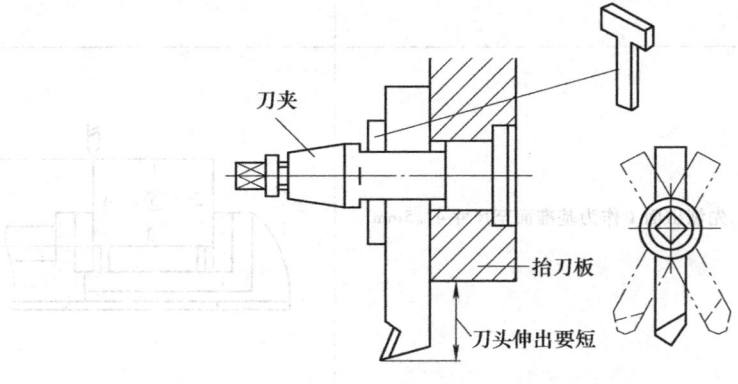

图 8-8 刨刀的安装

可将刨刀压紧在抬刀板上。刨刀在夹紧之前,可与刀夹一起倾转一定的角度。刨刀与刀夹上的锁紧螺柱之间,通常加垫T形垫铁,以提高夹持稳定性。

装夹刨刀时,不要把刀头伸出过长,以免产生振动。直头刨刀的刀头伸出长度为刀杆厚度的1.5倍,弯头刨刀伸出量可长些。装刀和卸刀时,必须一手扶刀,一手用扳手夹紧或放松,无论装卸,扳手的施力方向均需向下。

8.4 刨削实例

图8-9所示为长方体铸铁工件,其六面均需加工,加工步骤见表8-1。

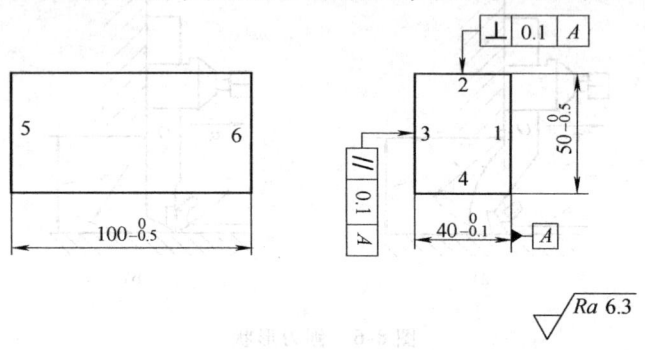

图 8-9 长方体铸铁工件

表 8-1 长方体刨削加工步骤

序号	操作内容	内容说明	加工简图
1	装夹工件,安装刨包,调整机床	把工件装夹在刨床工作台的平钳口上,并按划线找正的方法找正;安装刨刀并调整机床	
2	刨面1	先刨出面1作为基准面至尺寸41.5mm	

(续)

序号	操作内容	内 容 说 明	加工简图
3	刨面2	以面1为基准,紧贴固定钳口,在工件与活动钳口间垫圆棒,夹紧后加工面2至尺寸51.1mm	
4	刨面4	以面1为基准,紧贴固定钳口,翻身180°使面2朝下,紧贴平口钳导轨面,加工面4至尺寸$50_{-0.15}^{0}$ mm,并使面4与面1互相垂直	
5	刨面3	将面1放在平行的垫铁上,工件夹紧在两钳口之间,并使面1与平行垫铁贴实,加工面3至尺寸$40_{-0.1}^{0}$ mm。如面1与垫铁贴不实,也可在工件与活动钳口间垫圆棒	
6	刨面5	将平口钳转90°,使钳口与刨削方向垂直,刨面5	

序号	操作内容	内容说明	加工简图
7	刨面 6	按照上面同样方法刨面 6 至尺寸 $100_{-0.5}^{0}$	

刨 削 实 习

1. 实习记录
(1) 实习用刨床的型号是什么？其中符号和数字代表的含义是什么？
(2) 刨床能加工的型面有哪些？
(3) 按加工性质分，圆头刨刀适合_____；尖头刨刀适合_____。
(4) 你所刨削工件的材料是_____，得到切屑的种类是_____状。
(5) 刨削能达到的精度为_____，表面粗糙度值为_____。

2. 观察与思考
(1) 观察牛头刨床机构，并回答下列问题：
1) 摇杆机构的主要作用是_____。
2) 调整滑枕行程长度靠_____机构来完成。
3) 调整滑枕起始位置靠_____机构来完成。
(2) 牛头刨床的间歇进给运动是靠什么机构实现的？
(3) 比较刨刀和车刀的异同点。

(4) 刨削时切削行程速度比空程速度_____，这是_____所要求的。
(5) 刨正六面体的步骤是什么？

(6) 刨削 V 形槽的步骤是什么？

(7) 比较铣削与刨削，填写表 8-2。

表 8-2　铣削与刨削

	主运动	进给运动	刀具特点	产品质量	加工范围
铣削					
刨削					

(8) 比较直头刨刀和弯头刨刀刨平面的优缺点。

（9）何谓刨削进给量？

（10）何谓倾斜刀架法（或正夹斜刨法）？

3. 体会与建议

实习时间：_____ 分数：_____

第9章 磨削加工

9.1 磨削加工概述

在磨床上用砂轮对工件表面进行切削加工的方法称为磨削加工，它是零件精加工的主要方法。磨削时可采用砂轮、油石、磨头、砂带等作磨具，而最常用的磨具是用磨料和粘结剂做成的砂轮。通常磨削能达到的经济精度为IT5～IT7，表面粗糙度值一般为$Ra0.2～0.8\mu m$，精磨后的表面粗糙度值更小。

磨削的加工范围很广，不仅可以加工内外圆柱面、内外圆锥面和平面，还可加工螺纹、花键轴、曲轴、齿轮、叶片等特殊的成形表面。图9-1所示为常见的磨削加工。

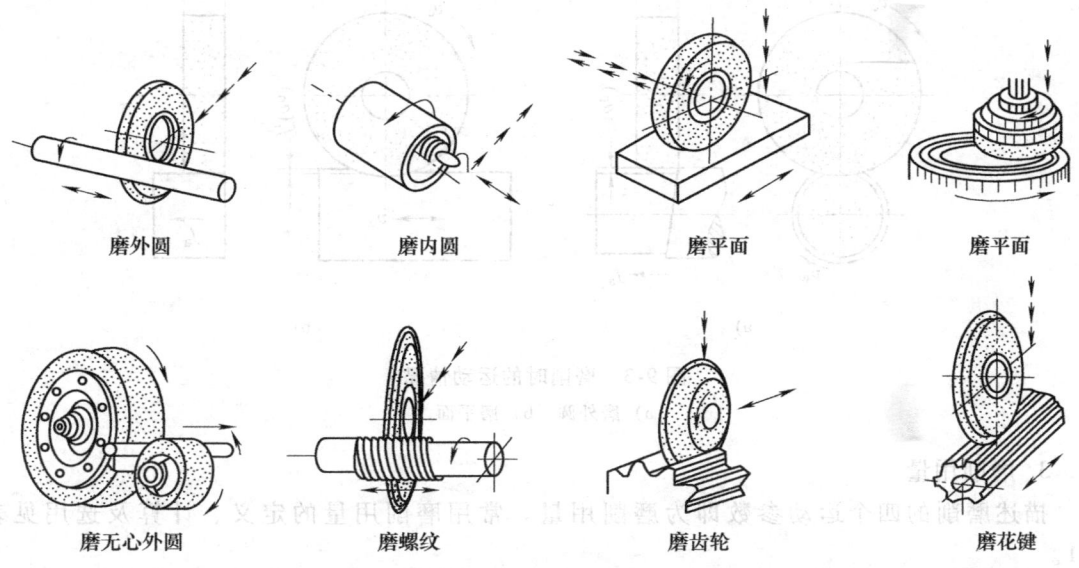

图9-1 常见的磨削加工

1. 磨削加工的特点

磨削加工和通常的车削、铣削、刨削等相比有以下特点：

（1）磨削属多刃、微刃切削　砂轮上每一磨粒相当于一个切削刃，而且切削刃的形状及分布处于随机状态，每个磨粒的切削角度、切削条件均不相同。图9-2所示为磨粒切削示意图。

（2）加工精度高　磨削属于微刃切削，切削厚度极小，每一磨粒的切削厚度可小到数微米，故可获得很高的加工精度和低的表面粗糙度值。

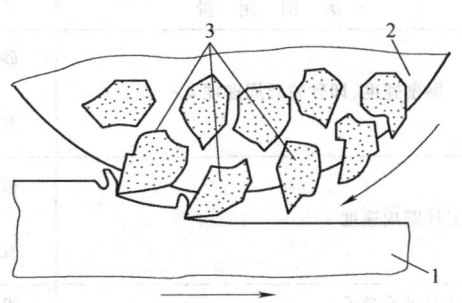

图9-2 磨粒切削示意图
1—工件　2—砂轮　3—磨粒

(3) 磨削速度高　一般砂轮的圆周速度达 2000～3000m/min，目前的高速磨削砂轮线速度已达到 60～250m/s，故磨削时温度很高，磨削区的瞬时高温可达 800～1000℃。因此，磨削时一般都要使用切削液。

(4) 加工范围广　磨粒硬度很高，因此磨削不但可以加工碳钢、铸铁等常用金属材料，还能加工一般刀具难以加工的高硬度、高脆性材料，如淬火钢、硬质合金等。但磨削不适宜加工硬度低而塑性很好的有色金属材料。

2. 磨削运动

图 9-3a、b 所示分别表示外圆磨床和卧式平面磨床加工长圆柱面和平面时的运动状况。

磨削运动分为主运动和进给运动。主运动是指砂轮的高速旋转运动。进给运动分为三项：一是工件运动，在外圆磨床上是工件的旋转运动，在卧式平面磨床上是工作台带动工件所做的直线往复运动；二是轴向进给运动，在外圆磨床上是工作台带动工件沿其轴向所做的直线往复运动，在卧式平面磨床上是砂轮沿其轴向的移动；三是径向进给运动，是指工作台在双程或单程内工件相对砂轮的径向移动量。

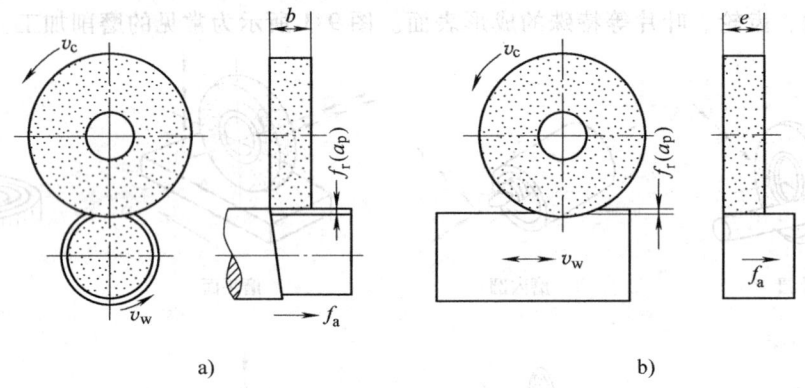

图 9-3　磨削时的运动情况
a) 磨外圆　b) 磨平面

3. 磨削用量

描述磨削的四个运动参数即为磨削用量。常用磨削用量的定义、计算及选用见表 9-1。

表 9-1　常用磨削用量的定义、计算及选用

磨　削　用　量	定义及计算
磨削速度，即砂轮圆周速度 v_c	砂轮外圆的线速度 (m/s) $v_c = \pi d_c n_c / (1000 \times 60)$ 其中：d_c 为砂轮直径；n_c 为砂轮转速
工件圆周速度 v_w	被磨削工件外圆处的线速度 (m/s) $v_w = \pi d_w n_w / (1000 \times 60)$ 其中：d_w 为工件直径；n_w 为工件转速
纵向进给量 f_a	沿砂轮轴线方向的进给量
径向进给量 f_r	工作台双程或单行程内工件相对砂轮的径向移动量，即磨削深度 a_p

9.2 磨床

1. 外圆磨床

外圆磨床分为普通外圆磨床和万能外圆磨床。在普通外圆磨床上可以磨削工件的外圆柱面、外圆锥面以及轴肩端面；在万能外圆磨床上不仅能磨削外圆柱面和外圆锥面，而且还能磨削内圆柱面、内圆锥面及端平面。

图 9-4 所示为 M1432A 型外圆磨床（M 表示磨床类，1 表示外圆磨床组，4 表示万能外圆磨床系，32 表示加工最大直径所示 320mm，A 表示经过一次重大改进）。它由床身、工作台、头架、尾架和砂轮等组成。砂轮架、头架和工作台上都装有转盘，能转动一定的角度，这样就可以磨削任意锥面和工件的端平面。

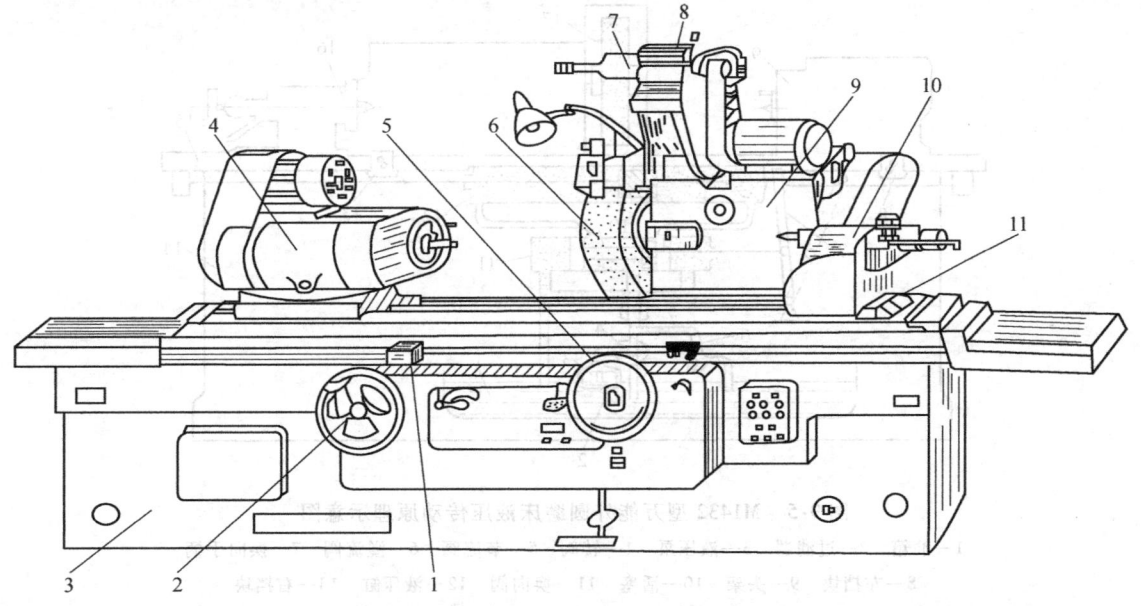

图 9-4 M1432A 型万能外圆磨床
1—挡块 2、5—手轮 3—床身 4—头架 6—砂轮 7—内圆磨具
8—支架 9—砂轮架 10—尾座 11—工作台

（1）外圆磨床的组成 M1432A 型万能外圆磨床的外形结构如图9-4所示，主要由下列几部分组成：

1) 床身 床身用来安装各部件，上部装有工作台和砂轮架，内部装有液压传动系统和横向、纵向进给机构等。

2) 工作台 工作台分上、下两层，其中下工作台做纵向往复运动；上工作台可相对于下工作台在水平面内扳转一定的角度（顺时针方向3°，逆时针方向9°），以便于磨削锥面，还可以用于消除磨削圆柱面产生的锥度误差。

3) 头架 头架安装在工作台左端，其内的主轴由单独的电动机带动旋转。主轴端部可安装顶尖，拨盘或卡盘，以便于装夹工作。

4) 尾座 尾座的套筒内有顶尖，用来支承工件的另一端。尾座在工作台上可纵向移动，用以根据工件的不同长度调整其位置，便于安装工件。扳动尾座上的杠杆，顶尖套筒可伸出或缩进，以便装卸工件。

5）内圆磨头　内圆磨头是磨削内表面用的，在它的主轴上可装上内圆磨削砂轮，由另一台电动机单独带动。内圆磨头可绕支架旋转，使用时翻下，不用时翻向砂轮架上方。

6）砂轮架　砂轮架用于安装砂轮，并有单独的电动机，通过带传动带动砂轮高速旋转。砂轮架可在床身后部的导轨上做横向移动。移动方式可以是自动间歇进给，也可以是手动进给，或者快速趋近工件和退出。砂轮架绕垂直轴可旋转某一角度。

（2）外圆磨床的液压传动系统　在磨床的传动中，广泛采用液压传动，其优点是传动平稳、操作方便，并可以在较大范围内进行无级调速。磨床工作台的往复运动以及砂轮架的自动径向进给与快速自动后退和前进，一般都采用液压传动。图9-5所示为M1432型万能外圆磨床液压传动原理示意图。

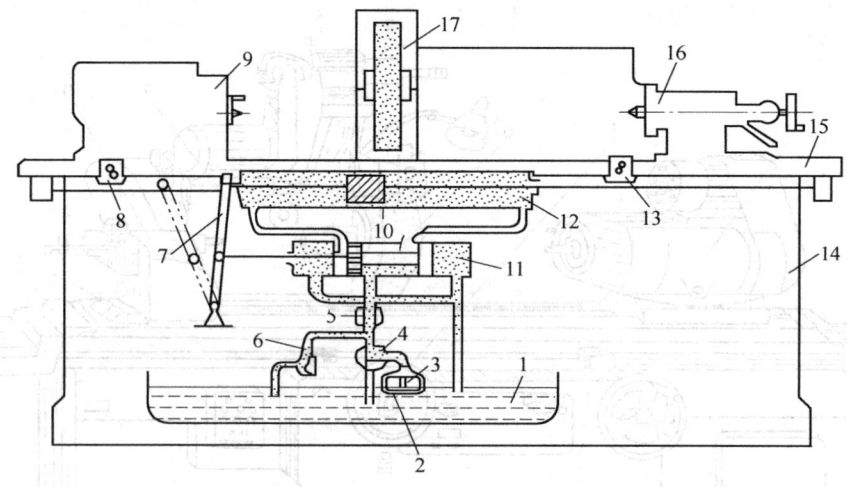

图9-5　M1432型万能外圆磨床液压传动原理示意图
1—油箱　2—过滤器　3—液压泵　4—转阀　5—节流阀　6—溢流阀　7—换向手柄
8—左挡块　9—头架　10—活塞　11—换向阀　12—液压缸　13—右挡块
14—床身　15—工作台　16—尾座　17—砂轮架

1）工作台左移　工作时，液压泵经过滤器将液压油从油箱中吸出，转变为高压油，经过转阀、节流阀和换向阀，输入到液压缸的右腔，推动活塞、活塞杆及工作台向左移动。液压缸左腔的油则经过换向阀流入油箱。

2）工作台右移　当工作台向左移动至行程终点时，固定在工作台前侧面的右行程挡块自右向左推动换向手柄，并连同换向阀的活塞杆和活塞一起向左移至虚线位置，于是高压油流入液压缸的左腔，使工作台返回。液压缸右腔的油也经换向阀流回油箱。如此反复循环，从而实现了工作台的纵向往复运动。

工作台的行程长度和位置，可通过改变行程挡块之间的距离和位置来调节。当转阀转过90°时，液压泵中输出的高压油全部流回油箱，工作台停止不动。溢流阀的作用是使系统中维持一定的油压，并把多余的高压油排入油箱。节流阀的作用是调节与控制工作台纵向运动的速度。

另外，外圆磨床砂轮架的横向进给及砂轮的快速趋近和退出均通过液压传动系统实现。

2. 内圆磨床

内圆磨床主要用于磨削内圆柱面、内圆锥面及端面等。图 9-6 所示为 M2120 型内圆磨床（M 表示磨床类，2 表示内圆磨床组，1 表示内圆磨床系，20 表示最大磨削孔径为 200mm）。

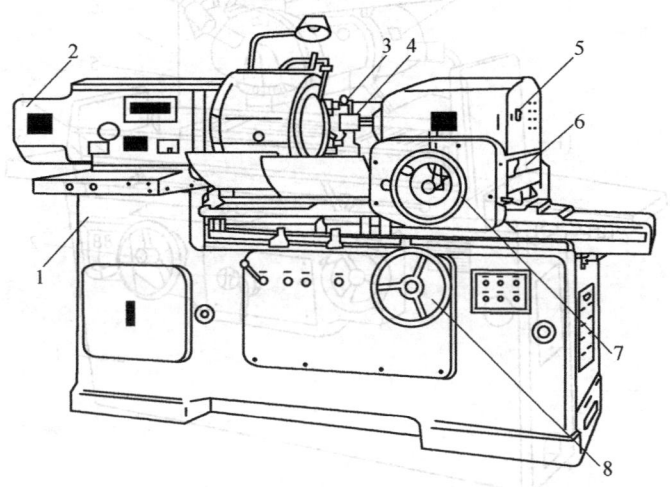

图 9-6　M2120 型内圆磨床
1—床身　2—头架　3—砂轮修整器　4—砂轮　5—砂轮架
6—工作台　7—操纵砂轮架手轮　8—操纵工作台手轮

内圆磨床由床身、工作台、头架、砂轮架、砂轮修整器等组成。

砂轮架安装在床身上，由单独的电动机驱动砂轮高速旋转，提供主运动。砂轮架还可横向移动，使砂轮实现横向进给运动。头架安装在工作台上，带动工件旋转做圆周进给运动。头架可在水平面内转动一定角度，以便磨削内锥面。工作台由液压驱动，沿床身纵向导轨做往复直线移动，带动工件做纵向进给运动。

3. 平面磨床

平面磨床主要用于磨削工件上的平面。图 9-7 所示为 M7120A 型卧轴矩台平面磨床（M 表示磨床类，7 表示平面磨床系，1 表示卧轴矩台，20 表示最大磨削宽度为 200mm，A 表示经过一次重大改进）。

（1）主要组成部分及其作用　M7120A 平面磨床由床身、工作台、立柱、磨头及砂轮修整器等部件组成。下面以图 9-7 所示的平面磨床为例进行介绍。

1）工作台 3 装在床身 1 的导轨上，由液压驱动做往复运动，也可用操纵工作台手轮 11 操纵以进行必要的修整。工作台上装有电磁吸盘或其他夹具，用来装夹工件。

2）磨头 10 沿滑板 9 的水平导轨可做横向进给运动，也可由液压驱动或横向进给手轮 8 操纵。滑板 9 可沿立柱 6 的导轨做垂直移动，这一运动是通过转动垂直进给手轮 2 来实现的。砂轮 5 由装在磨头壳体内的电动机直接驱动旋转。

（2）平面磨床的磨削运动　平面磨床主要用于磨削工件上的平面。平面磨削的方式通常可分为周磨和端磨两种。周磨为用砂轮的圆周面磨削，这时需要以下几个运动：

1）砂轮的高速旋转，为主运动。

2）工件的纵向往复运动或圆周运动，即纵向进给运动。

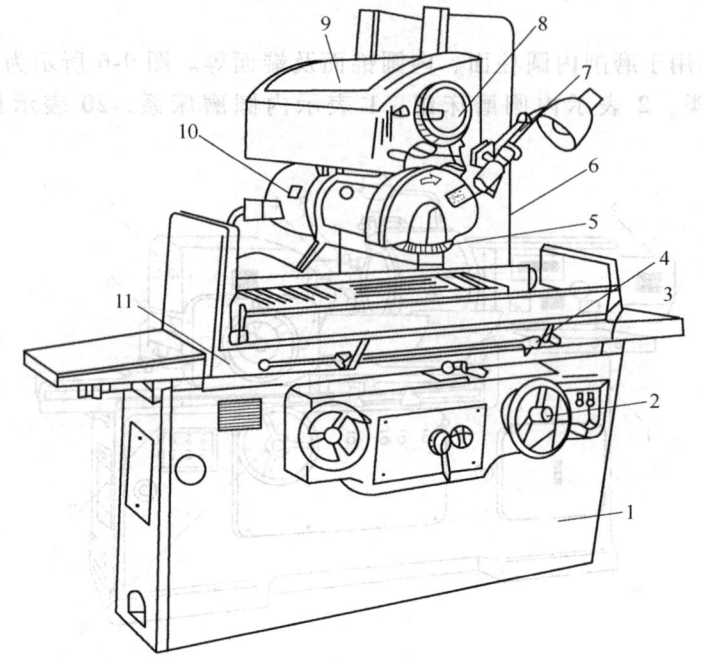

图 9-7　M7120A 型卧轴矩台平面磨床
1—床身　2—垂直进给手轮　3—工作台　4—行程挡块
5—砂轮　6—立柱　7—砂轮修整器　8—横向进给手轮
9—滑板　10—磨头　11—操纵工作台手轮

3) 砂轮周期性横向移动，即横向进给运动。
4) 砂轮对工件做定期垂直移动，即垂直进给运动。

端磨为用砂轮的端面磨削平面，这时需要下列几个运动：

1) 砂轮的高速旋转，为主运动。
2) 工作台做纵向往复进给或周向进给。
3) 砂轮轴向垂直进给。

端磨和周磨的比较见表 9-2。

表 9-2　端磨和周磨的比较

分类	砂轮与零件接触面积	排屑及冷却条件	零件发热变形	加工质量	效率	适用场合
周磨	小	好	小	较高	低	精磨
端磨	大	差	大	低	高	粗磨

9.3　砂轮

1. 砂轮的组成及形状

砂轮是由磨料和结合剂经压坯、干燥、烧结而成的疏松体，由磨粒、结合剂和空隙三部分组成，如图 9-8 所示。砂轮磨粒暴露在表面部分的尖角即为切削刃。结合剂的作用是将众多磨粒粘结在一起，并使砂轮具有一定的形状和强度。气孔在磨削中主要起容纳切屑和磨削液以及散发磨削液的作用。常用砂轮的形状、代号及用途见表9-3。

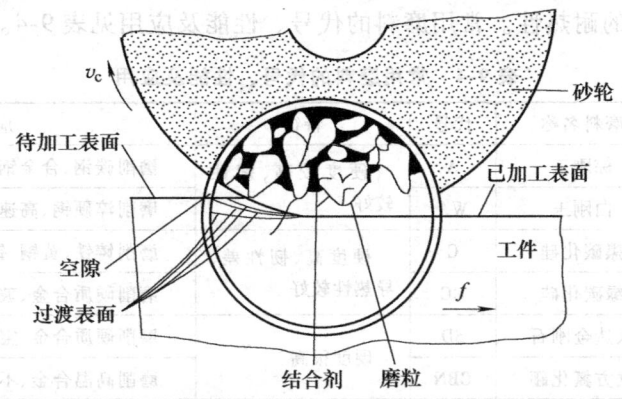

图 9-8 砂轮的三要素

表 9-3 常用砂轮的形状、代号及用途

砂轮名称	代号	断面示意图	用　　途
平形砂轮	P		根据不同尺寸，分别用于外圆磨、内圆磨、平面磨、无心磨、工具磨、螺纹磨和砂轮机上
单面凹形砂轮	B		主要用其端面刃磨刀具，也可用其圆周磨平面和内孔
薄片砂轮	PB		主要用于切断和开槽等
筒形砂轮	N		用于立式平面磨床上
碗形砂轮	BW		通常用于刃磨刀具、机床导轨
碟形砂轮	D		适用于磨车刀、铰刀、拉刀等，大尺寸的碟形砂轮一般用于磨齿轮的齿面
双斜边砂轮	PSX		主要用于磨齿轮齿面和单线螺纹

2. 砂轮的特性

决定砂轮特性的五大要素分别是：磨料、粒度、结合剂、硬度和组织。

(1) 磨料　磨料是砂轮的主要成分，它直接担负切削工作，应具有很高的硬度和锋利的棱角，并要有良好的耐热性。常用磨料的代号、性能及应用见表 9-4。

表 9-4　常用磨料的代号、性能及应用

系列	磨料名称	代号	特征	应用范围
氧化物系 Al_2O_3	棕刚玉	A	硬度较高、韧性较好	磨削碳钢、合金钢、可锻铸件、硬青铜
	白刚玉	WA		磨削淬硬钢、高速钢及成形磨
碳化物系 SiC	黑碳化硅	C	硬度高、韧性差、导热性较好	磨削铸铁、黄铜、铝及非金属等
	绿碳化硅	CC		磨削硬质合金、玻璃、玉石、陶瓷等
高硬磨料系 CBN	人造金刚石	SD	硬度很高	磨削硬质合金、宝石、玻璃、硅片等
	立方氮化硼	CBN		磨削高温合金、不锈钢、高速钢等

(2) 粒度　粒度用来表示磨料颗粒的大小。一般直径较大的砂粒称为磨粒，其粒度用磨粒所能通过的筛网表示；直径极小的砂粒称为微粉，其粒度用磨料自身的实际尺寸表示。粒度对磨削生产率和加工表面的粗糙度有很大影响。一般粗磨或磨软材料时选用粗磨粒，精磨或磨硬而脆的材料时选用细磨粒。

(3) 结合剂　结合剂的作用是将磨粒粘结在一起，并使砂轮具有所需要的形状、强度、耐冲击性、耐热性等。粘结越牢固，磨削过程中磨粒就越不易脱落。常用结合剂的名称、代号、性能及应用范围见表 9-5。

表 9-5　常用结合剂的名称、代号、性能及应用

名　称	代号	性　能	应 用 范 围
陶瓷结合剂	V	耐热、耐水、耐油、耐酸碱、气孔率大、强度高、韧性差	应用范围广，除切断砂轮外，大多数砂轮都采用
树脂结合剂	B	强度高、弹性好、耐冲击、有抛光作用，耐热性差、耐蚀性差	制造高速砂轮、薄砂轮
橡胶结合剂	R	强度和弹性更好，有极好的抛光作用；但耐热性更差，不耐酸	制造无心磨床导轮、薄砂轮、抛光砂轮

(4) 硬度　硬度是指砂轮表面上的磨粒在磨削力的作用下脱落的难易程度。磨粒容易脱落，则砂轮的硬度低；磨粒难脱落，则砂轮的硬度就高。砂轮的硬度与磨料的硬度无关。磨硬金属时，用软砂轮；磨软金属时，用硬砂轮。

(5) 组织　组织是指砂轮中磨料、结合剂、空隙三者体积的比例关系。组织号是由磨料所占的百分比来确定的。砂轮的组织对磨削生产率和工件表面质量有直接影响。一般的磨削加工广泛使用中等组织的砂轮；成形磨削和精密磨削则采用紧密组织的砂轮；平面端磨、内圆磨等接触面较大的磨削以及磨削薄壁零件、有色金属、树脂等软材料时应选用疏松组织的砂轮。

3. 砂轮的安装与平衡

砂轮因在高速下工作，安装时应首先检查外观没有裂纹后，再用木锤轻敲，如果声音嘶哑，则禁止使用，

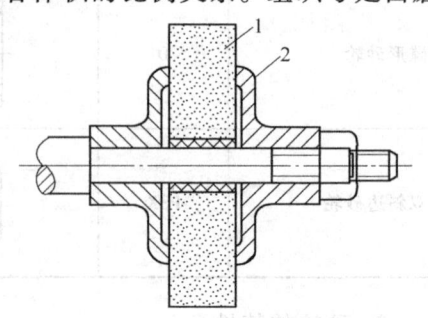

图 9-9　砂轮的安装
1—砂轮　2—弹性垫板

否则砂轮破裂后会飞出伤人。砂轮的安装如图 9-9 所示。

为使砂轮工作平稳，一般直径大于 125mm 的砂轮都要进行平衡试验，如图 9-10 所示。将砂轮装在心轴 2 上，再将心轴放在平衡架 6 的平衡轨道 5 的刃口上。若不平衡，较重部分总是转到下面，可移动法兰端面环槽内的平衡铁 4 进行调整。经反复平衡试验，直到砂轮可在刃口上任意位置都能静止，即说明砂轮各部分的质量分布均匀。这种平衡方法称为静平衡。

4. 砂轮的修整

砂轮工作一定时间后，磨粒逐渐变钝，砂轮工作表面的空隙被堵塞，使之丧失切削能力。同时，由于砂轮硬度不均匀及磨粒工作条件不同，使砂轮工作表面磨损不匀，形状被破坏，这时必须修整。修整时，将砂轮表面一层变钝的磨粒切去，使砂轮重新露出完整、锋利的磨粒，以恢复砂轮的几何形状。砂轮常用金刚石笔进行修整，如图 9-11 所示。修整时要使用大量的冷却液，以免金刚石笔因温度急剧升高而破裂。

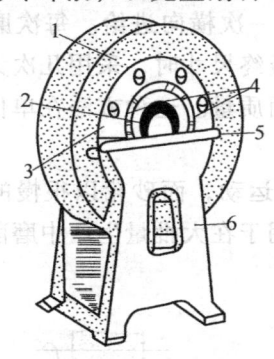

图 9-10 砂轮平衡
1—砂轮 2—心轴 3—法兰 4—平衡铁
5—平衡轨道 6—平衡架

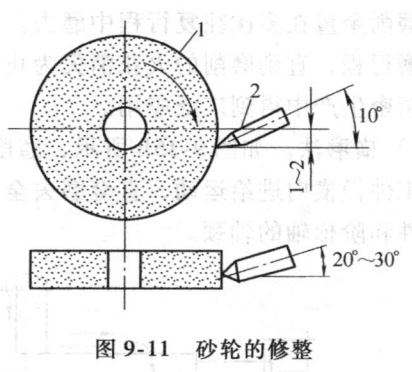

图 9-11 砂轮的修整
1—砂轮 2—金刚石笔

9.4 磨削工艺

1. 外圆磨削

（1）工件的装夹　磨削轴类零件时常用顶尖装夹（图 9-12）。但磨床用的顶尖是不随工件一起旋转的，这样可以提高加工精度，避免顶尖转动带来的误差。磨削短工件时，可用自定心卡盘或单动卡盘装夹工件。用单动卡盘装夹工件时要用百分表找正（图 9-13）。盘套类

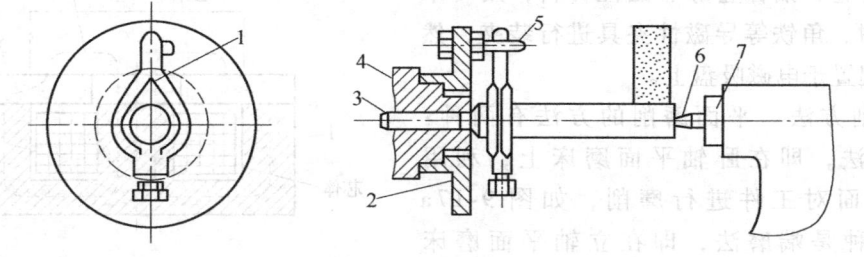

图 9-12 用顶尖装夹工件
1—夹头 2—拨盘 3—前顶尖 4—头架主轴 5—拨杆 6—后顶尖 7—尾架套筒

空心工件常安装在心轴上磨削外圆,对于较长的空心零件,常在工件两端装上堵头以代替心轴（图9-14）。

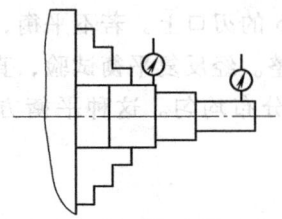

图9-13 用单动卡盘装夹工件时用百分表找正

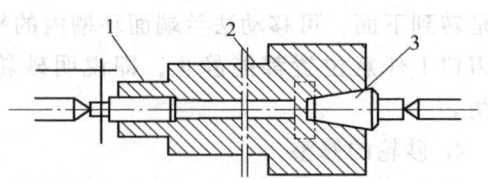

图9-14 用中心孔堵头装夹工件
1—圆柱堵头 2—工件 3—圆锥堵头

（2）磨削方法

1）纵磨法。如图9-15a所示，磨削时工件旋转（圆周进给），并与工作台一起做纵向往复运动（纵向进给），每当一次纵向行程终了时，砂轮做一次横向进给。每次磨削深度很小，磨削余量在多次往复行程中磨去。当工件加工到接近最终尺寸时，采用几次无横向进给的光磨行程，直到磨削的火花消失为止，以提高工件的表面质量。这种方法在单件、小批量以及精密生产中得到广泛应用。

2）横磨法。如图9-15b所示，磨削时工件无纵向进给运动，而砂轮以很慢的速度连续地向工件做横向进给运动，直至磨去全部余量。横磨法适用于在大批量生产中磨削长度较短的工件和阶梯轴的轴颈。

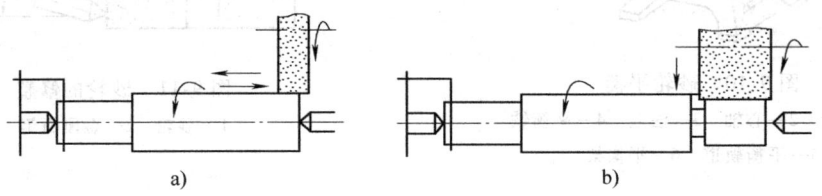

图9-15 在外圆磨床上磨外圆
a）纵磨法 b）横磨法

2. 平面磨削

（1）工件的装夹 在平面磨床上磨削由钢、铸铁等导磁性材料制成的中小型工件的平面时，一般用电磁吸盘直接吸住工件。电磁吸盘如图9-16所示。

对于铜合金、铝合金等非磁性材料，则可采用精密平口钳、角铁等导磁性夹具进行装夹，然后同夹具一起置于电磁吸盘上。

（2）磨削方法 平面磨削的方法有两种：一种是周磨法，即在卧轴平面磨床上，利用砂轮的圆周面对工件进行磨削，如图9-17a所示；另一种是端磨法，即在立轴平面磨床上，利用砂轮的端面对工件进行磨削，如图9-17b所示。

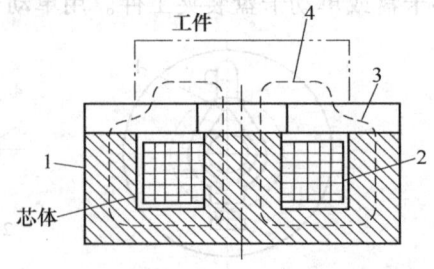

图9-16 电磁吸盘
1—吸盘体 2—线圈 3—盖板 4—绝缘层

第 9 章 磨削加工

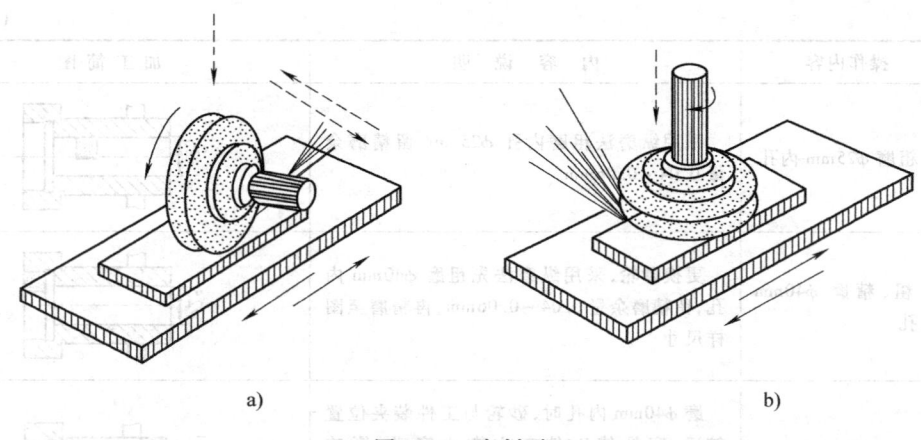

图 9-17 磨削平面
a) 周磨法 b) 端磨法

用周磨法磨削平面时，砂轮与工件的接触面积小，排屑和冷却条件好，工件发热变形小，所以能获得较高的加工质量，但加工效率低，适用于精密磨削。

端磨法的特点与周磨法相反。端磨时，由于砂轮轴伸出较短，刚度高，能采用较大的磨削用量，加工效率高，但磨削精度较低，适用于粗磨。

9.5 磨削实例

图 9-18 所示套类零件的材质 45 钢，淬火硬度为 42HRC，ϕ45mm 外圆留有 0.35 ~ 0.45mm 的磨削余量。ϕ25mm 和 ϕ40mm 内孔均留有 0.3 ~ 0.45mm 的磨削余量，其他尺寸已加工好，磨削加工步骤见表 9-6。

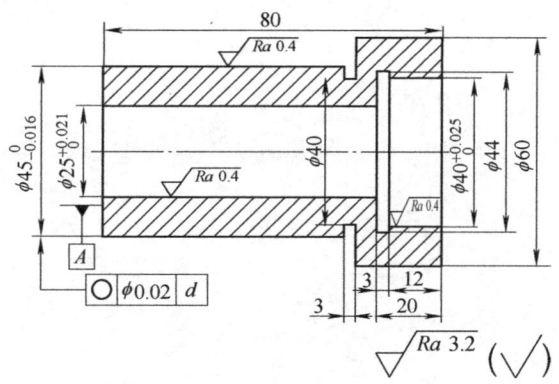

图 9-18 套类零件

表 9-6 磨削加工步骤

序号	操作内容	内 容 说 明	加工简图
1	工件装夹	以 ϕ45mm 外圆定位，将工件用自定心卡盘装夹，用百分表找正，选用磨内孔的砂轮	

(续)

序号	操作内容	内 容 说 明	加 工 简 图
2	粗磨 φ25mm 内孔	采用纵磨法粗磨内孔 φ25mm，留精磨余量 0.04~0.06mm	
3	粗、精磨 φ40mm 内孔	更换砂轮，采用纵磨法先粗磨 φ40mm 内孔，留精磨余量 0.04~0.06mm，再精磨至图样尺寸	
4	精磨 φ25mm 内孔	磨 φ40mm 内孔时，砂轮与工件装夹位置较远，容易使工件产生微小窜动，影响 φ40mm 内孔与 φ25mm 内孔的同轴度，因此 φ25mm 内孔分两次磨削，采用纵磨法精磨至图样尺寸	
5	工件装夹	采用心轴装夹，以保证外圆与内圆的同轴度	
6	粗、精磨 φ45mm 外圆	更换砂轮，采用纵磨法先粗磨 φ45mm 外圆，留精磨余量 0.04~0.06mm，再精磨至图样尺寸	

磨 削 实 习

1. 实习记录

（1）你曾操作过的磨床型号有哪些？型号中符号及数字代表的含义是什么？

（2）实习中使用的砂轮适合于磨削哪些材料？

（3）你在磨削加工中使用的是何种切削液？其主要作用是什么？

（4）砂轮由哪几部分组成？各部分的作用分别是什么？

（5）砂轮的特性代号是什么？其符号及数字代表的含义是什么？

（6）磨削工件可以达到的精度为_____，表面粗糙度值为_____。

2. 观察与思考

（1）磨床上工件运动都采用何种传动？其优点是什么？

（2）磨削平面需要以下几种运动：①_____；②_____；③_____。
（3）轴类零件磨削常采用_____装夹，与车削中的这类装夹不同。其不同点在于_____，原因是_____。
（4）磨削一个面通常需要哪几种运动完成？

（5）磨削与其他切削加工比较有哪些主要特点？

（6）比较砂轮硬度与磨粒硬度。

（7）磨削图 9-19 所示零件的外圆，回答下列问题：
1）选用何种机床？
2）选用何种安装方法？
3）在图上画出所用砂轮的形状。
4）在图上标出切削运动方向。

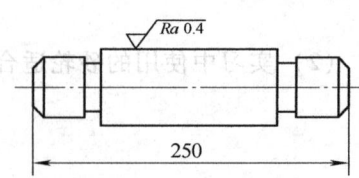

图 9-19　磨削外圆

3. 体会与建议

实习时间：_____　分数：_____

第 10 章　钳　　工

10.1　钳工概述

钳工基本操作包括划线、錾削、锯削、锉削、钻孔、扩孔、锪孔、铰孔、攻螺纹、套螺纹、装配、刮削、研磨、矫正和弯曲、铆接以及做标记等。

钳工的工作范围主要有：

1）用钳工工具进行修配及小批量零件的加工。

2）精度较高的样板及模具的制作。

3）整机产品的装配和调试。

4）机器设备（或产品）使用中的调试和维修。

1. 钳工的加工特点

钳工是一个技术工艺比较复杂、加工程序细致、工艺要求高的工种，具有使用工具简单、加工多样灵活、操纵方便和适应面广等特点。目前虽然有各种先进的加工方法，但很多工作仍然需要钳工来完成，钳工对保证产品质量起着重要作用。

2. 钳工常用的工具和设备

钳工常用的设备有钳工工作台、台虎钳、砂轮机、钻床、手电钻等。常用的手用工具有划针盘、錾子、手锯、锉刀、刮刀、扳手、螺钉旋具、锤子等。

（1）钳工工作台　钳工工作台简称钳台，用于安装台虎钳，进行钳工操作。有单人使用和多人使用的两种，用硬质木材或钢材做成。工作台要求平稳、结实，台面高度一般以装上台虎钳后钳口高度恰好与人手肘齐平为宜，如图 10-1 所示。

（2）台虎钳　台虎钳是钳工最常用的一种夹持工具。錾切、锯削、锉削以及许多其他钳工操作都是在台虎钳上进行的。

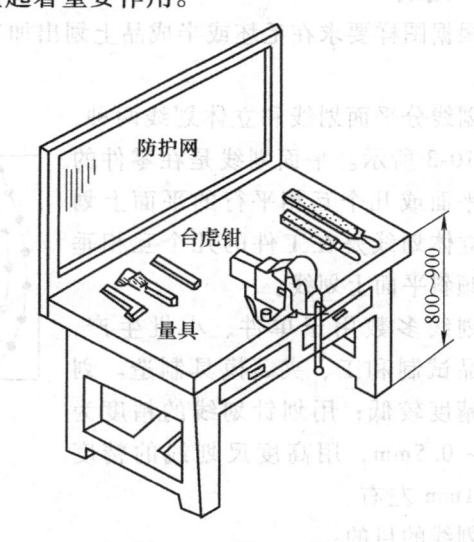

图 10-1　钳工工作台

钳工常用的台虎钳有固定式和回转式两种，如图 10-2 所示。台虎钳主体是用铸铁制成的，由固定部分和活动部分组成。台虎钳固定部分由紧固螺栓固定在底盘座上，底盘座内装有夹紧盘，放松转盘锁紧手柄，固定部分就可以在底盘座上转动，以变更台虎钳方向。底盘座用螺钉固定在钳台上。连接手柄的螺杆穿过活动部分旋入固定部分上的螺母内。扳动手柄使螺杆从螺母中旋出或旋进，从而带动活动部分移动，使钳口张开或合拢，以放松或夹紧零件。

为了延长台虎钳的使用寿命，台虎钳上端咬口处用螺钉紧固着两块经过淬硬的钢质钳

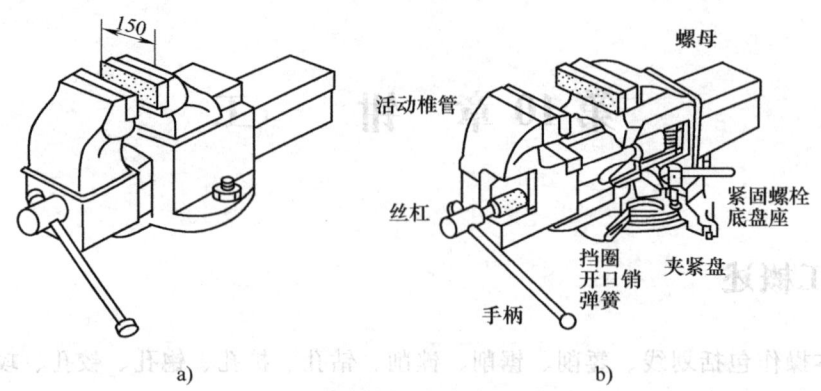

图 10-2 台虎钳
a）固定式 b）回转式

口。钳口的工作面上有斜形齿纹，使零件夹紧时不致滑动。夹持零件的精加工表面时，应在钳口和零件间垫上纯铜皮或铝皮等软材料制成的护口片（俗称软钳口），以免夹坏零件表面。台虎钳规格以钳口的宽度来表示，一般为 100～150mm。

10.2 划线、锯削和锉削

1. 划线

根据图样要求在毛坯或半成品上划出加工图形、加工界线或加工时找正用的辅助线称为划线。

划线分平面划线和立体划线两种，如图 10-3 所示。平面划线是在零件的一个平面或几个互相平行的平面上划线。立体划线是在工件的几个互相垂直或倾斜平面上划线。

划线多数用于单件、小批生产，新产品试制和工、夹、模具制造。划线的精度较低；用划针划线的精度为 0.25～0.5mm，用高度尺划线的精度为 0.1mm 左右。

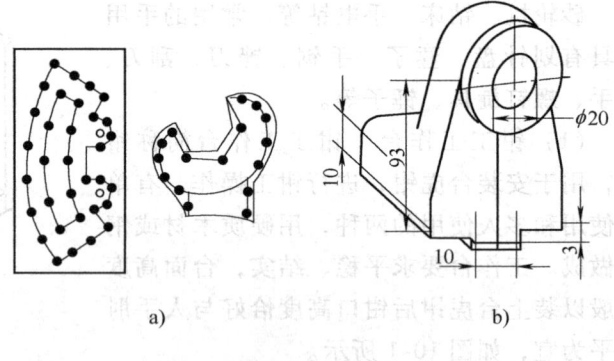

图 10-3 划线
a）平面划线 b）立体划线

划线的目的：

1）划出清晰的尺寸界线以及尺寸与基准间的相互关系，既便于零件在机床上找正、定位，又使机械加工有明确的标志。

2）检查毛坯的形状与尺寸，及时发现和剔除不合格的毛坯。

3）通过对加工余量的合理调整分配（即划线"借料"的方法），使零件加工符合要求。

（1）划线工具

1）划线平台。划线平台又称划线平板，用铸铁制成，它的上平面经过精刨或刮削，是划线的基准平面，如图10-4所示。

2) 划针、划针盘与划规。划针是在零件上直接划出线条的工具。如图10-5所示，由工具钢淬硬后将尖端磨锐或焊上硬质合金尖头。弯头划针可用于直线划针划不到的地方和找正零件。使用划针划线时必须使针尖紧贴钢直尺或样板，如图10-6所示。

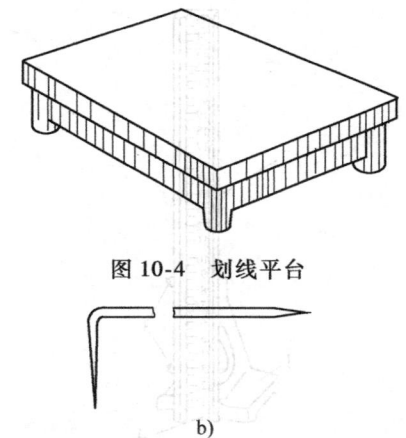

图 10-4 划线平台

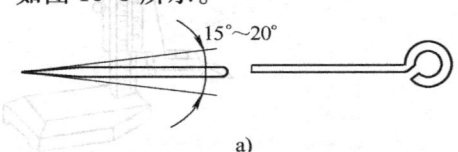

图 10-5 划针
a) 直头划针 b) 弯头划针

划针盘如图10-7所示，它的直针尖端焊上硬质合金，用来划与针盘平行的直线。另一端弯头针尖用来找正零件。

常用划规如图10-8所示，它适合在毛坯或半成品上划圆。

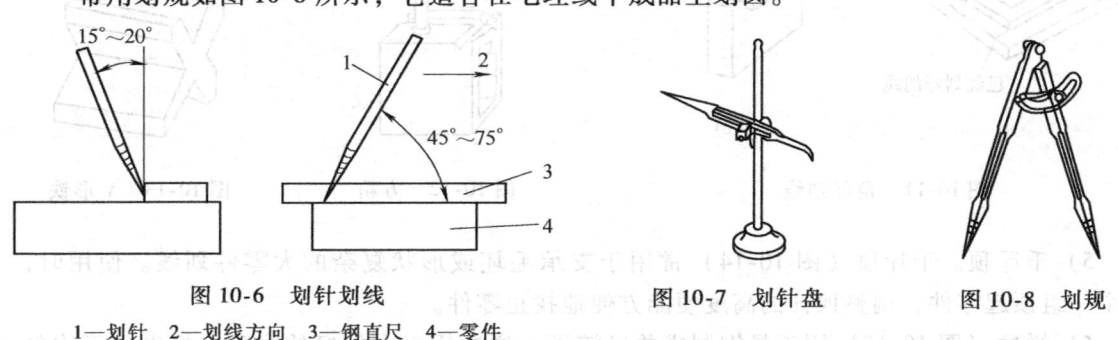

图 10-6 划针划线
1—划针 2—划线方向 3—钢直尺 4—零件

图 10-7 划针盘　　图 10-8 划规

3) 量高尺、游标高度尺与直角尺。量高尺如图10-9所示，是用来校核划针盘划针高度的量具，其上的钢尺零线紧贴平台。

游标高度尺如图10-10所示，实际上是量高尺与划针盘的组合。划线脚与游标连成一体，前端镶有硬质合金，一般用于已加工面的划线。

直角尺又称90°角尺，它的两个工作面经精磨或研磨后呈精确的直角。直角尺既是划线工具又是精密量具。直角尺有扁直角尺和宽座直角尺两种。前者用于平面划线时在没有基准面的零件上划垂直线，如图10-11a所示；后者用于立体划线时，用它靠住零件基准面划垂直线，如图10-11b所示，或用它找正零件的垂直线或垂直面。

4) 支承用的工具和样冲。方箱（图10-12）是用灰铸铁制成的空心长方体或立方体。它的六个面均经过精加工，相对的平面互相平行，相邻的平面互相垂直。方箱用于支承划线的零件。

V形铁（图10-13）主要用于安放轴、套筒等圆形零件。一般V形铁都是两块一副，即平面与V形槽是在一次安装中加工的。V形槽夹角为90°或120°。V形铁也可当方箱使用。

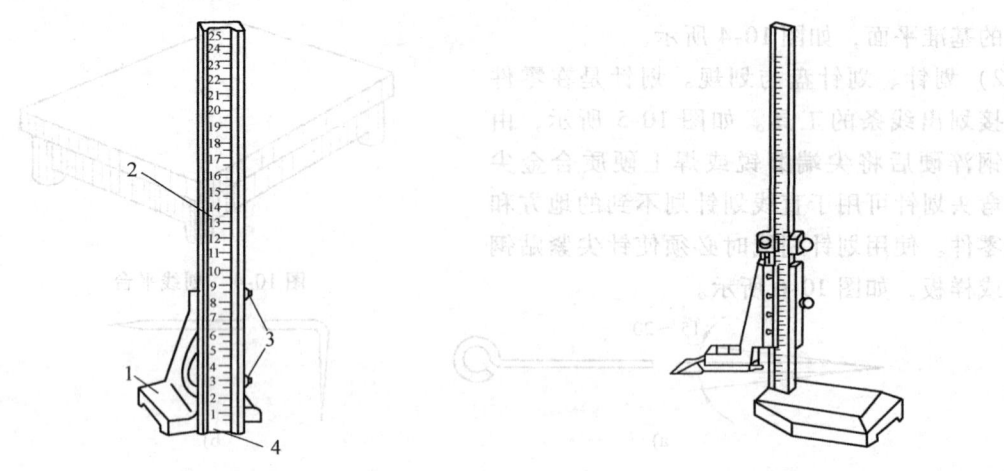

图 10-9　量高尺
1—底座　2—钢直尺　3—锁紧螺钉　4—零线

图 10-10　游标高度尺

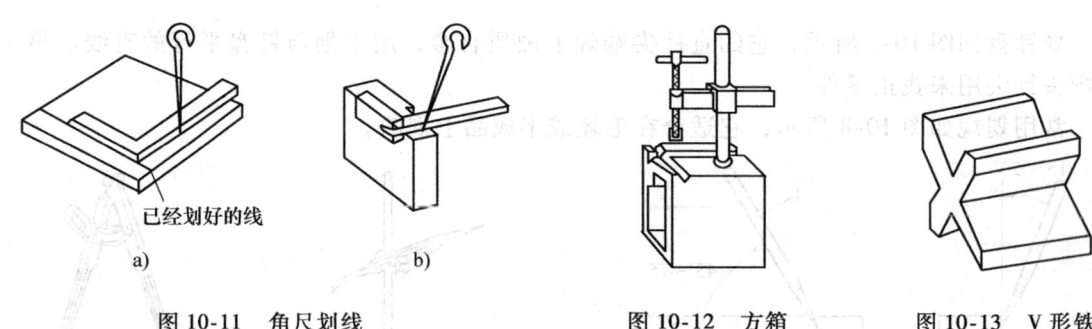

图 10-11　角尺划线

图 10-12　方箱

图 10-13　V形铁

5）千斤顶。千斤顶（图 10-14）常用于支承毛坯或形状复杂的大零件划线。使用时，三个一组顶起零件，调整顶杆的高度便能方便地找正零件。

6）样冲（图 10-15）用工具钢制成并经淬硬。样冲用于在划好的线条上打出小而均匀的样冲眼，以免零件上已划好的线在搬运、装夹过程中因碰、擦而模糊不清，影响加工。

（2）划线的方法与步骤

1）平面划线方法与步骤。平面划线的实质是平面几何作图问题。平面划线是用划线工具将图样按实物大小 1∶1 划到零件上去的。

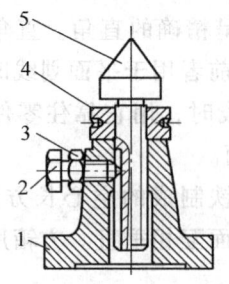

图 10-14　千斤顶
1—底座　2—导向螺钉　3—锁紧螺母　4—圆螺母　5—顶杆

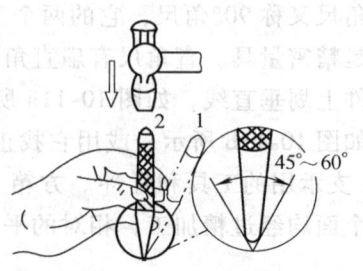

图 10-15　样冲及其使用
1—对准位置　2—打样冲眼

① 根据图样要求，选定划线基准。

② 对零件进行划线前的准备（清理、检查、涂色，在零件孔中装中心塞块等）。在零件上划线部位涂上一层薄而均匀的涂料（即涂色），使划出的线条清晰可见。零件不同，涂料也不同。一般在铸、锻毛坯件上涂石灰水，小的毛坯件上也可以涂粉笔，钢铁半成品上一般涂甲紫（也称"兰油"）或硫酸铜溶液，铝、铜等有色金属半成品上涂甲紫或墨汁。

③ 划出加工界限（直线、圆及连接圆弧）。

④ 在划出的线上打样冲眼。

2）立体划线方法与步骤。立体划线是平面划线的复合运用。它和平面划线有许多相同之处，划线基准一经确定，其后的划线步骤大致相同；它们的不同之处在于一般平面划线应选择两个基准，而立体划线要选择三个基准。

2. 锯削

用手锯把原材料和零件割开，或在其上锯出沟槽的操作称为锯削。

(1) 手锯　手锯由锯弓和锯条组成。

1）锯弓有固定式和可调式两种，如图10-16所示。

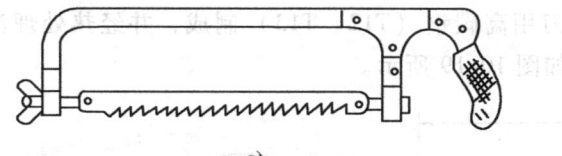 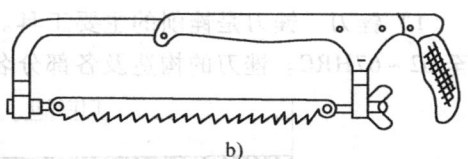

a)　　　　　　　　　　　　　b)

图 10-16　手锯

a) 固定式锯弓　b) 可调式锯弓

2）锯条。锯条一般用工具钢或合金钢制成，并经淬火和低温回火处理。锯条规格用锯条两端安装孔之间距离表示，并按锯齿齿距分为粗齿、中齿、细齿三种。粗齿锯条适用于锯削软材料和截面较大的零件。细齿锯条适用于锯削硬材料和薄壁零件。锯齿在制造时按一定的规律错开排列形成锯路。

(2) 锯削的操作要领

1）锯条安装。安装锯条时，锯齿方向必须朝前，如图10-16所示。锯条绷紧程度要适当。

2）握锯及锯削操作。一般是右手握稳锯柄，左手轻扶弓架前端。锯削时站立位置如图10-17所示。锯削时推力和压力由右手控制，左手压力不要过大，主要是配合右手扶正锯弓，锯弓向前推出时加压力，回程时不加压力，在零件上轻轻滑过。锯削往复运动速度应控制在每分钟40次左右。锯削时最好使锯条全部长度参加切割，一般锯弓的往返长度不应小于锯条长度的2/3。

3）起锯。锯条开始切入零件称为起锯。起锯方式有近起锯（图10-18a）和远起锯（图10-18b）。起锯时要用左手拇指指甲挡住锯条，起锯角约为15°。锯弓往复行程要短，压力要小，锯条要与零件表面垂直，当起锯到槽深2~3mm时，起锯可结束，应逐渐将锯弓改至水平方向进行正常锯削。

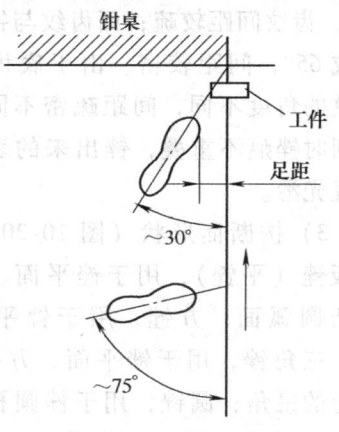

图 10-17　锯削时站立位置

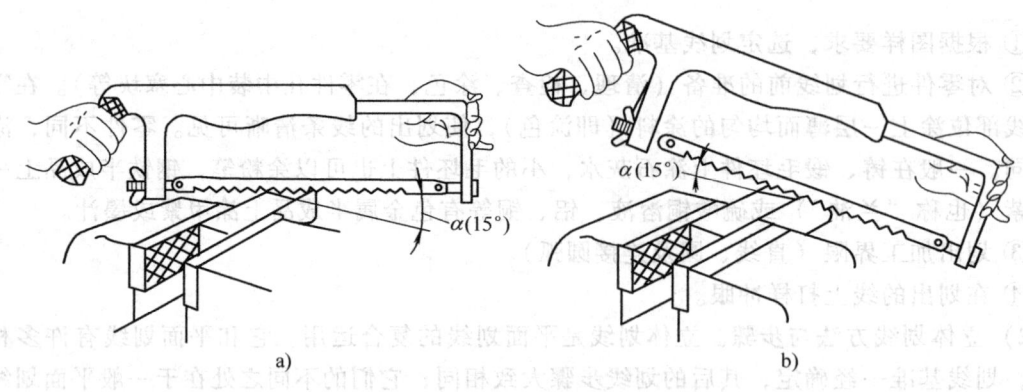

图 10-18 起锯
a) 近起锯 b) 远起锯

3. 锉削

用锉刀从零件表面锉掉多余的金属，使零件达到图样要求的尺寸、形状和表面粗糙度的操作称为锉削。锉削加工范围包括平面、台阶面、角度面、曲面、沟槽和各种形状的孔等。

(1) 锉刀 锉刀是锉削的主要工具。锉刀用高碳钢（T12、T13）制成，并经热处理淬硬至 62~67HRC。锉刀的构造及各部分名称如图 10-19 所示。

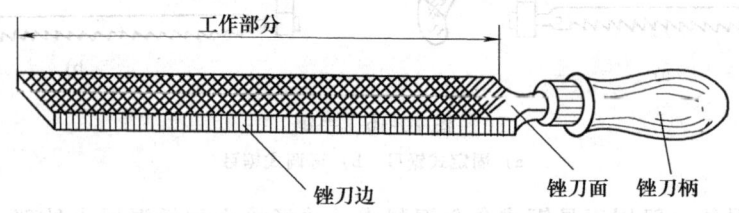

图 10-19 锉刀的构造及各部分名称

锉刀分类如下：

1) 按锉齿的大小分为粗齿锉、中齿锉、细齿锉和油光锉等。

2) 按齿纹分为单齿纹锉刀和双齿纹锉刀。单齿纹锉刀的齿纹只有一个方向，与锉刀中心线成 70°，一般用于锉软金属，如铜、锡、铅等。双齿纹锉刀的齿纹有两个互相交错的排列方向，先剁上去的齿纹称底齿纹，后剁上去的齿纹称面齿纹。底齿纹与锉刀中心线成 45°，齿纹间距较疏；面齿纹与锉刀中心线成 65°，间距较密。由于底齿纹和面齿纹的角度不同，间距疏密不同，所以锉削时锉痕不重叠，锉出来的表面平整而且光滑。

3) 按断面形状（图 10-20a）可分为板锉（平锉），用于锉平面、外圆面和凸圆弧面；方锉，用于锉平面和方孔；三角锉，用于锉平面、方孔及 60°以上的锐角；圆锉，用于锉圆孔和内弧面；半圆锉，用于锉平面、内弧面和大

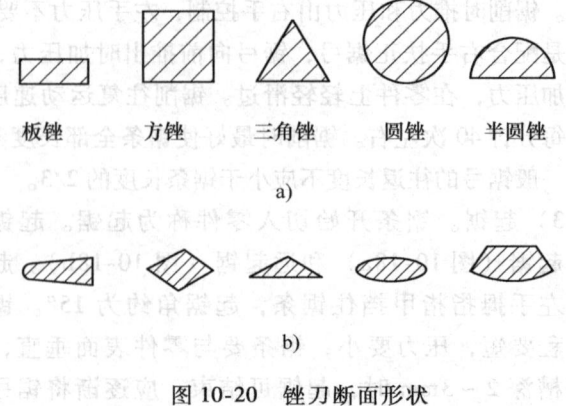

图 10-20 锉刀断面形状
a) 普通锉刀断面 b) 特种锉刀断面

的圆孔。图10-20b 所示为特种锉刀，用于加工各种零件的特殊表面。

另外，由多把各种形状的特种锉刀所组成的整形锉刀，用于修锉小型零件及模具上难以机械加工的部位。普通锉刀的规格一般是用锉刀的长度、齿纹类别和锉刀断面形状表示的。

(2) 锉削操作要领

1) 握锉。锉刀的种类较多，规格、大小不一，使用场合也不同，故锉刀握法也应随之改变。图10-21a 所示为大锉刀的握法。图10-21b 所示为中、小锉刀的握法。

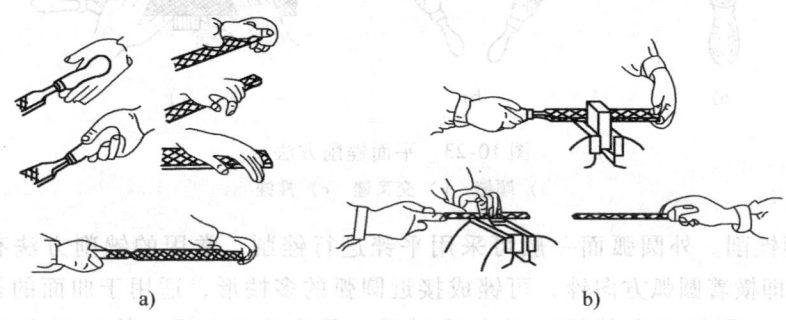

图 10-21 锉刀的握法
a) 大锉刀的握法 b) 中、小锉刀的握法

2) 锉削姿势。锉削时人的站立位置与锯削相似，参阅图10-17。锉削操作姿势如图10-22所示，身体重量放在左脚，右膝要伸直，双脚始终站稳不移动，靠左膝的屈伸而做往复运动。开始时，身体向前倾斜10°左右，右肘尽可能向后收缩，如图10-22a 所示。在最初1/3 行程时，身体逐渐前倾至15°左右，左膝稍弯曲，如图10-22b 所示。其次1/3 行程，右肘向前推进，同时身体也逐渐前倾到18°左右，如图10-22c 所示。最后1/3 行程，用右手腕将锉刀推进，身体随锉刀向前推的同时自然后退到15°左右的位置，如图10-22d 所示。锉削行程结束后，把锉刀略提起一些，身体姿势恢复到起始位置。

锉削过程中，两手用力也时刻在变化。开始时，左手压力大推力小，右手压力小推力大。随着推锉过程，左手压力逐渐减小，右手压力逐渐增大。锉刀回程时不加压力，以减小锉齿的磨损。锉刀往复运动速度一般为每分钟30~40次，推出时慢，回程时可快些。

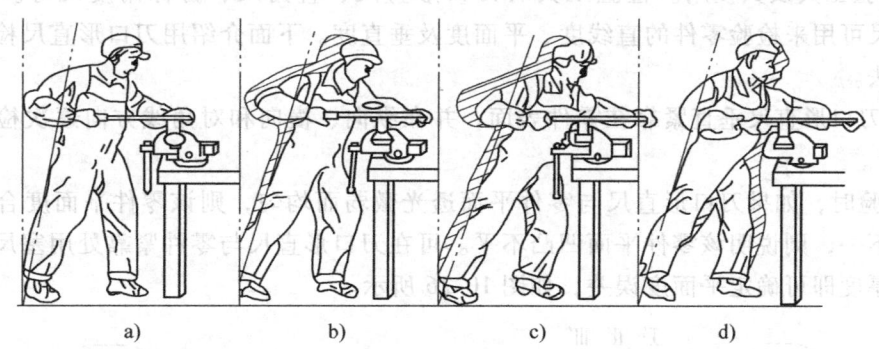

图 10-22 锉削姿势

(3) 锉削要领

1) 平面锉削。锉削平面的方法有三种：顺锉（图10-23a）；交叉锉（图10-23b）；推锉（图10-23c）。锉削平面时，锉刀要按一定方向进行锉削，并在锉削回程时稍做平移，这样逐步将整个面锉平。

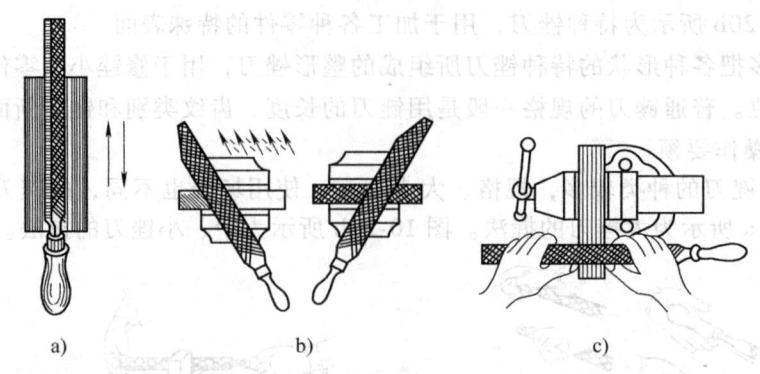

图 10-23 平面锉削方法
a) 顺锉 b) 交叉锉 c) 推锉

2) 圆弧面锉削。外圆弧面一般可采用平锉进行锉削。常用的锉削方法有两种：顺锉（图 10-24a），即横着圆弧方向锉，可锉成接近圆弧的多棱形，适用于曲面的粗加工；滚锉法（图 10-24b），即锉刀向前锉削时右手下压，左手随着上提，使锉刀在零件圆弧上做转动。

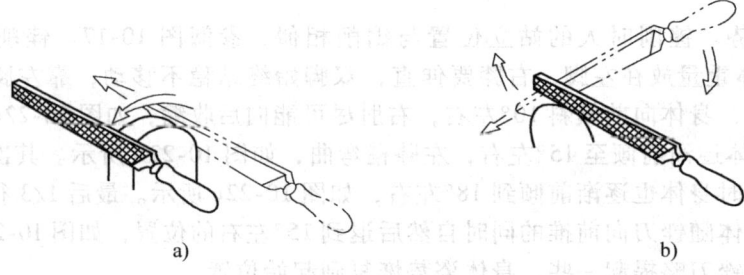

图 10-24 外圆弧面锉削方法
a) 顺锉 b) 滚锉

3) 检验工具及其使用。检验工具有刀口形直尺、直角尺、游标角度尺等。刀口形直尺、直角尺可用来检验零件的直线度、平面度及垂直度。下面介绍用刀口形直尺检验零件平面度的方法。

① 将刀口形直尺垂直紧靠在零件表面，并在纵向、横向和对角线方向逐次检查，如图 10-25 所示。

② 检验时，如果刀口形直尺与零件平面透光微弱而均匀，则该零件平面度合格；如果透光强弱不一，则说明该零件平面凹凸不平。可在刀口形直尺与零件紧靠处用塞尺插入，根据塞尺的厚度即可确定平面度误差，如图 10-26 所示。

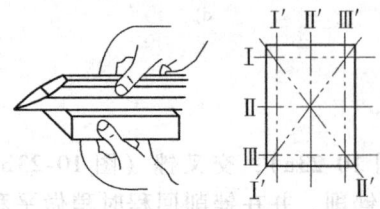

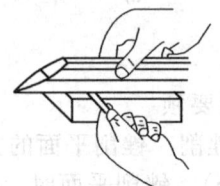

图 10-25 用刀口形直尺检验平面度　　　　　　图 10-26 用塞尺测量平面度误差

10.3 钻孔、扩孔和铰孔

1. 钻床

机械零件上分布着很多大小不同的孔，其中那些数量多、直径小、精度不是很高的孔几乎都是在钻床上加工出来的。在钻床上可以完成的工作很多，如钻孔、扩孔、铰孔、攻螺纹等，如图 10-27 所示。

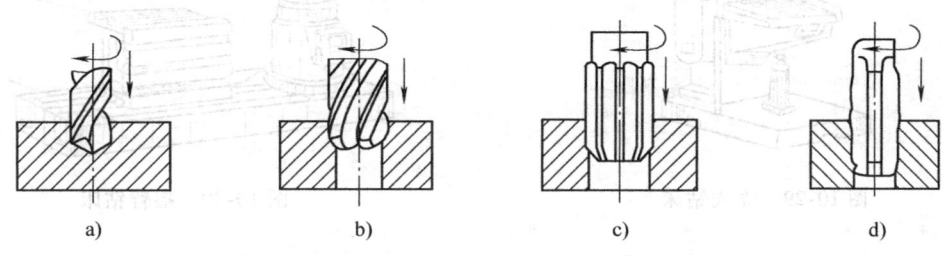

图 10-27 钻床工作
a) 钻孔 b) 扩孔 c) 铰孔 d) 攻螺纹

钻床的种类有很多，常用的有台式钻床、立式钻床和摇臂钻床等。

（1）台式钻床 台式钻床简称台钻，如图 10-28 所示。通常安装在台桌上，主要用来加工小型工件的孔，孔的直径最大为 ϕ12mm。钻孔时，工件固定在工作台上，钻头由主轴带动旋转（主运动），其转速可通过改变带轮的位置来调节。台钻主轴向下的进给运动由手动完成。

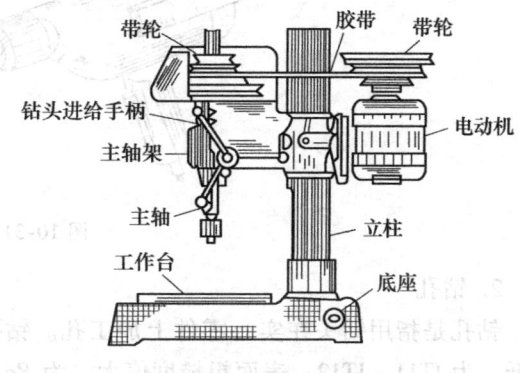

图 10-28 台式钻床

（2）立式钻床 立式钻床简称立钻，如图 10-29 所示。其规格以最大钻孔直径表示，有 25mm、35mm、40mm、50mm 等几种。

立式钻床由机座、工作台、立柱、主轴、主轴变速箱和进给箱组成。主轴变速箱和进给箱分别用以改变主轴的速度和进给速度。钻孔时，工件安装在工作台上，通过移动工件位置使钻头对准孔中心。加工一个孔后，再钻另一个孔时，必须移动工件。因此，立式钻床主要用于加工中、小型工件上的孔。

（3）摇臂钻床 摇臂钻床如图 10-30 所示，主轴箱安装在能绕立柱旋转的摇臂上，由摇臂带动可沿主轴垂直移动，同时主轴箱可在摇臂上做横向移动，故可以很方便地调整钻头的位置，以对准被加工孔的中心，而不需要移动工件。适用于单件或成批生产中、大型工件及多孔工件上的孔加工。

（4）手电钻。手电钻（图 10-31）常用于不便使用钻床钻孔的场合，其优点是携带方便、使用灵活。

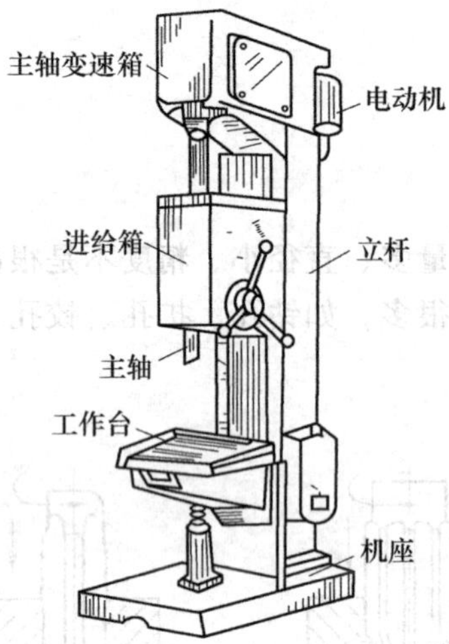

图 10-29　立式钻床 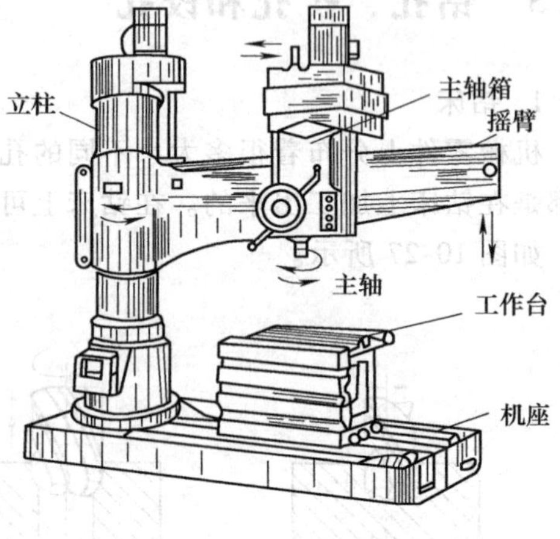　　　　　　　图 10-30　摇臂钻床

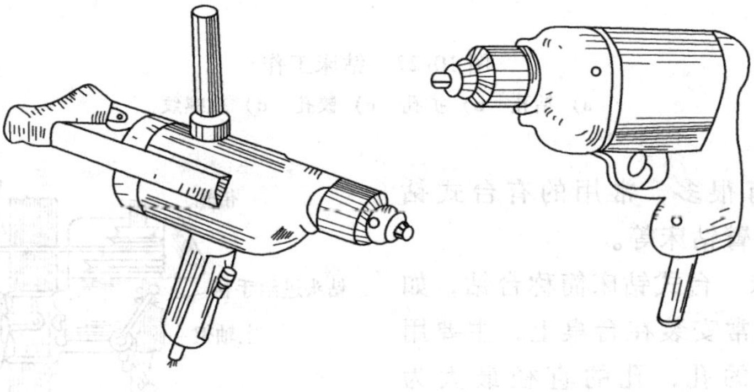

图 10-31　手电钻

2. 钻孔

钻孔是指用钻头在实心零件上加工孔。钻孔的尺寸公差等级低，为 IT11～IT12；表面粗糙度值大，为 $Ra12.5\sim50\mu m$。

在钻床上钻孔时，工件一般是固定的，钻头旋转做主运动，同时沿轴线向下做进给运动，如图 10-32 所示。

（1）标准麻花钻的组成　麻花钻（图 10-33）是钻孔的主要刀具。麻花钻用高速钢制成，工作部分经热处理淬硬至 62～65HRC。麻花钻由钻柄、颈部和工作部分组成。

1）钻柄。供装夹和传递动力用，钻柄形状有两种：柱柄，传递转矩较小，用于直径在 13mm 以下的钻头；锥柄，对中性好，传递转矩较大，用于直径大于 13mm 的钻头。

2）颈部。磨削工作部分和钻柄时的退刀槽。钻头直径、材料、商标一般刻印在颈部。

3）工作部分。它分成导向部分与切削部分。

导向部分（图 10-33）依靠两条狭长的螺旋形的高出齿背 0.5～1mm 的棱边（刃带）起

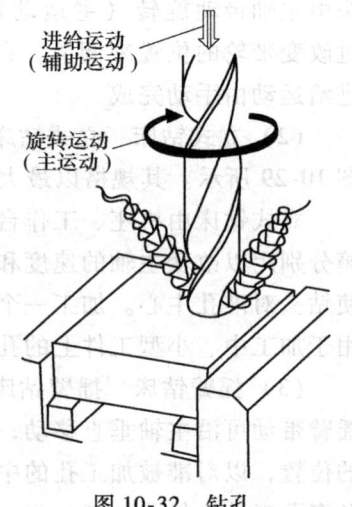

图 10-32　钻孔

导向作用。它的直径前大后小，略有倒锥度，倒锥量为（0.03～0.12）mm/100mm，可以减小钻头与孔壁间的摩擦。导向部分经铣、磨或轧制形成两条对称的螺旋槽，用以排除切屑和输送切削液。

切削部分由前刀面、后刀面、副后刀面、主切削刃、副切削刃和横刃组成，如图10-34所示。其作用是担负主要切削工作。

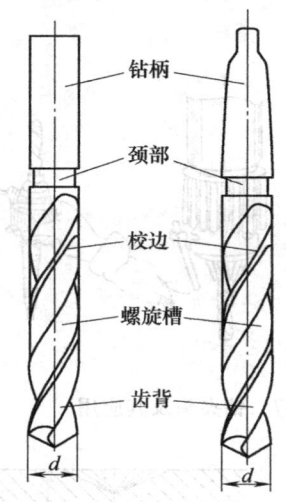

图10-33 标准麻花钻组成

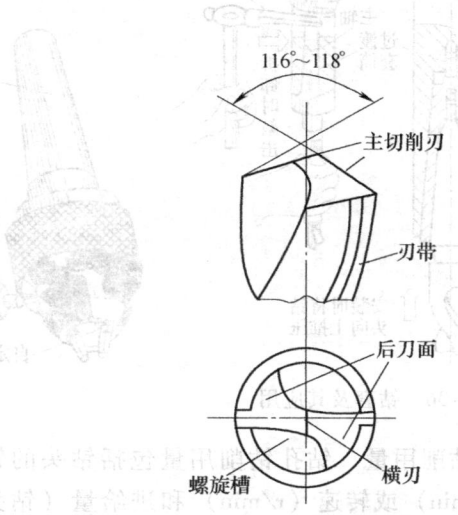

图10-34 麻花钻切削部分

（2）零件装夹。如图10-35所示，钻孔时零件的夹持方法与零件生产批量及孔的加工要求有关。生产批量较大或精度要求较高时，零件一般是用钻模来装夹的；单件小批生产或加工要求较低时，零件经划线确定孔中心位置后，多数装夹在通用夹具或工作台上钻孔。常用的附件有手虎钳、V形块、平口钳和压板及螺钉等，这些工具的使用和零件形状及孔径大小有关。

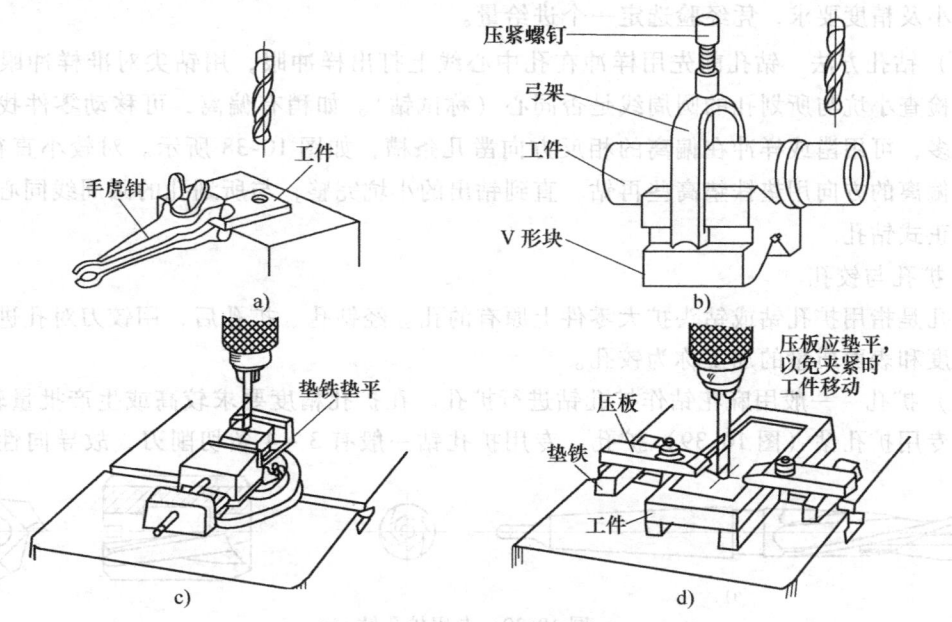

图10-35 钻孔时工件的装夹

a) 用手虎钳装夹 b) 用V形块装夹 c) 用平口钳装夹 d) 用压板及螺钉装夹

(3) 钻头的装夹 钻头的装夹方法，按其柄部的形状不同而异。锥柄钻头可以直接装入钻床主轴锥孔内，较小的钻头可用过渡套筒安装，如图 10-36 所示。直柄钻头用钻夹头安装，如图 10-37 所示。钻夹头（或过渡套筒）的拆卸方法：将楔铁插入钻床主轴侧边的扁孔内，左手握住钻夹头，右手用锤子敲击楔铁卸下钻夹头，如图 10-38 所示。

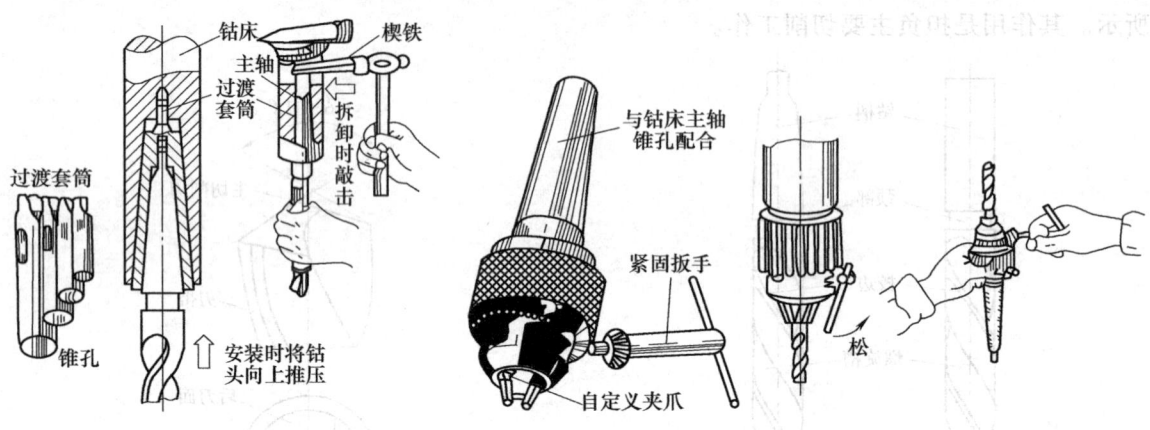

图 10-36　钻套及其应用　　　　　图 10-37　钻夹头及其应用

(4) 钻削用量 钻孔钻削用量包括钻头的钻削速度（m/min）或转速（r/min）和进给量（钻头每转一周沿轴向移动的距离）。钻削用量受到钻床功率、钻头强度、钻头寿命和零件精度等许多因素的限制。因此，如何合理选择钻削用量，直接关系到钻孔生产率、钻孔质量和钻头的寿命。可以用查表方法选择钻削用量，也可以考虑零件材料的软硬、孔径大小及精度要求，凭经验选定一个进给量。

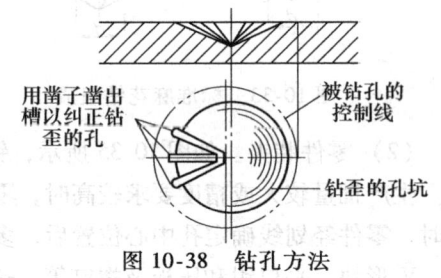

图 10-38　钻孔方法

(5) 钻孔方法 钻孔前先用样冲在孔中心线上打出样冲眼，用钻尖对准样冲眼锪一个小坑，检查小坑与所划孔的圆周线是否同心（称试钻）。如稍有偏离，可移动零件找正。若偏离较多，可用凿或样冲在偏离的相反方向凿几条槽，如图 10-38 所示。对较小直径的孔，也可在偏离的方向用垫铁垫高些再钻。直到钻出的小坑完整，与所划孔的圆周线同心或重合时才可正式钻孔。

3. 扩孔与铰孔

扩孔是指用扩孔钻或钻头扩大零件上原有的孔。经钻孔、扩孔后，用铰刀对孔进行提高尺寸精度和表面质量的加工称为铰孔。

(1) 扩孔 一般用麻花钻作扩孔钻进行扩孔。在扩孔精度要求较高或生产批量较大时，还采用专用扩孔钻（图 10-39）扩孔。专用扩孔钻一般有 3~4 条切削刃，故导向性好，不

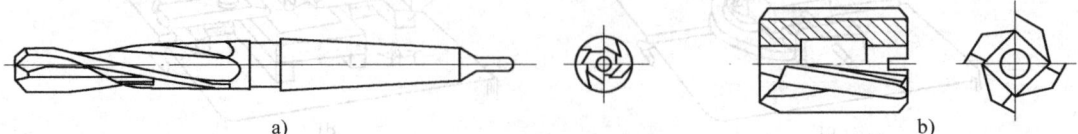

图 10-39　专用扩孔钻
a) 整体式扩孔钻　b) 套装式扩孔钻

易偏斜，没有横刃，轴向切削力小，扩孔能得到较高的尺寸精度（可达 IT9～IT10）和较小的表面粗糙度值（$Ra3.2～6.3\mu m$）。

由于扩孔的工作条件比钻孔好得多，故在相同直径情况下扩孔的进给量可比钻孔大 1.5～2 倍。扩孔钻削用量可查表，也可按经验选取。

（2）铰孔 通过铰孔提高孔的尺寸精度，尺寸公差等级可达 IT6～IT7；表面粗糙度值可达 $Ra0.8～1.6\mu m$。

1）铰刀和铰杠

铰刀是孔的精加工刀具。铰刀分为机铰刀和手铰刀两种，机铰刀为锥柄，手铰刀为直柄。图 10-40 所示为手铰刀。铰刀的工作部分由切削部分和修光部分组成。切削部分呈锥形，担负切削工作，修光部分起导向和修光作用。铰刀一般制成两支一套，其中一支为粗铰刀（它的切削刃上开有螺旋形分布的分屑槽），另一支为精铰刀。

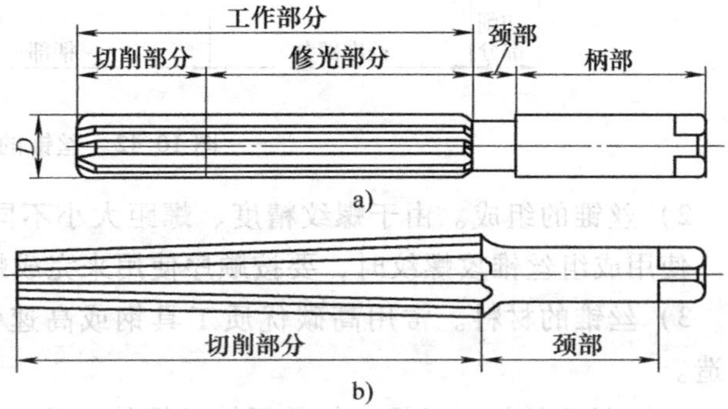

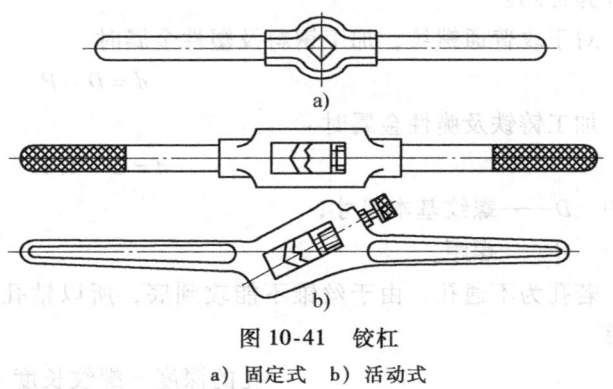

图 10-40 手铰刀
a）圆柱铰刀 b）圆锥铰刀

铰杠是用来夹持手用铰刀的工具，常用的有固定式和活动式两种，如图 10-41 所示。活动式铰杠可以通过转动右手边手柄或螺钉来调节方孔大小。

2）手铰孔方法。将铰刀插入铰杠方孔内，两手握铰杠手柄，顺时针方向转动并稍加压力，使铰刀慢慢向孔内进给。注意两手用力要平衡，使铰刀铰削时始终保持与零件垂直。铰刀退出时，也应边顺时针方向转动边向外拔出。

图 10-41 铰杠
a）固定式 b）活动式

10.4 攻螺纹与套螺纹

常用的普通螺纹零件，除采用机械加工外，还可以用钳工攻螺纹和套螺纹的方法获得。

1. 攻螺纹

（1）丝锥

1）丝锥的结构。丝锥是加工小直径内螺纹的成形工具，如图 10-42 所示。它由切削部分、校准部分和柄部组成。切削部分磨出锥角，以便将切削负荷分配在几个刀齿上。校准部分有完整的齿形，用于校准已切出的螺纹，并引导丝锥沿轴向运动。柄部有方榫，便于装在铰杠内传递转矩。丝锥切削部分和校准部分一般沿轴向开有 3～4 条容屑槽以容纳切屑，并形成切削刃和前角 γ_o，切削部分的锥面上铲磨出后角 α_o。为了减小丝锥校准部分对零件材料的摩擦和挤压，它的外径、中径处均有倒锥度。

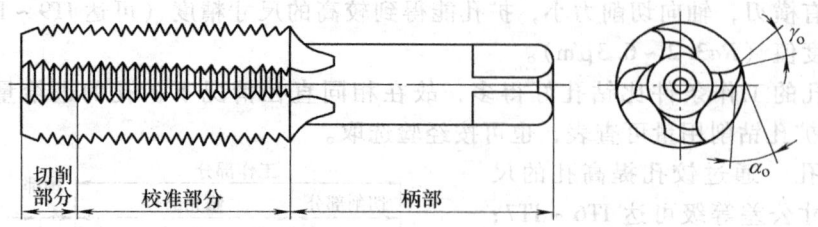

图 10-42 丝锥的结构

2) 丝锥的组成。由于螺纹精度、螺距大小不同,丝锥一般为单支或 2 支、3 支成组使用。使用成组丝锥攻螺纹时,要按顺序使用来完成螺纹孔的加工。

3) 丝锥的材料。常用高碳优质工具钢或高速钢制造,手用丝锥一般用 T12A 或 9SiCr 制造。

(2) 丝锥铰杠　丝锥铰杠是扳转丝锥的工具,与夹持铰刀用的铰杠通用。

(3) 攻螺纹的方法

1) 攻螺纹前的孔径 d(钻头直径)略大于螺纹底径。丝锥尺寸可查表,也可按经验公式计算得到。

对于攻普通螺纹,加工钢料及塑性金属时

$$d = D - P$$

加工铸铁及脆性金属时

$$d = D - 1.1P$$

式中　D——螺纹基本尺寸;

　　　P——螺距。

若孔为不通孔,由于丝锥不能攻到底,所以钻孔深度要大于螺纹长度,其尺寸按下式计算

$$孔的深度 = 螺纹长度 + 0.7D$$

2) 手工攻螺纹的方法如图 10-43 所示。双手转动铰杠,并轴向加压力,当丝锥切入零件 1~2 牙时,用直角尺检查丝锥是否歪斜,如丝锥歪斜,要纠正后再往下攻。当丝锥位置与螺纹底孔端面垂直后,轴向就不再加压力。两手均匀用力。为避免切屑堵塞,要经常倒转 1/4~1/2 转,以断屑。头锥、二锥应依次攻入。攻铸铁材料螺纹时加煤油而不加切削液,攻钢件材料螺纹时加切削液,以保证铰孔表面的粗糙度要求。

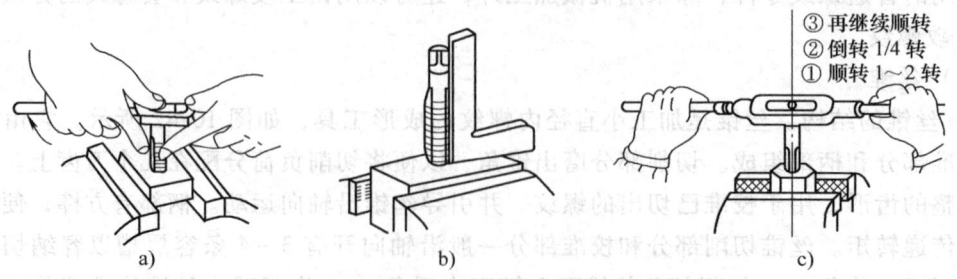

图 10-43　手工攻螺纹的方法
a) 入孔前的操作　b) 检查垂直度　c) 攻入螺纹时的方法

2. 套螺纹

（1）套螺纹的工具

1) 圆板牙。板牙是加工外螺纹的工具。圆板牙（图10-44）就像一个圆螺母，不过上面钻有几个排屑孔并形成切削刃。板牙两端角度为 2ϕ 的锥角部分是切削部分，它是铲磨出来的阿基米德螺旋面，有一定的后角。当中一段是校准部分，也是套螺纹时的导向部分。板牙一端的切削部分磨损后可调头使用。

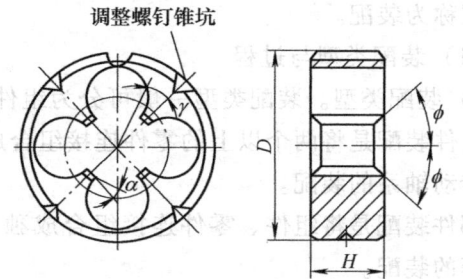

图10-44 圆板牙

用圆板牙套螺纹的精度比较低，可用它加工精度等级为 8h、表面粗糙度值为 $Ra3.2 \sim 6.3\mu m$ 的螺纹。圆板牙一般用合金工具钢 9SiCr 或高速钢 W18Cr4V 制造。

2) 圆锥管螺纹板牙。圆锥管螺纹板牙的基本结构与普通圆板牙一样，因为管螺纹有锥度，所以只在单面制成切削锥。这种板牙所有切削刃都参与切削，板牙在零件上的切削长度影响管子与相配件的配合尺寸，套螺纹时要用相配件旋入管子来检查是否满足配合要求。

3) 铰杠。手工套螺纹时需要用圆板牙铰杠，如图10-45 所示。

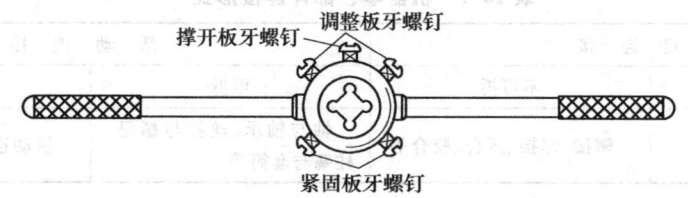

图10-45 圆板牙铰杠

（2）套螺纹的方法

1) 套螺纹前零件直径的确定。螺杆的直径可直接查表，也可按零件直径 $d = D - 0.13P$ 的经验公式计算得到。

2) 套螺纹操作。套螺纹操作如图10-46 所示。将板牙套在圆杆头部倒角处，并保持板牙与圆杆垂直，右手握住铰杠的中间部分，加适当压力，左手将铰杠的手柄顺时针方向转动。在板牙切入圆杆 2~3 牙时，应检查板牙是否歪斜，若发现歪斜，应纠正后再套。

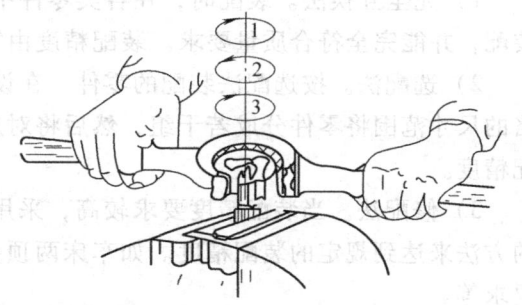

图10-46 套螺纹操作

当板牙位置正确后，再往下套就不加压力。套螺纹和攻螺纹一样，应经常倒转以切断切屑。套螺纹时应加切削液，以保证螺纹的表面粗糙度要求。

10.5 装配

1. 装配概述

按照规定的技术要求，将零件组装成机器，并经过调整、试验，使之成为合格产品的工艺过程称为装配。

(1) 装配类型与过程

1) 装配类型。装配类型一般可分为组件装配、部件装配和总装配。

组件装配是将两个以上的零件连接组合成为组件的过程，例如曲轴、齿轮等零件组成的一根传动轴系的装配。

部件装配是将组件、零件连接组合成独立机构（部件）的过程，例如车床主轴箱、进给箱等的装配。

总装配是将部件、组件和零件连接组合成为整台机器的过程。

2) 装配过程。机器的装配过程一般由三个阶段组成：一是装配前的准备阶段，二是装配阶段（部件装配和总装配），三是调整、检验和试车阶段。

装配过程一般是先下后上，先内后外，先难后易，先装配保证机器精度的部分、后装配一般部分。

(2) 零、部件连接类型　组成机器的零、部件的连接形式很多，基本上可归纳成两类：固定连接和活动连接。每一类连接中，按照零件接合后能否拆卸又分为可拆连接和不可拆连接，见表 10-1。

表 10-1　机器零、部件连接形式

固定连接		活动连接	
可拆	不可拆	可拆	不可拆
螺纹、键、销等	铆接、焊接、压合、胶合等	轴与轴承、丝杠与螺母、柱塞与套筒等	活动连接的铆合头

(3) 装配方法

1) 完全互换法。装配时，在各类零件中任意取出要装配的零件，不需任何修配就可以装配，并能完全符合质量要求。装配精度由零件的制造精度保证。

2) 选配法。按选配法装配的零件，在设计时其制造公差可适当放大。装配前，按照严格的尺寸范围将零件分成若干组，然后将对应的各组配合件装配在一起，以达到所要求的装配精度。

3) 修配法。当装配精度要求较高，采用完全互换不够经济时，常用修正某个配合零件的方法来达到规定的装配精度。如车床两顶尖不等高，装配时可通过刮尾座底座来达到精度要求等。

4) 调整法。调整法比修配法方便，也能达到很高的装配精度，在大批生产或单件生产中都可采用此法。但由于增设了调整用的零件，使部件结构显得复杂，而且刚性降低。

(4) 装配前的准备工作　装配是机器制造的重要阶段。装配质量的好坏对机器的性能和使用寿命影响很大。装配不良的机器，将导致其性能降低，消耗的功率增加，使用寿命减短。因此，装配前必须认真做好以下几点准备工作：

1) 研究和熟悉产品图样，了解产品结构以及零件作用和相互连接关系，掌握其技术要求。

2) 确定装配方法、程序和所需的工具。

3) 备齐零件，进行清洗，涂防护润滑油。

2. 典型连接装配方法

装配的形式很多，下面着重介绍螺纹联接件、滚动轴承、齿轮及键联结件的装配方法。

(1) 螺纹联接件的装配　如图10-47所示，螺纹联接常用零件有螺钉、螺母、双头螺栓及各种专用螺纹联接件等。螺纹联接是现代机械制造中用得最广泛的一种联接形式。它具有紧固可靠、装拆简便、调整和更换方便、宜于多次拆装等优点。

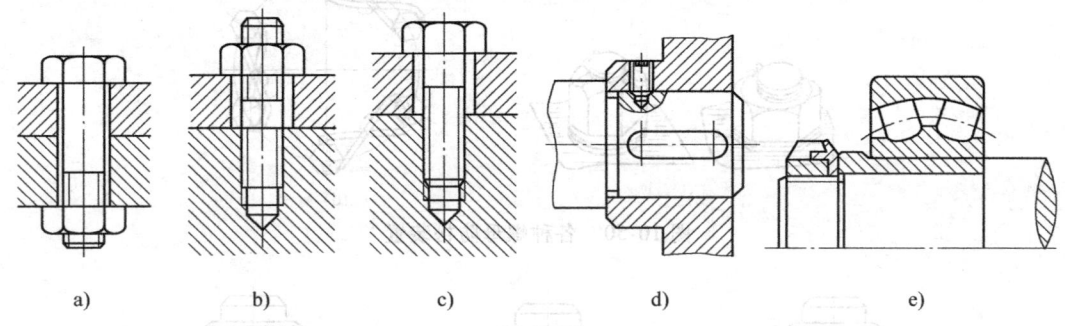

图 10-47　常见的螺纹联接类型
a) 螺栓联接　b) 双头螺栓联接　c) 螺钉联接　d) 螺钉紧固　e) 圆螺母固定

对于一般的螺纹联接可用普通扳手拧紧。而对于有规定预紧力要求的螺纹联接，为了保证规定的预紧力，常用指示式扭力扳手或其他限力扳手以控制扭矩，如图10-48所示。

在紧固成组螺钉、螺母时，为使紧固件的配合面上受力均匀，应按一定的顺序来拧紧。图10-49所示为拧紧成组螺母顺序的实例，按图中数字顺序拧紧，可避免被联接件的偏斜、翘曲和受力不均。而且每个螺钉或螺母不能一次就完全拧紧，应按顺序分2~3次才全部拧紧。

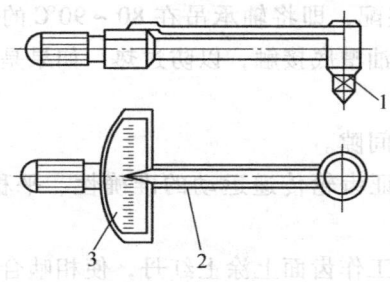

图 10-48　指示式扭力扳手
1—扳手头　2—指示针　3—读数板

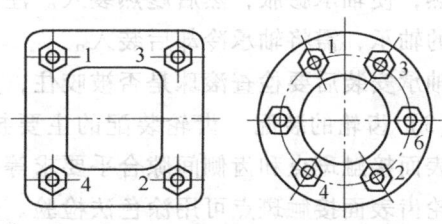

图 10-49　拧紧成组螺母顺序实例

零件与螺母的贴合面应平整光洁，否则螺纹容易松动。为提高贴合面质量，可加垫圈。在交变载荷和振动条件下工作的螺纹联接，有逐渐自动松开的可能。为防止螺纹联接的松动，可用弹簧垫圈、止退垫圈、开口销和止动螺钉等防松装置，如图10-50所示。

(2) 滚动轴承的装配　滚动轴承的配合多数为较小的过盈配合，常用锤子或压力机采用压入法装配。为了使轴承圈受力均匀，采用垫套加压。轴承压到轴颈上时应施力于内圈端面，如图10-51a所示；轴承压到座孔中时，要施力于外环端面，如图10-51b所示；若同时压到轴颈和座孔中时，垫套应能同时对轴承内、外端面施力，如图10-51c所示。

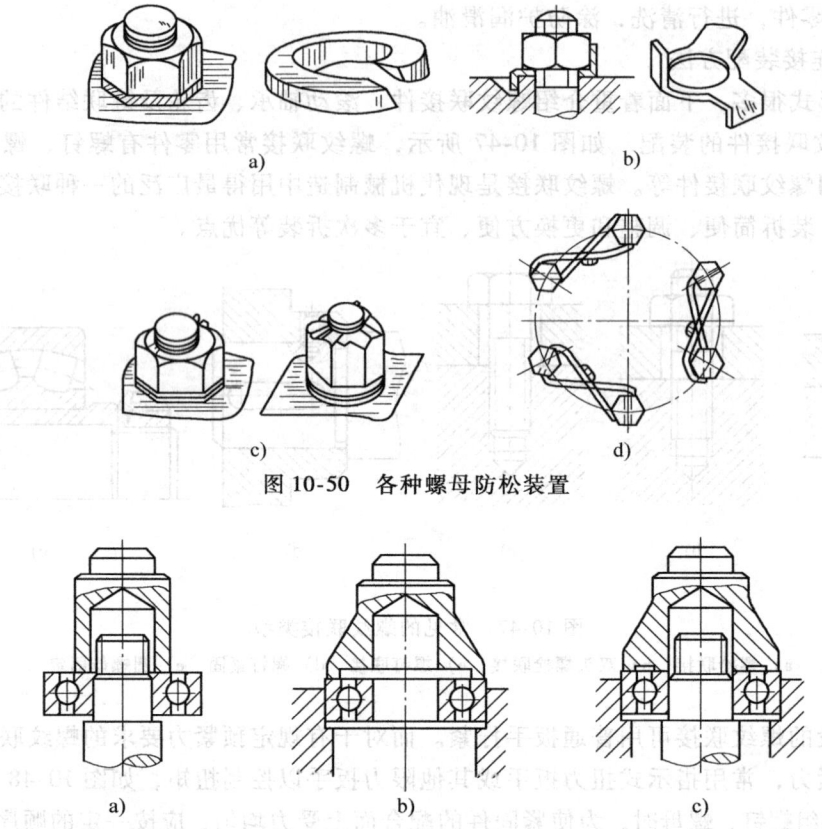

图 10-50　各种螺母防松装置

图 10-51　滚动轴承的装配
a) 施力于内圈端面　b) 施力于外环端面　c) 施力于内外环端面

当轴承的装配是较大的过盈配合时,应采用加热装配,即将轴承吊在 80～90℃ 的热油中加热,使轴承膨胀,然后趁热装入。注意轴承不能与油槽底接触,以防过热。如果是装入座孔的轴承,需将轴承冷却后装入。

轴承安装后要检查滚珠是否被咬住,是否有合理的间隙。

(3) 齿轮的装配　齿轮装配的主要技术要求是保证齿轮传递运动的准确性、平稳性、轮齿表面接触斑点和齿侧间隙合乎要求等。

轮齿表面接触斑点可用涂色法检验。先在主动轮的工作齿面上涂上红丹,使相啮合的齿轮在轻微制动下运转,然后看从动轮啮合齿面上接触斑点的位置和大小,如图 10-52 所示。

齿侧间隙一般可用塞尺插入齿侧间隙中检查。

(4) 键联结件的装配　键联结也属于可拆联结,常用于轴套类零件传动中,通过键来传递运动和转矩。常用的有平键、半圆键、楔键、花键等。图 10-53 所示为平键联结。

平键联结装配步骤:

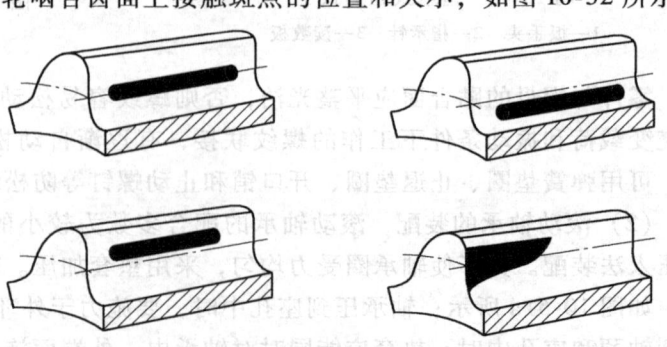

图 10-52　用涂色法检验啮合情况

1) 装配前,去除键槽边的毛刺,修配键侧和槽的配合,取键长并修锉两头。
2) 装配平键,在键配合面涂油,再将键轻轻地敲入槽内,并与槽底接触。
3) 按装配要求安装轴上配件。配件的键槽侧面与键侧面配合要符合要求,键的顶面与配件的槽底应留有间隙。

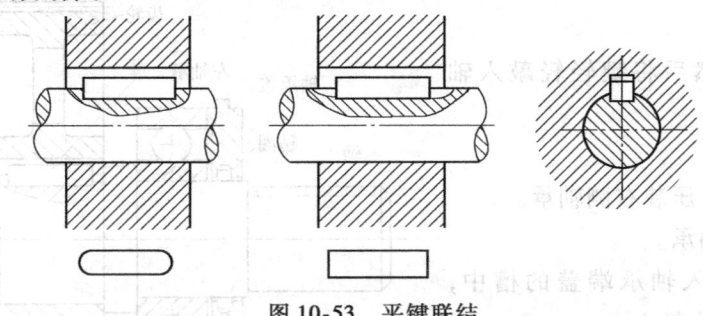

图 10-53 平键联结

(5) 销联接件的装配 常见的销联接件有圆柱销和圆锥销,主要用于定位和联接,如图 10-54 所示。销联接也属于可拆联接。

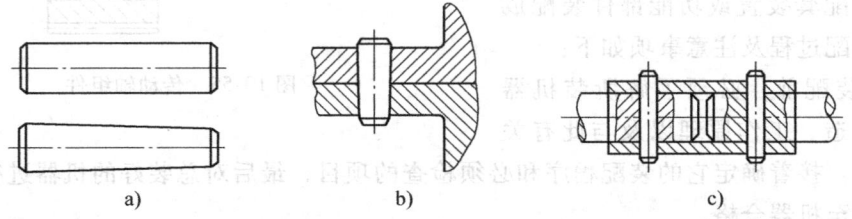

图 10-54 销及其作用
a) 圆柱销和圆锥销 b) 定位作用 c) 联接作用

装配销联接件时,被联接的两孔需要配钻、铰,并达到较高的精度。圆柱销用于固定零件、传递动力,装配时在销上涂油,用铜棒轻轻敲入。圆柱销不宜多次装配,否则会降低定位精度和联接的可靠性。圆锥销具有 1:50 的锥度,多用于定位以及经常拆装的场合,装配时一般边铰孔边试装,以销能自由插入孔中的长度约占销总长的 80% 为宜,然后轻轻敲入。

3. 部件装配和总装配

要完成整台机器的装配,必须经过部件装配和总装配过程。

(1) 部件装配 部件的装配通常是在装配车间的各个工段(或小组)进行的。部件装配是总装配的基础,这一工序进行得好与坏,会直接影响到总装配和产品的质量。

部件装配的过程包括以下四个阶段:

1) 装配前按图样检查零件的加工情况,根据需要进行补充加工。
2) 组合件的装配和零件相互试配。在这阶段内可用选配法或修配法来消除各种配合缺陷。组合件装好后不再分开,以便一起装入部件内。互相试配的零件,当缺陷消除后,仍要加以分开(因为它们不属于同一个组合件),但分开后必须做好标记,以便重新装配时不会调错。
3) 部件的装配及调整,即按一定的次序将所有的组合件及零件互相连接起来,同时对某些零件通过调整正确地加以定位。通过这一阶段,对部件所提出的技术要求都应达到。
4) 部件的检验,即根据部件的专门用途进行工作检验。如水泵要检验每分钟出水量及水头高度；齿轮箱要进行空载检验及负荷检验；有密封性要求的部件要进行水压（或气压）检验；高速转动部件还要进行动平衡检验等。只有通过检验确定合格的部件，才可以进入总装配。

图10-55所示为传动轴组件，它的装配顺序如下：

1）选配键，然后将键轻轻敲入轴的键槽内。

2）压装齿轮。

3）放入垫套，压装右侧轴承。

4）压装左侧轴承。

5）将毡圈放入轴承端盖的槽中，然后将轴承端盖套入轴上。

（2）总装配　总装配就是把预先装好的部件、组合件、其他零件以及从市场采购来的配套装置或功能部件装配成机器。总装配过程及注意事项如下：

1）总装配前，必须了解所装机器的用途、构造、工作原理以及与此有关

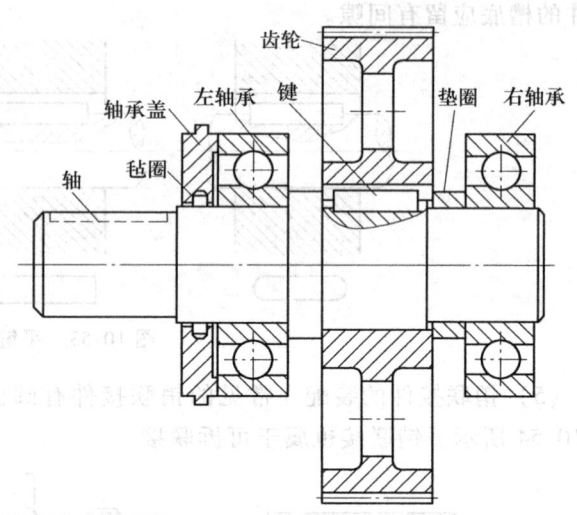

图10-55　传动轴组件

的技术要求。接着确定它的装配程序和必须检查的项目，最后对总装好的机器进行检查、调整、试验直至机器合格。

2）总装配时，执行装配工艺规程所规定的操作步骤，采用工艺规程所规定的装配工具。应按从里到外、从下到上，以不影响下道装配为原则的次序进行。操作中不能破坏零件的精度和表面粗糙度，对重要、复杂的部分要反复检查，以免搞错或多装、漏装零件。在任何情况下应保证污物不进入机器的部件、组合件或零件内。机器总装后，要在滑动和旋转部分加润滑油，以防运转时出现拉毛、咬住或烧损现象。最后要严格按照技术要求，逐项进行检查。

3）装配好的机器必须加以调整和检验。调整的目的在于查明机器各部分的相互作用及各个机构工作的协调性。检验的目的是确定机器工作的正确性和可靠性，发现由于零件制造的质量、装配或调整的质量问题所造成的缺陷。小的缺陷可以在检验台上加以消除，大的缺陷应将机器送到原装配处返修。修理后再进行第二次检验，直至检验合格为止。

4）检验结束后应对机器进行清洗，随后送修饰部门上防锈漆、涂漆。

钳 工 实 习

1. 实习记录
（1）实习中使用过的划线工具和锉刀各有哪些？
（2）实习用的台钻规格是_____，可以钻孔的最大直径是_____ mm。
（3）台虎钳规格怎么表示？你用的台虎钳规格是什么？
（4）钳工加工外螺纹的刀具称为_____，夹持并扳转它工作的工具称为_____。
（5）钳工加工内螺纹的刀具称为_____，夹持并扳转它工作的工具称为_____。
（6）丝锥的头锥与二锥相比，头锥的切削牙数_____，切削部分锥度_____。
（7）刮削表面的精度如何表示？

2. 观察与思考
（1）钳工划线的作用是什么？

（2）选定划线基准时应考虑哪些因素？

（3）锯条为何有粗齿和细齿之分？举例说明它们的应用。

（4）分析锯削中产生崩齿、锯条折断和局部磨损的原因。

（5）从锉削施力变化分析锉削平面的要领。

（6）写出钳工制作锤子的加工工艺过程。

（7）锉削狭长平面时易产生两头低、中间高的现象，应该怎样纠正？

（8）叙述你装配减速箱的顺序。

（9）写出表 10-2 所列工具的材料和最终热处理方法。

表 10-2　工具的材料与最终热处理方法

	锤子	錾子	锯条	锉刀	样冲	划针	钻头	丝锥
材料								
最终热处理方法								

3. 体会与建议

实习时间：_____　　分数：_____

第 11 章　数控车床及其加工

11.1　数控车床简介

数控车床是采用数控技术进行控制的车床,是目前国内使用量最大、覆盖面最广的一种数控机床。它将编制好的加工程序输入到数控系统中,由数控系统通过 X 轴、Z 轴伺服电动机去控制车床进给运动部件的动作顺序、移动量和进给速度,再配以主轴的转速和转向,便能加工出各种形状不同的轴类或盘类回转体零件。数控车床完成的切削任务与传统车床完成的切削任务相同,主要用来加工轴类零件的内外圆柱面、圆锥面、螺纹表面、成形回转体表面等,对于盘类零件可进行钻、扩、铰、镗孔等加工。数控车床与传统车床的主要区别及其主要优点是它提高了刀具的可控制性和重复精度。用数控车床能够加工出用传统车床和传统加工方法无法加工的零件。

1. 数控车床概述

数控车床大致由五部分组成:车床主体、数控系统、驱动传动系统、辅助装置、机外编程器。图 11-1 所示为 CK7136 型数控车床外形。

(1) 车床主体。车床主体部分犹如人体的骨架,是支承机床运行的基础。数控车床主体的主要组成部分有主轴箱、刀架、进给传动系统、床身、液压系统、冷却系统、润滑系统及机床控制单元等。数控车床是采用伺服电动机,自滚珠丝杠传到滑板和刀架,实现 Z 轴(纵向)和 X 轴(横向)进给运动, X 轴用于控制横溜板,它通过移动刀具来控制工件的直径; Z 轴用于控制床鞍,它会沿长度方向移动刀具来控制工件的长度。

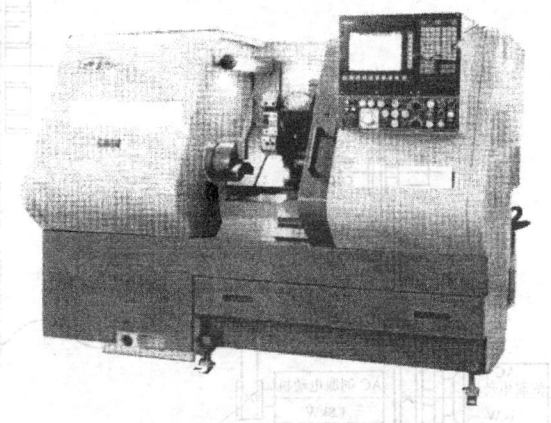

图 11-1　CK7136 型数控车床外形

(2) 数控系统　数控系统犹如人的大脑,指挥整个机床完成加工任务。数控系统一般由 CNC 装置、输入/输出设备、可编程序控制器(PLC)、主轴驱动装置、进给驱动装置以及位置测量系统等几部分组成。数控机床加工中的动作在加工程序中用指令的方式予以规定,其中包括准备功能 G、辅助功能 M、主轴转速功能 S、刀具功能 T 和进给功能 F 等。数控系统有国产 JWK 数控、广州数控、华中数控、日本 FANUC 数控以及德国 SIEMENS 等数控系统。本章主要介绍日本 FANUC 数控系统。

(3) 驱动传动系统　驱动传动系统犹如人的心脏,给整个机床运行提供动力。驱动传动系统主要由主轴传动系统和进给传动系统构成。

1) 主轴传动系统。数控车床主轴旋转速度是按照加工程序的指令自动改变的。为保证主传动系统具有高的传动精度、低噪声、无振动、高效率,主传动链应尽量缩短;为满足各种工件的加工工艺要求,以获得经济切削速度,主传动系统须大范围无级变速;为提高工件端面加工时的切削生产率和表面加工质量,还须有恒切削速度控制,所以主轴传动系统一般采用直流或交流无级调速电动机,通过带传动,带动主轴旋转,实现自动无级调速及恒速切削控制。此外,机床主轴与相应附件配合,可实现工件的自动装夹和拆卸。

图 11-2 所示为数控车床传动系统图,主轴在 35～3500r/min 的转速范围内可以无级调速。主传动系统的驱动和变速都由 AC 伺服电动机完成,经 1:1 速比的一级带传动直接拖动主轴旋转。与普通车床相比,主轴箱内省去了复杂的多级齿轮传动变速机构,不仅减小了齿轮传动误差对主轴运动精度的影响,还提高了传动效率。同时,主轴箱内装有脉冲编码器,当主轴旋转时,经同步带轮 1:1 传到脉冲编码器。脉冲编码器便发出检测到的实际脉冲信号给数控系统,使主电动机的转速与刀架的进给速度保持着严格的同步关系,又保证了加工螺纹时,主轴每转过一整转,刀架沿 Z 轴平移一个螺纹导程的传动关系。

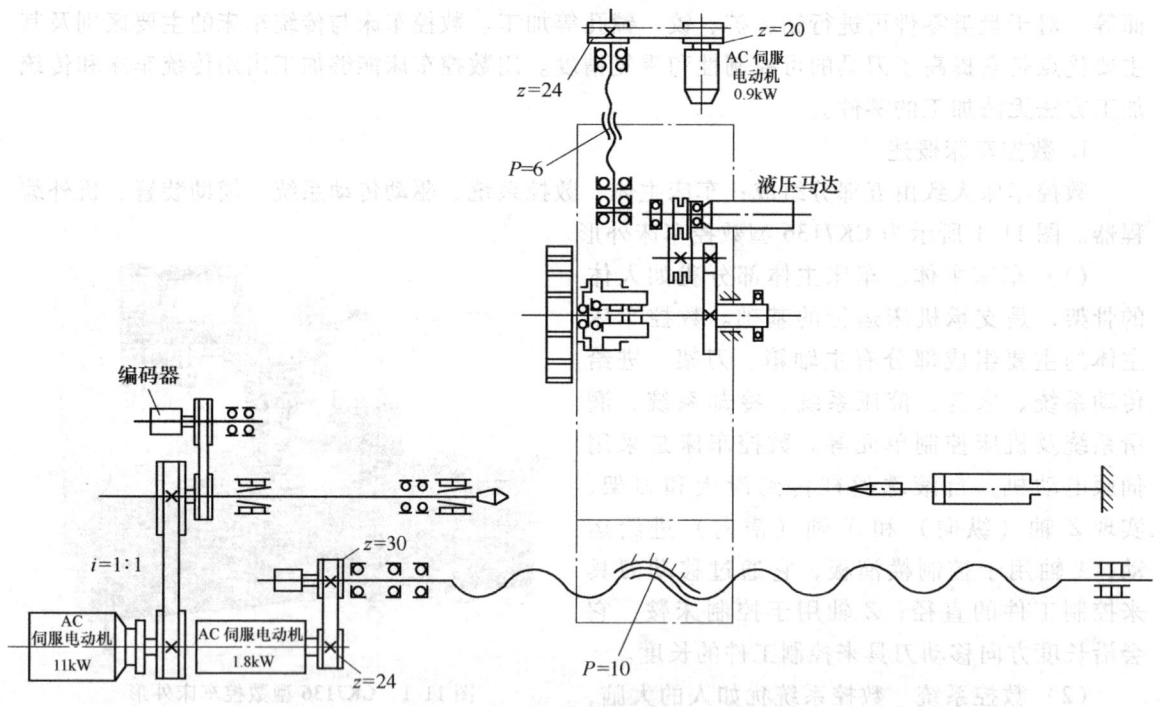

图 11-2 数控车床传动系统

2) 进给传动系统。数控车床的进给传动系统采用伺服电动机(交流伺服、直流伺服或步进电动机)驱动,直接带动滚珠丝杠或通过同步齿形带带动滚珠丝杠,驱动刀架完成纵向和横向的进给运动。其传动方式和结构特点与普通车床截然不同。由于采用了宽调速范围的伺服电动机与伺服系统,快速移动和进给传动均经同一传动路线,进给范围广、快速移动速度快,还能实现准确定位。

数控车床的进给传动系统须具有较高的传动精度,消除传动间隙,正反向传动时没有死区,又能具有较高的灵敏度,快速响应;且降低运动惯量,及时停止或变速;还应使相对运动副之间的摩擦力小,动、静摩擦因数要尽可能相等,以防止低速平移时产生"爬行"现象，影响定位精度和传动精度。

图 11-3 所示为数控车床上进给系统传动机构常用的滚珠丝杠-螺母副，其功能是提高进给系统的灵敏度，以快速响应；提高传动精度和定位精度，特别是消除低速移动时的"爬行"现象。与滑动摩擦的丝杠-螺母副相比，滚珠丝杠-螺母副大大降低了进给系统的摩擦阻力及静摩擦因数和动摩擦因数之差，而两者几乎没有可感的差别，从而满足了上述要求。

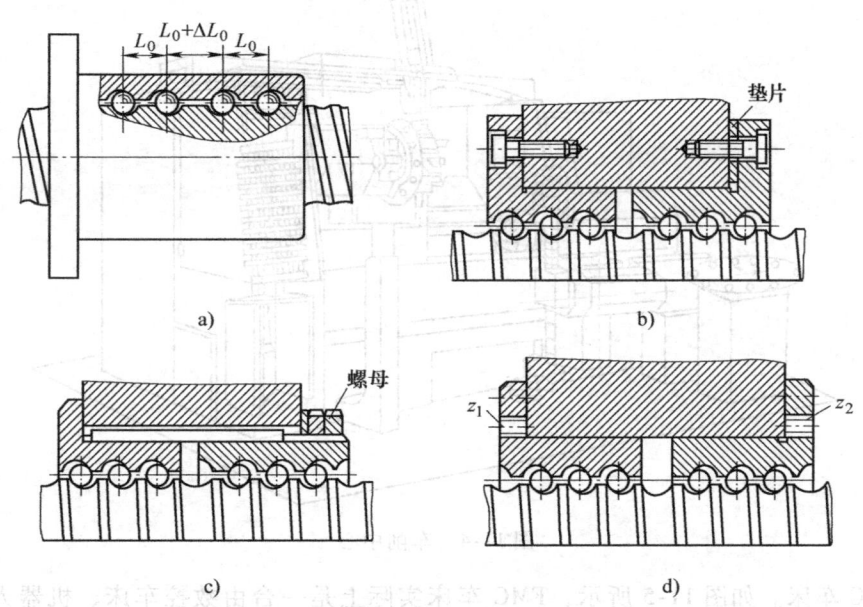

图 11-3 数控车床上进给系统传动机构常用的滚珠丝杠-螺母副
a) 螺母导程左右偏移预紧式 b) 垫片预紧式 c) 螺母预紧式 d) 内齿轮预紧式

（4）辅助装置 辅助装置犹如人在工作时需要的一些工具一样，包括液压与气动系统、冷却系统、润滑系统、排屑装置和照明系统等。除此之外，数控车床还可以有各种配置，例如数控车床可以配备刀具传感系统，可以有两个或多个主轴，可以另外配置刀塔、动力刀头系统、棒料进给系统和对话编程系统等。

（5）机外编程器 机外编程器就是安装了自动编程软件的计算机，当今应用比较多的自动编程软件有 Mastercam、UG、PowerMILL、PRO/E、CATIA 等。自动编程软件都带有仿真功能，除此之外还有一些专用于仿真的软件，如宇龙、斯沃等。

2. 数控车床的分类

随着数控车床制造技术的不断发展，数控车床的品种日渐繁多，数控车床的分类方法也多种多样。以下是常见的几种分类方法：

（1）按数控系统的功能和机械结构分类

1）经济型数控车床。常采用开环伺服控制系统，没有进给位移检测反馈装置，由步进电动机驱动。其控制系统常采用单片机。这类车床结构简单，价格低廉，也没有刀尖圆弧半径自动补偿和恒线速度切削功能。

2）全功能型数控车床。全功能型数控车床一般采用闭环或半闭环控制系统，具有高刚度、高精度和高效率等特点。此类车床具备刀尖圆弧半径补偿和恒线速度切削等功能。

3）车削中心。如图 11-4 示，车削中心是以全功能型数控车床为主体，并配置刀库、换刀装置、分度装置、铣削动力头和机械手等，实现多工序复合加工的机床。在工件一次装夹后，它可完成回转类零件的车、铣、钻、铰、攻螺纹等多种加工工序。其功能全面，但价格较高。

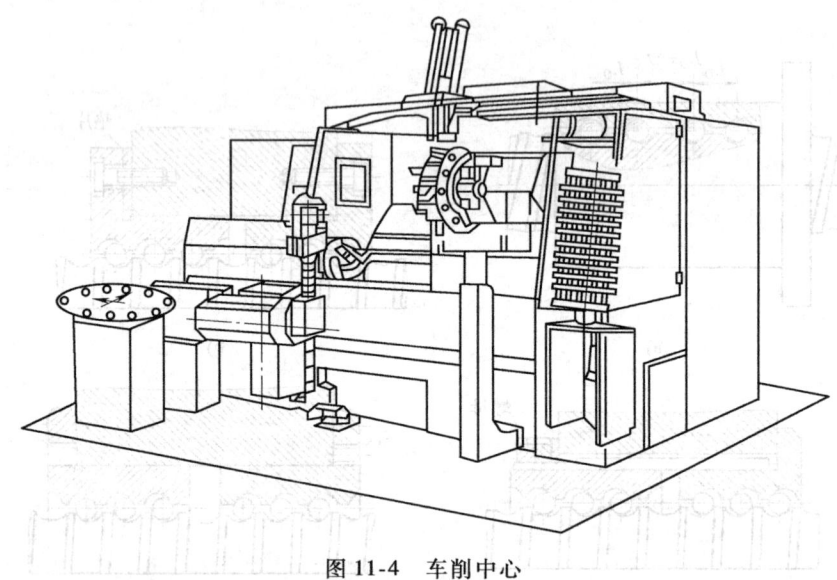

图 11-4　车削中心

4）FMC 车床。如图 11-5 所示，FMC 车床实际上是一台由数控车床、机器人等构成的柔性加工单元，它能实现工件搬运、装卸及加工调整准备的自动化。

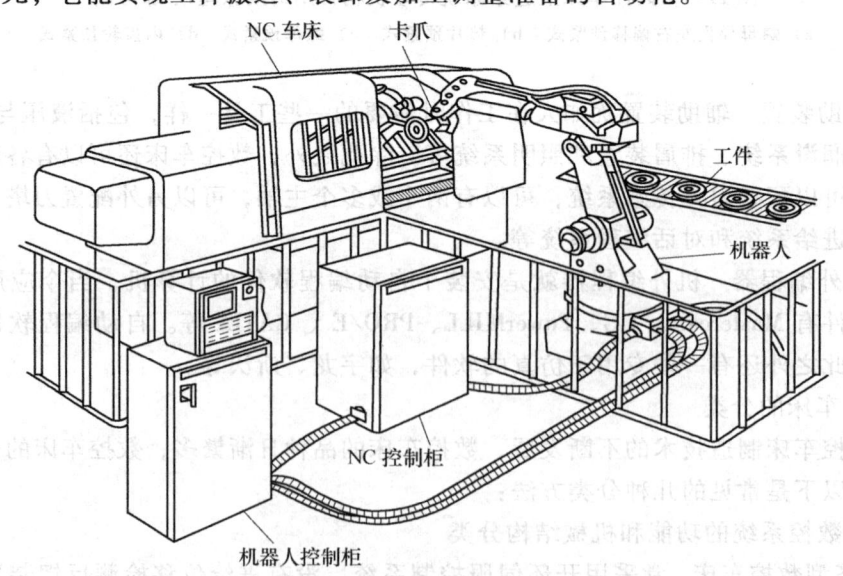

图 11-5　FMC 车床

（2）按主轴的配置形式分类

1）卧式数控车床。卧式数控车床的导轨有水平导轨（图 11-6）和倾斜导轨（图 11-7）

两类。倾斜导轨的结构具有更大的刚性，且易于排屑。此外还有平床身斜滑板卧式车床，如图 11-8 所示。

2）立式数控车床。机床主轴呈垂直状态，工件装夹在圆形工作台上，同普通立式车床一样，这类车床主要加工长度短而直径大的盘状大型复杂件，如图 11-9 所示。

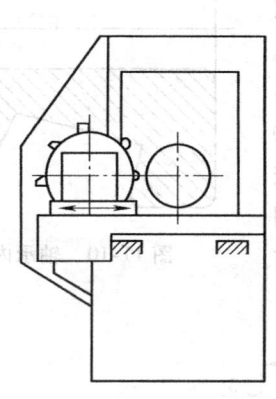

图 11-6　水平导轨

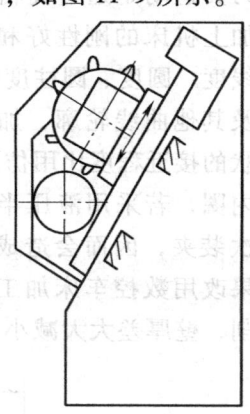

图 11-7　倾斜导轨

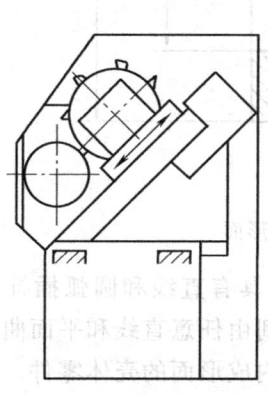

图 11-8　平床身斜滑板

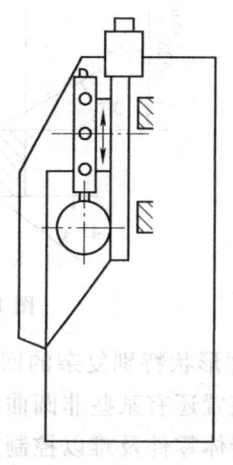

图 11-9　立式数控车床

（3）按数控系统控制的轴数分类

1）两轴控制数控车床。机床上只有一个回转刀架或者两个排刀架，多采用水平导轨，实现两坐标轴控制。

2）四轴控制数控车床。机床上有两个独立的回转刀架，多采用倾斜导轨，可实现四坐标轴控制。

对于车削中心或柔性制造单元，还要增加其他辅助坐标轴来满足机床的功能要求。

3. 数控车床加工的主要对象

数控车床加工精度高，能进行直线和圆弧插补。还有部分车床的数控装置具有某些非圆曲线插补功能以及在加工过程中能自动变速等特点，因此其工艺范围较普通车床宽得多。针对数控车床的特点，下列几种零件最适合数控车削加工：

(1) 精度要求高的回转体零件　由于数控车床刚性好，制造和对刀精度高，以及能方便和精确地进行人工补偿和自动补偿，所以能加工尺寸精度要求较高的零件。此外，数控车削的刀具运动是通过高精度插补运算和伺服驱动来实现的，再加上机床的刚性好和制造精度高，所以它能加工对母线直线度、圆度、圆柱度等形状精度要求高的零件。对于圆弧以及其他曲线轮廓，加工出的形状与图样上所要求的几何形状的接近程度比用仿形车床要高得多。图11-10所示的轴承内圈，若采用液压半自动车床和液压仿形车床加工，需多次装夹，因而会造成较大的壁厚差，达不到图样要求。如果改用数控车床加工，一次装夹即可完成滚道和内孔的车削，壁厚差大大减小，且加工质量稳定。

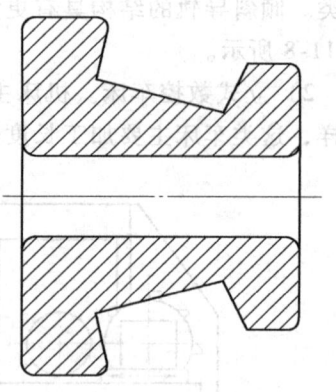

图 11-10　轴承内圈

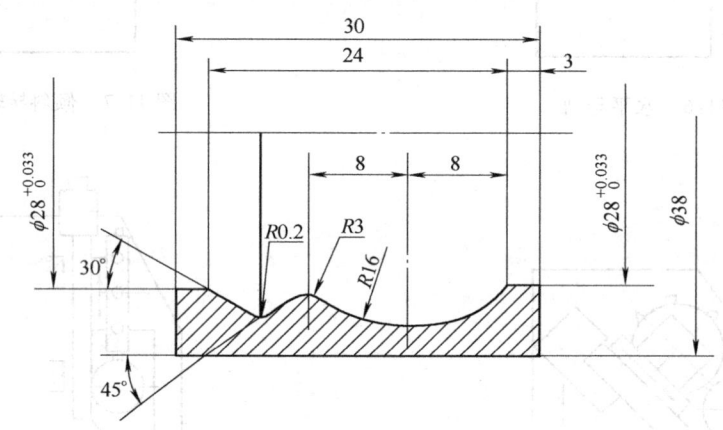

图 11-11　壳体零件封闭内腔的成形面

(2) 轮廓形状特别复杂的回转体零件　由于数控车床具有直线和圆弧插补功能，部分车床的数控装置还有某些非圆曲线插补功能，所以可以车削由任意直线和平面曲线组成的形状复杂的回转体零件及难以控制尺寸的零件，如具有封闭内成形面的壳体零件。图11-11所示为壳体零件封闭内腔的成形面，其"口小肚大"，在普通车床上是无法加工的，而在数控车床上则很容易加工出来。

(3) 表面粗糙度要求高的回转体零件　某些数控车床具有恒线速度切削功能，能加工出表面粗糙度值小而均匀的零件。在材质、精车余量和刀具都已选定的情况下，表面粗糙度值取决于进给量和切削速度。在普通车床上车削锥面和端面时，由于转速恒定不变，致使车削后的表面粗糙度值不一致，只有在某一直径处的表面粗糙度值最小。使用数控车床的恒线速度切削功能，就可选用最佳线速度来切削锥面和端面，使车削后的表面粗糙度值既小又一致。数控车削还适合于车削要求各部位表面粗糙度值不同的零件。要求表面粗糙度值大的部位选用大的进给量，要求表面粗糙度值小的部位选用小的进给量。

(4) 带特殊螺纹的回转体零件　数控车床不但能车削任何等导程的直、锥面螺纹和端面螺纹，而且能车削增导程、减导程及要求等导程与变导程之间平滑过渡的螺纹，还可以车削高精度的模数螺旋零件（如圆柱、圆弧蜗杆）和端面（盘形）螺旋零件等。数控车床可以配备精密螺纹切削功能，再加上一般采用硬质合金成形刀具以及较高的转速，因此车削出来的螺纹精度高、表面粗糙度值小。

4. 数控车床的技术参数

下面以 CJK6140 型数控车床为例作简单介绍。型号 CJK6140 的意义：

C—机床类别代号，车床类。

JK—机床通用性代号，简式数控。

6—组别代号，落地及卧式车床。

1—型别代号，卧式车床型。

40—主参数，最大车削直径为 400mm。

11.2 数控车床安全生产和日常维护

1. 数控车床安全生产

数控车床是速度极高、功率极大的机床，因此，在各种情况下必须严格遵守所有的安全规则与操作指令。

（1）安全操作基本注意事项

1）工作时请穿好工作服、安全鞋，戴好工作帽及防护镜。注意：不允许戴手套操作机床。

2）注意不要移动或损坏安装在机床上的警告标牌。

3）注意不要在机床周围放置障碍物，工作空间应足够大。

4）某一项工作如需要两人或多人共同完成时，只能一人操作，不能出现"抢手"，并注意协调配合。

5）不允许采用压缩空气清洗机床、电气柜及 NC 单元。

（2）工作前的准备工作

1）机床开始工作前要有预热，认真检查润滑系统工作是否正常，如机床长时间未开动，可先采用手动方式向各部分供油润滑。

2）使用的刀具应与机床允许的规格相符，有严重破损的刀具要及时更换。

3）调整刀具所用的工具不要遗忘在机床内。

4）检查大尺寸轴类零件的中心孔是否合适，中心孔如太小，工作中易发生危险。

5）刀具安装好后应进行一两次试切削。

6）检查卡盘夹紧工件的状态。

7）机床开动前，必须关好机床防护门。

（3）工作过程中的安全注意事项

1）禁止用手接触刀尖和铁屑，铁屑必须要用铁钩或毛刷来清理。

2）禁止用手或其他任何方式接触正在旋转的主轴、工件或其他运动部位。

3）禁止在加工过程中测量工件、变速，更不能用棉丝擦拭工件，也不能清扫机床。

4）车床运转中，操作者不得离开岗位，发现异常现象应立即停车。

5）经常检查轴承温度，过高时应找有关人员进行检查。

6) 在加工过程中,不允许打开机床防护门。

7) 严格遵守岗位责任制,机床由专人使用,他人使用须经本人同意。

8) 工件伸出车床 100mm 以外时,须在伸出位置设防护物。

9) 学生必须在操作步骤完全清楚时进行操作,遇到问题立即向教师询问,禁止在不知道规程的情况下进行尝试性操作,操作中如机床出现异常,必须立即向指导教师报告。

10) 手动原点回归时,注意机床各轴位置要距离原点 100mm 以上,机床原点回归顺序为:首先 $+X$ 轴,然后 $+Z$ 轴。

11) 使用手轮或快速移动方式移动各轴位置时,一定要看清机床 X 轴、Z 轴各方向"+""-"号标牌后再移动。移动时先慢转手轮,观察机床移动方向无误后方可加快移动速度。

12) 学生编完程序或将程序输入机床后,须先进行图形模拟,准确无误后再进行机床试运行,并且刀具应离开工件端面 200mm 以上。

13) 程序运行注意事项:①对刀应准确无误,刀具补偿号应与程序调用刀具号相符合;②检查机床各功能按键的位置是否正确;③光标要放在主程序头;④加注适量切削液;⑤站立位置应合适,启动程序时,右手做按停止按钮准备,程序在运行过程中手不能离开停止按钮,如有紧急情况立即按下停止按钮。

14) 加工过程中认真观察切削及冷却状况,确保机床、刀具的正常运行及工件的质量,并关闭防护门,以免铁屑、切削液飞出。

15) 在程序运行过程中须暂停测量工件尺寸时,要待机床完全停止、主轴停转后方可进行测量,以免发生人身事故。

16) 关机时,要等主轴停转 3min 后方可关机。

17) 未经许可,禁止打开电气箱。

18) 各手动润滑点必须按说明书要求润滑。

19) 修改程序的钥匙,在程序调整完后要立即拿掉,不得插在机床上,以免无意改动程序。

20) 无论机床是否使用,每日必须使用切削液循环 0.5h,冬天时间可稍短一些。切削液要定期更换,一般 1~2 个月换一次。

21) 机床若数天不使用,则每隔一天应对 NC 及 CRT 部分通电 2~3h。

(4) 工作完成后的注意事项

1) 清除切屑、擦拭机床,使机床与环境保持清洁状态。

2) 注意检查或更换磨损严重的机床导轨上的油擦板。

3) 检查润滑油、冷却液的状态,及时添加或更换。

4) 依次关掉机床操作面板上的电源和总电源。

2. 数控车床的日常维护

为了使数控车床保持良好的状态,除了发生故障及时修理外,坚持经常的维修保养是非常重要的。坚持定期检查,经常维护保养,可以把许多故障隐患消除在萌芽之中,防止或减少事故的发生。不同型号的数控车床日常保养的内容和要求不完全一样,对于具体机床应按说明书中的规定执行。以下列出几个具有普遍性的日常维护内容:

1) 做好各导轨面的清洁润滑，有自动润滑系统的机床要定期检查，清洗自动润滑系统，检查油量并及时添加润滑油，检查油泵是否定期起动打油及停止。

2) 每天检查主轴箱自动润滑系统工作是否正常，定期更换主轴箱润滑油。

3) 注意检查电气柜中冷却风扇工作是否正常，风道过滤网有无堵塞，清洗黏附的尘土。

4) 注意检查冷却系统，检查液面高度，及时添加油或水，油、水较脏时，应及时更换清洗。

5) 注意检查主轴驱动带，调整松紧程度。

6) 注意检查导轨链条松紧程度，调节间隙。

7) 注意检查机床液压系统油箱、液压泵有无异常，噪声是否正常，管路及各接头有无泄漏。

8) 注意检查机床防护罩是否齐全有效。

9) 注意检查各运动部件的机械精度，减小几何偏差。

10) 每天下班前做好机床卫生工作，清扫切屑，擦净导轨部位的冷却液，防止导轨生锈。

11) 车床起动后，在车床自动连续运转前，必须监视其运转状态。

12) 车床运转时，不得调整刀具和测量工件尺寸，手不得靠近旋转的刀具和工件。

13) 车床工作时，要确保冷却液输出通畅，流量充足。

14) 停机时要除去工件或刀具上的切屑，养成良好的工作习惯。

15) 加工完毕后，关闭电源，清扫车床并涂防锈油。

11.3 数控车床加工工艺

1. 数控车削加工的主要内容

制定机械加工工艺规程的原始资料主要是产品图样、生产纲领、现场加工设备及生产条件等。在原始资料的基础上，并根据生产纲领确定生产类型和生产组织形式之后，可着手进行机械加工工艺规程的制定。制定工艺规程的内容和顺序如下。

1) 分析被加工零件。

2) 选择毛坯。

3) 设计工艺过程，包括划分工艺过程、确定加工方法、安排加工顺序和组合工序等。

4) 工序设计，包括选择机床和工艺装备、确定加工余量、计算工序尺寸及其公差、确定切削用量及计算工时定额等。

5) 编制工艺规程文件。工艺规程文件包括刀具卡、工序卡和程序卡等。

2. 数控车削加工的工艺特点

车削加工的工艺特点就是工件旋转做主运动，车刀做进给运动。车削加工可以在卧式车床、立式车床、转塔车床、仿形车床、自动车床、数控车床以及各种专用车床上进行，主要用来加工各种回转表面，根据所选用的车刀角度和切削用量的不同，车削可分为粗车、半精车和精车等阶段。其中：

粗车的尺寸公差等级为 IT11~IT12，表面粗糙度值为 $Ra12.5 \sim 25\mu m$。

半精车的尺寸公差等级为IT9~IT10,表面粗糙度值为$Ra3.2~6.3\mu m$。

精车的尺寸公差等级为IT7~IT8,表面粗糙度值为$Ra0.6~0.8\mu m$(精车有色金属时可达到$Ra0.4~0.8\mu m$)。

3. 数控车削加工的起刀点、换刀点及刀位点

(1) 起刀点 起刀点是指在数控车床上加工零件时,刀具相对于零件运动的起点。由于程序从该点开始执行,所以起刀点又称对刀点。起刀点可选择在零件上,也可选在零件外面,但必须与零件的定位基准有一定的尺寸关系。

在编制加工程序时,其程序原点通常设定在对刀点位置上。在一般情况下,对刀点既是加工程序执行的起点,也是加工程序执行后的终点,该点的位置可由G54、G50等指令设定。

对刀点位置的选择一般遵循以下原则:

1) 尽量使加工程序的编制工作简单、方便。

2) 便于用常规量具在车床上进行测量,便于工件装夹。

3) 该点的对刀误差较小,或可能引起的加工误差为最小。

4) 尽量使加工程序中的引入(或返回)路线短,并便于换(转)刀。

5) 应选择在与车床约定机械间隙状态(消除或保持最大间隙方向)相适应的位置上,避免在执行其自动补偿时造成"反向补偿"。

(2) 换刀点 换刀点是指刀架转位换刀的位置。换刀点应设在零件或夹具的外部,以刀架转位时不碰零件及其他部件为准。

换刀点是指在编制数控车床多刀加工的加工程序时,相对于车床固定原点而设定的一个自动换刀的位置。换刀点的位置可设定在程序原点、车床固定原点或浮动原点上,其具体的位置应根据工序内容而定。为了防止换刀时碰撞到被加工零件或夹具、尾座而发生事故,除特殊情况外,其换刀点几乎都设置在被加工零件的外面,并留有一定的安全区。

(3) 刀位点 刀位点是指在加工程序编制中,用以表示刀具位置的点。随着加工表面和刀具的不同,刀位点是不一样的。

4. 数控车削加工工艺的确定

(1) 数控车削加工工序制定原则

1) 先粗后精。对于粗、精加工在一道工序内进行的,先对各表面进行粗加工,全部粗加工结束后进行精加工。精加工时,零件的轮廓应由最后一刀连续加工而成。

2) 先近后远。在一般情况下,离对刀点近的部位先加工,以便缩短刀具移动距离。先近后远还有利于保持毛坯件的刚性,改善切削条件。

3) 内外交叉 对于需要同时加工内、外表面的回转体零件,应先进行内、外表面粗加工,再进行内、外表面精加工。

4) 减少换刀次数 对于能满足加工要求的刀具,应尽可能多地利用它完成加工。

5) 基准面先行 用作精基准的表面应优先加工出来,基准面越精确,装夹误差越小。

(2) 进给路线的确定 数控车床进给路线是指车刀从对刀点(或机床固定原点)开始运动起,直至返回该点并结束加工程序所经过的路径,包括切削加工的路径及刀具切入、切出等非切削空行程路径。

因精加工基本上都是沿其零件轮廓按顺序进行的,因此确定进给路线的工作重点是确定粗加工及空行程的进给路线。

在数控车床加工中,进给路线的确定一般要遵循以下几方面原则:

1) 应能保证被加工工件的精度和表面粗糙度。
2) 使进给路线最短,减少空行程时间,提高加工效率。
3) 尽量减小数值计算的工作量,简化加工程序。
4) 对于某些重复使用的程序,应使用子程序。

(3) 车刀的类型及选用

1) 车刀的类型。常用车刀的刀位点如图 11-12 所示。数控车削用的车刀一般分为三类,即尖形车刀、圆弧形车刀和成形车刀。

① 尖形车刀。以直线形切削刃为特征的车刀一般称为尖形车刀。如 90°左、右端面车刀,切槽 (断) 刀及刀尖倒棱很小的各种外圆和内孔车刀。用这类车刀加工时,零件的轮廓形状主要由直线形主切削刃位移后得到。

② 圆弧形车刀。圆弧形车刀的特征是:主切削刃的形状为圆度误差或线轮廓度误差很小的圆弧。该圆弧形切削刃上的每一点都是圆弧形车刀的刀尖,因此,刀位点不在圆弧上,而在该圆弧的圆心上,编程时要进行刀具半径补偿。

③ 成形车刀。成形车刀俗称样板车刀,其加工零件的轮廓形状完全由车刀切削刃的形状和尺寸决定。数控车削加工中,常见的成形车刀有小半径圆弧车刀、非矩形切槽刀和螺纹车刀等。在数控加工中,应尽量少用或不用成形车刀,当确有必要选用时,则应在工艺准备的文件或加工程序单上进行详细说明。

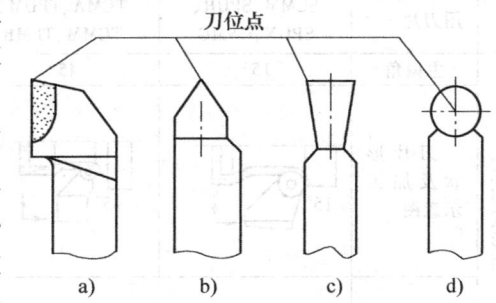

图 11-12 常用车刀的刀位点
a) 90°外圆车刀 b) 尖头车刀
c) 割刀 d) 球头车刀

2) 机夹可转位车刀的选用。为了减少换刀时间和方便对刀,便于实现机械加工的标准化,一般采用机夹刀和机夹刀片。机夹刀片常采用可转位车刀。数控车床常用的机夹可转位车刀的结构形式如图 11-13 所示。

① 刀片材质的选择。应用最多的是硬质合金和涂层硬质合金。选择刀片材质的主要依据是被加工工件的材料、被加工表面的精度、表面质量要求、切削载荷的大小以及切削过程有无冲击和振动等。

② 可转位车刀的选用。

a. 刀片的紧固方式。在国家标准中,一般紧固方式有上压 (代码为 C)、上压与销孔夹紧 (代码 M)、销孔夹紧 (代码 P) 和螺钉夹紧 (代码 S) 四种。

b. 刀片外形及尺寸的选择。刀片外形与加工的对象、刀具的主偏角、刀尖角和有效切削刃数等有关。在选用时,应根据加工条件恶劣与否,按重、中、轻切削有针对性地选择。在机床刚性、功率允许的条件下,大余量、粗加工应选用刀尖角较大的刀片,反之,机床刚性和功率小、小余量、精加工时宜选用较小刀尖角的刀片。常见可转位车刀刀片形状及角度见表 11-1。

表 11-1 常见可转位车刀刀片形状及角度

车削外圆表面	主偏角	45°	45°	60°	75°	95°
	刀片形状及加工示意图	45°	45°	60°	75°	95°
	推荐选用刀片	SCMA、SPMR、SCMM、SNMM-8、SPUN、SNMM-9	SCMA、SPMR、SCMM、SNMG、SPUN、SPGR	TCMA、TNMM-8、TCMM、TPUN	SCMM、SPUM、SCMA、SPMR、SNMA	CCMA、CCMM、CNMM-7
车削端面	主偏角	75°	90°	90°	95°	
	刀片形状及加工示意图	75°	90°	90°	95°	
	推荐选用刀片	SCMA、SPMR、SCMM、SPUR、SPUN、CNMG	TNUN、TNMA、TCMA、TPUM、TCMM、TPMR	CCMA	TPUN、TPMR	
车削成形面	主偏角	15°	45°	60°	90°	93°
	刀片形状及加工示意图	15°	45°	60°	90°	
	推荐选用刀片	RCMM	RNNG	TNMM-8	TNMG	TNMA

刀片尺寸的大小取决于必要的有效切削刃长度 L。有效切削刃长度与背吃刀量 a_p 和车刀的主偏角 κ_r 有关（图 11-14），使用时可查阅刀具手册选取。

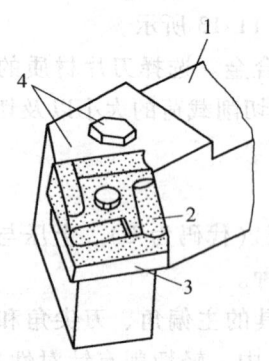

图 11-13 机夹可转位式车刀的结构形式

1—刀杆 2—刀片 3—刀垫 4—夹紧元件

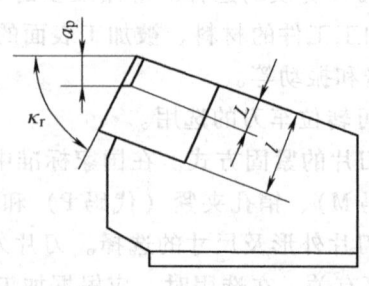

图 11-14 有效切削刃长度与背吃刀量和主偏角的关系

c. 刀杆头部形式的选择。刀杆头部形式按主偏角和直头、弯头分有 15～18 种，各形式规定了相应的代码，国家标准和刀具样本中都一一列出，可以根据实际情况选择。

d. 刀片后角的选择。常用的刀片后角有 N 型（0°）、C 型（7°）、P 型（11°）、E 型（20°）等。一般粗、半精加工可用 N 型；半精、精加工可用 C 型和 P 型。图 11-15 所示为常见可转位车刀刀片。

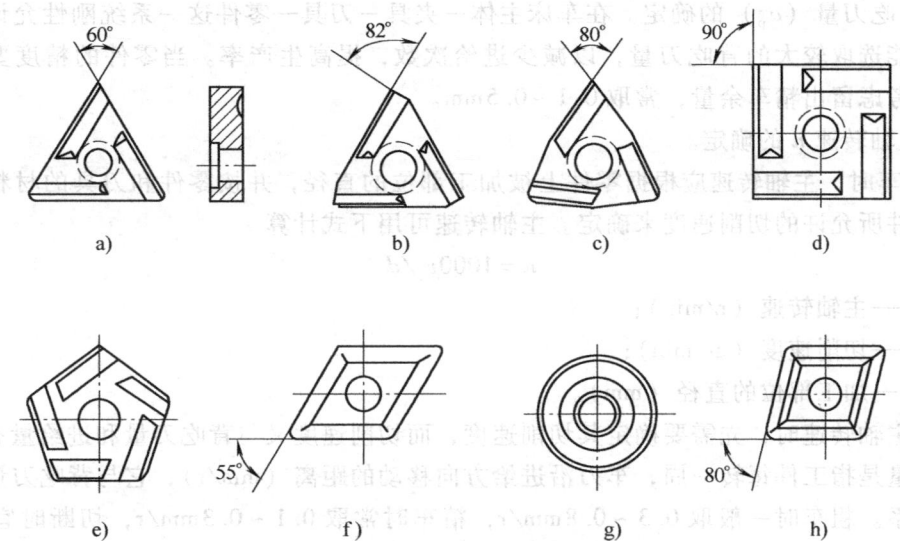

图 11-15 常见可转位车刀刀片
a) T 型 b) F 型 c) W 型 d) S 型 e) P 型 f) D 型 g) R 型 h) C 型

e. 左右手刀柄的选择。左右手刀柄有 R 型（右手）、L 型（左手）、N 型（左右手）三种。选择时要考虑车床刀架是前置式还是后置式、主轴的旋转方向以及需要的进给方向等。

f. 刀尖圆弧半径的选择。刀尖圆弧半径不仅影响切削效率，而且关系到被加工表面的粗糙度及加工精度。从刀尖圆弧半径与最大进给量的关系来看，最大进给量不应超过刀尖圆弧半径尺寸的 80%，否则将恶化切削条件。因此，从断屑可靠出发，通常小余量、小进给量车削加工应采用小的刀尖圆弧半径，反之宜采用较大的刀尖圆弧半径。

粗加工时，注意以下几点：

ⓐ 为提高切削刃强度，应尽可能选取大刀尖圆弧半径的刀片。大刀尖圆弧半径可允许大进给量。

ⓑ 在有振动倾向时，选择较小的刀尖圆弧半径的刀片。

ⓒ 常用刀尖圆弧半径为 1.2～1.6mm。

ⓓ 粗车时进给量不能超过表 11-2 给出的最大进给量，作为经验法则，一般进给量可取刀尖圆弧半径的一半。

精加工时，注意以下几点：

ⓐ 精加工的表面质量不仅受刀尖圆弧半径和进给量的影响，还和机床的整体条件等因素有关。

ⓑ 在有振动倾向时，选择较小的刀尖圆弧半径的刀片。

③ 非涂层刀片比涂层刀片加工的表面质量高。

表 11-2　不同刀尖圆半径时的最大进给量

刀尖圆弧半径/mm	0.4	0.8	1.2	1.6	2.4
最大进给量/(mm/r)	0.25~0.35	0.4~0.7	0.5~1.0	0.7~1.3	1.0~1.8

(4) 选择车削用量　数控车削加工中的切削用量：背吃刀量、主轴转速或切削速度、进给速度或进给量。

1) 背吃刀量（a_p）的确定。在车床主体—夹具—刀具—零件这一系统刚性允许的条件下，尽可能选取较大的背吃刀量，以减少进给次数，提高生产率。当零件的精度要求较高时，则应考虑留出精车余量，常取 0.1~0.5mm。

2) 主轴转速 n 的确定。

① 光车时，主轴转速应根据零件上被加工部位的直径，并按零件和刀具的材料及加工性质等条件所允许的切削速度来确定。主轴转速可用下式计算

$$n = 1000v_c/d$$

式中　n——主轴转速（r/min）；

　　　v_c——切削速度（m/min）；

　　　d——加工部位的直径（mm）。

确定主轴转速时，先需要确定其切削速度，而切削速度又与背吃刀量和进给量有关。

进给量是指工件每转一周，车刀沿进给方向移动的距离（mm/r），它与背吃刀量有着较密切的关系。粗车时一般取 0.3~0.8mm/r，精车时常取 0.1~0.3mm/r，切断时宜取 0.05~0.2mm/r。

切削速度又称线速度，是指车刀切削刃上某一点相对于待加工表面在主运动方向上的瞬时速度。加工时的切削速度除了参考背吃刀量和进给量外，主要根据实践经验进行确定。

② 车削螺纹时，车床的主轴转速将受到螺纹的螺距（或导程）大小、驱动电动机的升降频特性及螺纹插补运算速度等多种因素的影响，故对于不同的数控系统，推荐有不同的主轴转速选择范围。如大多数经济型车床数控系统推荐车螺纹时的主轴转速 n 为

$$n \leq \frac{1200}{Ph} - K$$

式中　Ph——工件螺纹的导程（mm），英制螺纹为相应换算后的毫米值；

　　　K——保险系数，一般取为 80。

3) 进给速度 v_f 的确定。进给速度是指在单位时间里，刀具沿进给方向移动的距离（mm/min）。有些数控车床规定可以选用以进给量（mm/r）表示的进给速度。进给速度的大小直接影响表面粗糙度和车削效率，因此应在保证表面质量的前提下，选择较高的进给速度。一般应根据零件的表面粗糙度、刀具及工件材料等因素，查阅切削用量手册选取。切削用量手册给出的是每转进给量，因此要根据 $v_f = fn$ 计算进给速度。

5. 确定装夹方法

(1) 定位基准的选择　在数控车削中，应尽量让零件在一次装夹下完成大部分甚至全部表面的加工。对于轴类零件，通常以零件自身的外圆柱面作定位基准；对于套类零件，则以内孔作定位基准。

(2) 常用车削夹具和装夹方法　在数控车床上装夹工件时，应使工件相对于车床主轴

轴线有一个确定的位置,并且在工件受到各种外力的作用下仍能保持其既定位置。常用装夹方法有自定心卡盘装夹、一夹一顶装夹、两顶尖装夹、单动卡盘装夹、花盘角铁装夹等。

11.4 数控车床编程

1. 数控车床编程的主要内容和步骤

(1) 分析零件图　正确地分析零件图,确定零件的加工部位,根据零件图的技术要求,分析零件的形状、基准面、尺寸公差和表面粗糙度要求。

(2) 工艺处理　在对零件图进行分析后,确定零件的装夹定位方法、加工路线、刀具及切削用量等工艺参数。

(3) 数值计算　根据零件图、刀具的进给路线和设定的编程坐标系来计算刀具运动轨迹的坐标值。

(4) 编写程序以及程序仿真　根据所计算出的刀具运动轨迹坐标值和确定的切削用量以及辅助动作,结合数控系统规定使用的指令代码及程序段格式,编写加工程序。为了检验程序是否正确,可通过数控系统的图形模拟功能来显示刀具轨迹,或用机床空运行来检验机床运动轨迹,以此来检查刀具运动轨迹是否符合加工要求。

(5) 试切工件　用图形模拟功能和机床空运行来检验机床运动轨迹,只能检验刀具的运动轨迹是否正确,不能检查加工精度。因此,还应进行零件的试切。

2. 分析零件图

分析零件图是工艺制定中的首要工作,主要包括以下内容:

(1) 结构工艺性分析　在数控车床上加工零件时,应根据数控车削的特点,认真审查零件结构的合理性。例如图 11-16a 所示的零件,需用三把不同宽度的切槽刀切槽,如无特殊需要,这显然是不合理的。若改成图 11-16b 所示的结构,只需一把切槽刀即可切出三个槽,既减少了刀具数量,少占了刀架刀位,又节省了换刀时间。

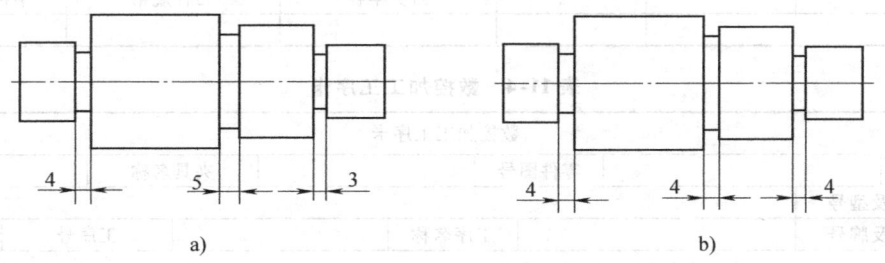

图 11-16　机构工艺性分析
a) 不合理　b) 合理

(2) 轮廓几何要素分析　由于设计等多方面的原因,可能在图样上出现构成加工轮廓的条件不充分,尺寸模糊不清及缺陷,增加了编程工作的难度,有的甚至无法编程。图 11-17a 所示的圆弧与斜线要求为相切关系,但经计算得知却是相交关系;又如图 11-17b 所示图样上给定的几何条件自相矛盾,图样上各段长度之和不等于总长度。存在几何要素缺陷的零件是编不出正确的程序的。

(3) 精度及技术要求分析　精度及技术要求分析的主要内容包括:精度及各项技术要

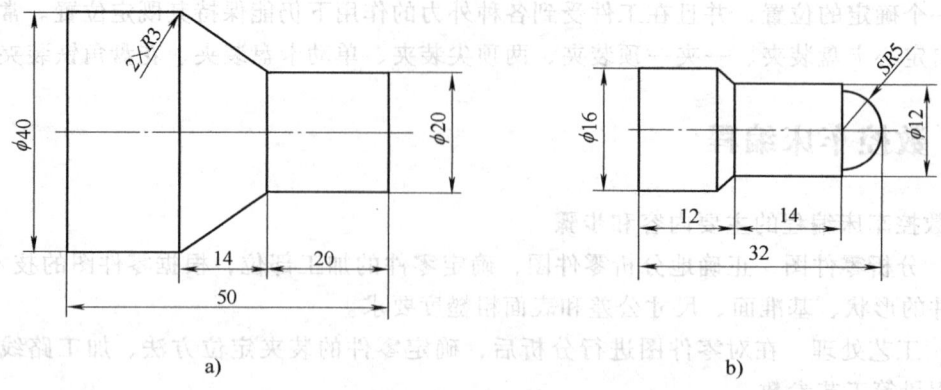

图 11-17 几何要素缺陷

求是否齐全、合理；本工序的数控车削加工精度能否达到图样要求，若达不到，需采取其他措施（如磨削）弥补的话，则应给后续工序留有加工余量；找出图样上有位置精度要求的表面，这些表面应在一次安装下完成；对表面粗糙度要求较高的表面，应确定用恒线速度切削。

3. 工艺处理

在对零件图进行分析后，确定零件的装夹定位方法、进给路线、刀具及切削用量等工艺参数，制定工艺规程，完成数控车削加工文档的制定，这些文档包括装夹示意图、刀具卡（表 11-3）、工序卡（表 11-4）、程序卡及各种专用刀具图。

表 11-3 数控加工刀具卡

数控加工刀具卡							
零件名称				零件图号			
设备名称		设备型号			程序号		
材料名称及牌号			工序名称		工序号		
序号	刀具编号	刀具名称	刀片材料牌号	刀具参数		刀补地址	
				刀尖半径	刀杆规格	半径	形状

表 11-4 数控加工工序卡

数控加工工序卡									
零件名称			零件图号			夹具名称			
设备名称及型号									
材料名称及牌号				工序名称			工序号		

工步号	工步内容	切削用量				刀具		量具	
		v_f	n	f	a_p	编号	名称	编号	名称
								（该列不填）	

4. 数值计算

根据零件图、刀具的加工路线和设定的编程坐标系来计算刀具运动轨迹的坐标值。

（1）编程的特点　在实际编程前，应根据机床特点和工艺分析来确定加工方案，保证车床能正确运转，然后再进一步决定各工序详细的切削方法，其内容如图 11-18 所示。

（2）建立工件坐标系

1）机床坐标系。数控机床的坐标系采用右手直角笛卡儿坐标系，如图 11-19 所示。

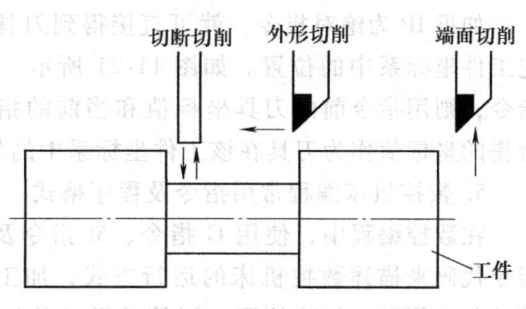

图 11-18　车削编程前的准备工作

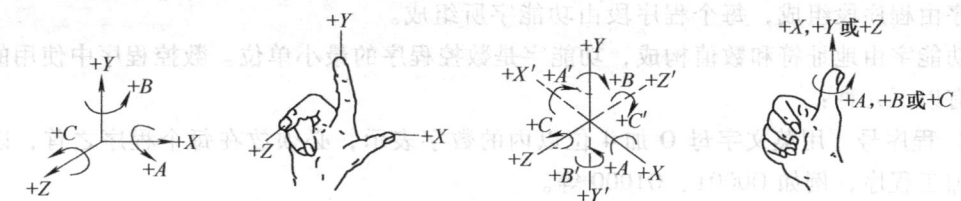

图 11-19　右手直角笛卡儿坐标系

机床原点是机床上的一个固定点，由机床制造厂家设定。数控车床的机床原点一般定义在主轴旋转中心线与卡盘前盘面的交点上。

参考点也是机床上的一固定点，是在机床设计与调试时，在各坐标轴方向上设定一些固定位置以完成特定功能而设置的参考位置。其固定位置由 X 向与 Z 向的机械挡块及电动机零点位置来确定。机械挡块一般设定在 Z 轴正向最大位置处。

数控车床的机床坐标系，就是以机床原点为坐标系的原点建立的一个由 Z 轴与 X 轴构成的直角坐标系，它是机床固有的坐标系，一般不允许随意改动。数控车床上，以主轴轴线方向为 Z 轴方向，刀具远离工件的方向为 Z 轴的正方向。X 轴方向是工件的径向，且平行于横向拖板，刀具离开工件旋转中心的方向为 X 轴正方向。

2）工件坐标系。对零件图的尺寸标注是以设定的设计基准点为基准而进行的，该基准点就是工件的原点，同时也是编程的基准点，即编程原点。

工件坐标系就是编程人员在编程过程中使用的，以工件原点为坐标系原点的由 Z 轴和 X 轴构成的直角坐标系。图 11-20 所示为数控机床坐标系的关系。

建立工件坐标系的指令格式为：

G50 IP＿；

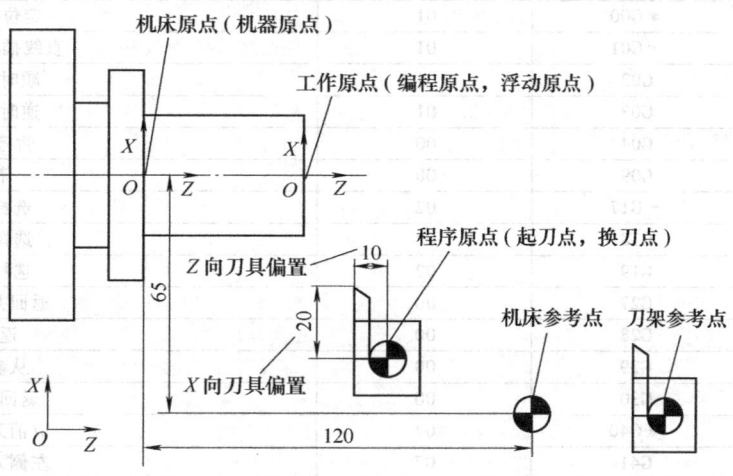

图 11-20　数控机床坐标系的关系

如果 IP 为绝对指令,就可直接得到刀具在当前设定工件坐标系中的位置。如图 11-21 所示,IP 为增量指令,则用指令前的刀具坐标值和当前的指令值相加所得的坐标值作为刀具在该工件坐标系中的位置。

5. 数控机床编程常用指令及程序格式

在数控编程中,使用 G 指令、M 指令及 F、S、T 指令代码来描述数控机床的运行方式,加工类别,主轴的起、停,冷却液的开、闭等辅助功能以及规定进给速度、主轴转速、选择刀具等。

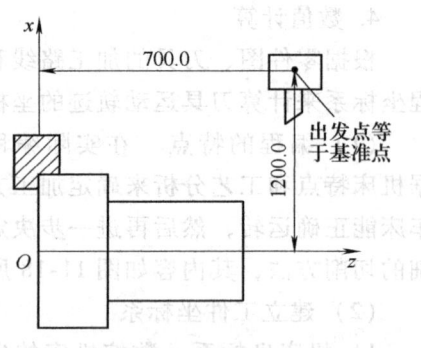

图 11-21　用"G50 X1200.0 Y700.0;"
建立工件坐标系

数控程序常用字地址程序段格式。该格式中数控加工程序由程序段组成,每个程序段由功能字所组成。例如:功能字由地址符和数值构成,功能字是数控程序的最小单位。数控程序中使用的功能字主要有以下几种:

(1) 程序号　用英文字母 O 加 4 位以内的数字表示,必须放在每个程序之首,以区别不同的加工程序,例如 O0001、O1000 等。

(2) 程序段号　用英文字母 N 加 5 位以内的数字表示,必须放在每个程序段之首,以区别每个程序段,例如 N10、N1000 等。

(3) 准备功能字　也称 G 功能,用英文字母 G 加两位数字表示,有 G00~G99 共 100 种。该指令的作用是指定数控机床的加工方式,为数控装置的插补运算、刀具补偿、固定循环等做好准备。准备功能字见表 11-5。从表中可以看到,G 代码被分成了不同的组,这是由于大多数的 G 代码是模态的。所谓模态 G 代码,是指这些 G 代码不只在当前的程序段中起作用,而且在以后的程序段中一直起作用,直到程序中出现另一个同组的 G 代码为止,同组的模态 G 代码控制同一个目标但起不同的作用,它们之间是不相容的。00 组的 G 代码是非模态的,这些 G 代码只在它们所在的程序段中起作用。标有 * 号的 G 代码是上电时的初始状态。G01 和 G00、G90 和 G91 上电时的初始状态由参数决定。

表 11-5　准备功能字

G 代码	分组	功　　能
* G00	01	定位(快速移动)
* G01	01	直线插补(进给速度)
G02	01	顺时针圆弧插补
G03	01	逆时针圆弧插补
G04	00	暂停,精确停止
G09	00	精确停止
* G17	02	选择 OXY 平面
G18	02	选择 OXZ 平面
G19	02	选择 OYZ 平面
G27	00	返回并检查参考点
G28	00	返回参考点
G29	00	从参考点返回
G30	00	返回第二参考点
* G40	07	取消刀具半径补偿
G41	07	左侧刀具半径补偿
G42	07	右侧刀具半径补偿

(续)

G 代码	分组	功　能
G43	08	刀具长度补偿 +
G44	08	刀具长度补偿 -
*G49	08	取消刀具长度补偿
G52	00	设置局部坐标系
G53	00	选择机床坐标系
*G54	14	选用 1 号工件坐标系
G55	14	选用 2 号工件坐标系
G56	14	选用 3 号工件坐标系
G57	14	选用 4 号工件坐标系
G58	14	选用 5 号工件坐标系
G59	14	选用 6 号工件坐标系
G60	00	单一方向定位
G61	15	精确停止方式
*G64	15	切削方式
G65	00	宏程序调用
G66	12	模态宏程序调用
*G67	12	模态宏程序调用取消
G73	09	深孔钻削固定循环
G74	09	攻左旋螺纹固定循环
G76	09	精镗固定循环
*G80	09	取消固定循环
G81	09	钻削固定循环
G82	09	钻削固定循环
G83	09	深孔钻削固定循环
G84	09	攻螺纹固定循环
G85	09	镗削固定循环
G86	09	镗削固定循环
G87	09	反镗固定循环
G88	09	镗削固定循环
G89	09	镗削固定循环
*G90	03	绝对值指令方式
*G91	03	增量值指令方式
G92	00	工件零点设定
*G98	10	固定循环返回初始点
G99	10	固定循环返回 R 点

常用的 G 指令有以下几种：

1）坐标系有关指令。G90、G91、G92 为坐标指令：

G90 为绝对尺寸编程指令。此指令表示程序段中的编程尺寸按绝对坐标给定，所有的坐标尺寸数字都是相对于固定的编程原点（工件原点）给出的。

G91 为相对（增量）尺寸编程指令。此指令表示程序段中的编程尺寸按相对坐标给定，程序段的终点坐标都是相对于起点给出的。有些数控机床允许用绝对值和增量值混合编程，但一般在同一个程序中只用一种坐标指令。

G92 为工件坐标系设定指令。执行 G92 指令后，也就确定了刀具刀位点的初始位置与工件坐标系坐标原点的相对距离。该指令仅用于设定坐标系，并不使刀具或工件产生运动。对于具有机床坐标原点的数控机床，当采用绝对坐标编程时，第一个程序段的指令通常是设定对刀点坐标值指令，用以规定对刀点在零件坐标系中的坐标值。

2) 坐标平面选择指令。此指令包括 G17、G18、G19。G17 指令用于指定零件在 OXY 平面上加工，G18 和 G19 则分别用于指定零件在 OXZ 和 OYZ 平面上加工。这些指令在进行圆弧插补、刀具补偿时必须使用。但如果数控系统只有在一个坐标平面上的加工功能时，则在程序中可省略这些指令不写。

3) 快速点定位指令。G00 为快速点定位指令。它指令刀具以点位控制方式从刀具所在点快速移动到下一个目标位置。它只是快速定位，而无运动轨迹要求。在程序中使用了 G00 后，进给速度指令 F 无效，刀具从所在点以数控系统预先调定的最大进给速度快速移至坐标系的另一点。

4) 直线插补指令。G01 为直线插补指令。它用于产生直线或斜线运动，可使机床沿 X、Y、Z 方向执行单轴运动，或在各坐标平面内执行具有任意斜率的直线运动，也可使三轴联动机床沿空间任意直线运动。刀具移动的坐标值可以是增量方式或绝对方式，其程序格式为"G01 X＿ Y＿ Z＿；"。其中，"＿"表示在此输入数值。当采用绝对坐标编程时，直线终点坐标值是相对于机床原点的绝对坐标；当采用相对坐标编程时，直线终点坐标值是相对于当前刀具位置的坐标。

5) 圆弧插补指令。G02、G03 是圆弧插补指令。它使机床在规定的坐标平面内执行圆弧插补运动，切削出圆弧轮廓。G02 为顺时针圆弧插补指令，G03 为逆时针圆弧插补指令。圆弧的顺、逆时针方向可按图 11-22 中给出的方向判断，即沿垂直于圆弧所在平面（如 OXZ 平面）的坐标轴的负方向（$-Y$）观察，确定圆弧的顺、逆时针方向。使用圆弧插补指令之前，必须应用平面选择指令，指定圆弧插补平面。圆弧加工程序段的格式为：

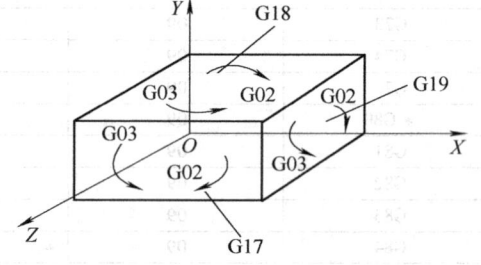

图 11-22 圆弧的顺、逆时针方向

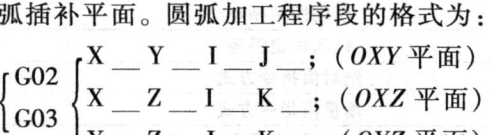

其中，圆弧终点坐标用地址符 X、Y、Z 表示，其后的数值是圆弧终点的坐标分量；圆弧起点坐标用地址符 I、J、K 表示，其值表示圆弧起点相对于圆心的相对坐标值。有些数控系统可使用地址符 R（半径参数），此时不使用起点坐标，其编程方法参考数控系统的具体规定。

6) 刀具半径补偿指令。G40、G41、G42 为刀具半径补偿指令。数控装置大部分具有刀具半径补偿功能，为程序编制提供了方便。当编制零件的加工程序时，不需要计算刀具的中心运动轨迹，只需要按零件轮廓编程，使用刀具半径补偿指令，并在控制面板上利用键盘（CRT/MDI）人工输入刀具半径，数控装置便能自动地计算出刀具的中心轨迹，并按刀具的中心轨迹运动。当刀具磨损或重磨后，刀具半径变小，只需要手工输入改变后的刀具半径，而不必修改已编好的程序。在用同一把刀具进行粗、精加工时，设精加工余量为 Δ，则粗加工的补偿量为 $R+\Delta$，而精加工的补偿量为 R 即可，如图 11-23 所示。

G41 为左偏刀具半径补偿指令。假定工件不动，沿刀具运动方向看，刀具位于零件轮廓左侧时的刀具半径补偿即为左偏刀具半径补偿，如图 11-23 中的 $A'E'D'C'B'A'$ 进给路线。

G42 为右偏刀具半径补偿指令。同样假定工件不动，沿刀具运动方向看，刀具位于零件轮廓右侧时的刀具半径补偿即为右偏刀具半径补偿，如图 11-23 中的 $A'B'C'D'E'A'$ 进给路线。

G40 为刀具半径补偿撤销指令，使用此指令后 G41 和 G42 的功能失效。

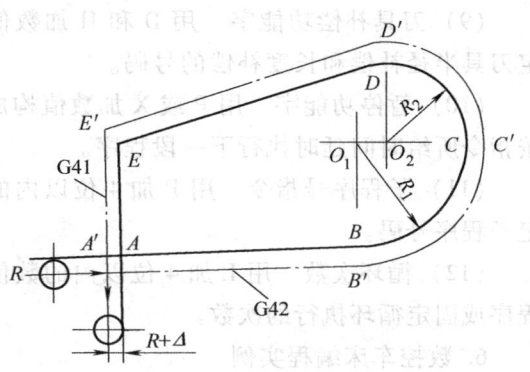

图 11-23 刀具半径补偿

7) 暂停（延时）指令。G04 为暂停指令。该指令可使刀具做短时间的无进给光整加工，用于切槽、镗平面和锪孔等场合，其程序格式为"G04 X（F）＿；"。X 或 F 后面跟的数字一般代表延时时间（时间的最小单位视数控装置不同而异，一般为 ms），或是刀具或工件的转数。

(4) 尺寸字　尺寸字用于指定数控加工中刀具的移动位置或移动距离，由地址符加数值构成。它主要包括以下几项：

1) 坐标轴的移动位置如 X10、Y10 等。
2) 附加轴的移动位置。如 A45、B90 等。
3) 圆弧圆心坐标位置。在进行圆弧插补时用来指定圆弧圆心的坐标值，用 I、J、K 加数值表示，例如 I30、J30 等。

(5) 进给速度字　用 F 加数值表示加工的进给速度，如 F10 表示以 10mm/min 的速度进给。

(6) 主轴功能字　用 S 加数值表示加工时主轴的回转速度，如 S500 表示主轴转速为 500r/min。

(7) 刀具功能字　用 T 加数值表示选择某一把刀具用于加工。

(8) 辅助功能指令　辅助功能也称 M 功能，是用英文字母 M 加两位数字表示的指令，有 M00～M99 共 100 种。主要用作机床加工时的工艺性指令，如主轴的起动、正反转、停止、切削液的开关等，见表 11-6。

表 11-6　辅助功能 M 代码及其功能

代码	功能说明	代码	功能说明
M00	程序停止	M09	切削液停止
M01	选择停止	M21	X 轴镜像
M02	程序结束	M22	Y 轴镜像
M03	主轴正转	M23	镜像取消
M04	主轴反正	M30	程序结束
M05	主轴停止	M98	调用子程序
M08	切削液打开	M99	子程序结束

（9）刀具补偿功能字 用 D 和 H 加数值分别指定刀具半径补偿和长度补偿的号码。

（10）暂停功能字 用 P 或 X 加数值构成，可以按指令所给时间延时执行下一段程序。

（11）子程序号指令 用 P 加 4 位以内的数值指定子程序号码。

（12）循环次数 用 L 加 4 位以内的数值指定子程序或固定循环执行的次数。

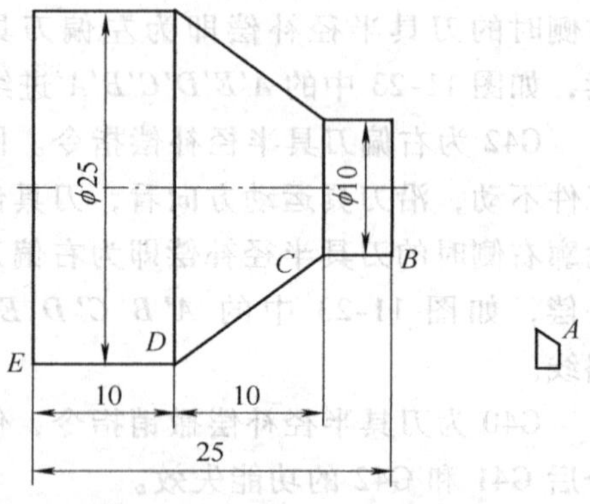

6. 数控车床编程实例

编制图 11-24 所示工件的数控加工程序。

图 11-24 数控车床编程实例

程序	说明
O0001；	程序名
N10 M03 S600 T100；	主轴正转，调用 1 号刀具
N20 G50 X10 Z10；	建立工件坐标系
N30 G00 X10 Z0；	进给 A→B
N40 G01 X10 Z–5 F100；	进给 B→C
N50 X25 Z–15；	进给 C→D
N60 Z–25；	进给 D→E
N70 X27	
N80 G00 X27 Z10；	N70～N90，进给 E→A
N90 X20	
N100 M05；	主轴停转
N110 M30；	程序结束

11.5 典型零件数控车削综合实例

图 11-25 所示零件是一个典型的异型面零件，它具有复杂的外轮廓，包括圆弧相交、圆锥面、切槽以及螺纹等。

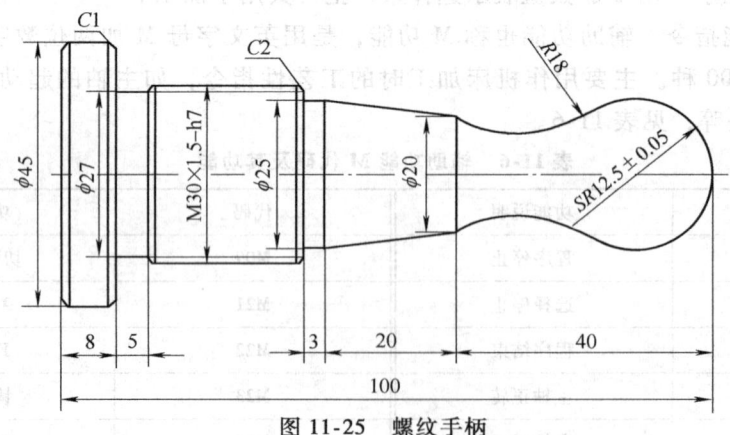

图 11-25 螺纹手柄

1. 工艺分析

该零件的加工包括复杂外形面加工、切槽、螺纹加工和切断等典型工序。选择刀具与切削用量，刀具卡见表 11-7，工序卡见表 11-8。

表 11-7 刀具卡

产品名称或代号		数控车削实训件	零件名称		螺纹手柄	零件图号	01
序号	刀号	刀具规格名称	数量		加工表面	刀尖圆弧半径/mm	备注
1	T01	45°硬质合金端面刀	1		车端面	0.5	
2	T02	93°右手外圆偏刀	1		自右至左粗车外表面	1.0	
3	T03	93°右手外圆偏刀	1		自右至左精车外表面	0.5	
4	T04	60°螺纹车刀	1		普通螺纹加工		
5	T05	切断刀	1		切退刀槽		刀宽 B = 3

表 11-8 工序卡

单位名称		××××	产品名称或代号	零件名称		零件图号	
			数控车削实训件	螺纹手柄		01	
工序号		程序编号	夹具名称	使用设备		车间	
001			自定心卡盘	CJK6240 型数控车床		数控中心	
工步	工步内容	刀具号	刀具规格 /(mm × mm)	主轴转速 /r·min^{-1}	进给速度 /mm·min^{-1}	切削深度 /mm	备注
1	车端面	T01	20×20	320		0.5	
2	自右至左粗车外表面	T02	25×25	320	150	2	
3	自右至左精车外表面	T03	25×25	320	100	0.5	
4	切退刀槽	T05	20×20	200		0.5	
5	加工螺纹	T04	20×20	320	1.5mm/r	0.5	
6	切断	T04	20×20	320	80	0.5	

2. 加工程序及操作步骤

加工步骤如下:

1) 车端面。用自定心卡盘装夹毛坯一端,在"MDI"方式下,用45°右偏刀加工端面。

2) 加工外表面。在自动操作方式下,用93°左、右外圆偏刀分别从右至左和从左至右进行加工。加工程序手动完成。

设置进、退刀点为($Z130$,$X45$)(半径值),精加工程序见表11-9。

表11-9 精加工程序

程 序	程 序
1235. MPF;	N160 G03 X31.000 Z36.293 I0.354 K0.354;
N10 G55;	N170 G01 Z8.500;
N20 G90 G23 G94;	N180 G01 X43.586;
N30 T03 D03;	N190 G03 X44.293 Z8.354 I0.000 K0.500;
N40 M03 M08;	N200 G01 X45.707 Z7.646;
N50 G00 X90.000 Z130.000;	N210 G03 X46.000 Z7.293 I0.354 K0.354;
N60 G00 Z100.500;	N220 G01 Z0.707;
N70 G00 X56.293	N230 G03 X45.707 Z0.354 I0.500 K0.000;
N80 G01 X0.000 F50.000	N240 G01 X44.293 Z−0.354;
N90 G03 X20.817 Z79.711 I0.000 K13.000; F100.000;	N250 G01 X46.293 F50.000;
N100 G02 X20.832 Z60.278 I−14.568 K9.711;	N260 G01 X56.293;
N110 G03 X20.994 Z60.054 I0.416 K0.278;	N265 T03 D0;
N120 G01 X25.897 Z37.500;	N270 G00 X90.000;
N130 G01 X28.586;	N280 G00 Z130.000;
N140 G03 X29.293 Z37.354 I0.000 K0.500;	N290 M09 M05;
N150 G01 X30.707 Z36.646	N300 M30;

注:该程序是自动编程软件生成的。编程软件一般按刀心轨迹编程。程序的进、退刀路线与软件设置参数有关。

3) 切退刀槽。在"MDI"方式下,用切槽刀加工。

4) 加工螺纹。在自动操作方式下,用60°螺纹车刀进行加工。螺纹加工程序(自动编程所得)见表11-10。

表11-10 螺纹加工程序

程 序	程 序
N10 G54;	N60 G00 Z40.000;
N20 G90 G23 G95;	N70 G00 X51.2 D0;
N30 T04 D04;	N80 G00 X31.200;
N40 M03 S600 M08;	N90 G00 X31.000;
N50 G00 X90.000 Z130.000;	N100 G01 X29.200 F1.5;
N110 G33 Z12.000 K1.5;	N320 G00 X30.200;
N120 G01 X31.000;	N330 G00 X30.000;
N130 G00 X31.200;	N340 G01 X28.200 F1.500;
N140 G00 X51.200;	N350 G33 Z12.000 K1.500;
N150 G00 X50.800 Z40.00;	N360 G01 X30.000;
N160 G00 X30.800;	N370 G00 X30.200;
N170 G00 X30.600;	N380 G00 X50.200;
N180 G01 X28.800 F1.500;	N390 G00 Z40.000;
N190 G33 Z12.000 K1.500;	N400 G00 X30.052;
N200 G01 X30.600;	N410 G00 X30.052;
N210 G00 X30.800;	N420 G00 X29.852;
N220 G00 X50.800;	N430 G01 X28.052 F1.500;
N230 G00 X50.400 Z40.000;	N440 G33 Z12.000 K1.500;
N240 G00 X30.400;	N450 G01 X29.852;
N250 G00 X30.200;	N460 G00 X30.052;
N260 G01 X28.400 F1.500;	N470 G00 X50.052;
N270 G33 Z12.000 K1.500;	N475 T04 D0;
N280 G01 X30.400;	N480 G00 X90.000;
N290 G00 X30.400;	N490 G00 Z130.000;
N300 G00 X50.400;	N500 M09 MD5;
N310 G00 X50.200 Z40.000;	N510 M30

5) 切断。在"MDI"方式下,用切槽刀切断。

数控车床加工实习

1. 实习记录
（1）你所操作的数控车床的型号是什么？该型号中各符号及数字代表的含义是什么？

（2）你所操作的数控车床所使用的数控系统是什么系统？

2. 观察与思考
（1）数控车床的起刀点是什么？它有什么作用？

（2）数控车削加工工序制定原则是什么？

（3）数控车床的主要加工对象有哪些？

（4）编写图 11-26 所示手柄轮廓的数控车削加工程序。

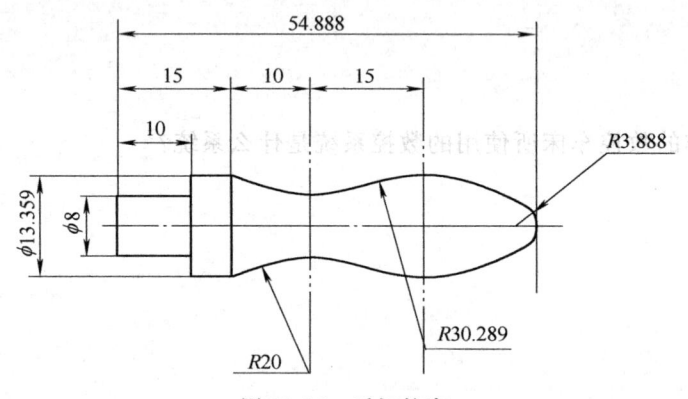

图 11-26　手柄轮廓

3. 体会与建议

实习时间：_____　分数：_____

第 12 章　数控铣床及其加工

12.1　数控铣床简介

数控铣床是由普通铣床发展而来的一种数字控制机床，其加工能力很强，能够铣削加工各种平面轮廓和立体轮廓零件，如各种形状复杂的凸轮、叶片、样板、螺旋桨、模具等。此外，配上相应的刀具还可进行钻孔、扩孔、铰孔、镗孔和攻螺纹等操作。目前迅速发展的加工中心、柔性制造系统等都是在数控铣床的基础上发展起来的。

1. 数控铣床概述

数控铣床大体由输入装置、数控装置、伺服系统、检测装置、运动部件、辅助装置和机外编程器等组成。

（1）输入装置　数控程序编制后需要存储在一定的介质上。按目前的控制介质，大致分为纸介质和电磁介质，相应地通过不同方法输入到数控装置中去。纸带输入方法，即在专用的纸带上穿孔，用不同孔的位置组成数控代码，再通过纸带阅读机将代表不同含义的信息读入。手动输入是将数控程序通过数控机床上的键盘输入，程序内容将存储在数控系统的存储器内，使用时可以随时调用。数控程序由计算机编程软件或手工输入到计算机中，可采用通信方式将数控程序传输到数控系统中，通常使用数控装置的 RS-232C 串行口或 RJ45 口等来完成。随着通信协议日趋完善，现在高档机床还可以用 USB 接口实现输入与输出，有些机床甚至可以无线输入与输出。

（2）数控装置　一般数控系统是由专用或通用计算机硬件加上系统软件和应用软件组成的，完成数控设备的运动控制功能、人机交互功能、数据管理功能和相关的辅助控制等功能。它是数控设备功能实现和性能保证的核心组成部分，是整个数控设备的中心。随着开放式数控技术的出现，数控系统具备了自我扩展和自我维护的功能，为数控设备的应用提供了自由完善、自定义系统软硬件功能和性能的能力。数控装置是数控铣床的核心，由数控系统、输入和输出接口等组成，它接收到的数控程序，经过编译、数学运算和逻辑处理后，输出各种信号到输出接口上。

（3）伺服系统　它是连接数控装置和机械结构的控制传输通道，它将数字指令的输出转换成各种形式的电动机运动，带动机械结构执行元件实现其所规定的运动轨迹。伺服系统包括驱动放大器和电动机两个主要部分，其任务是实现一系列数-模或模-数之间的信号转换，表现形式就是位置控制和速度控制。

伺服系统接收数控装置输出的各种信号，经过分配、放大、转换等功能，驱动各运动部件，完成零件的切削加工。

（4）检测装置　位置检测、速度反馈装置根据系统要求不断测定运动部件的位置或速度，并转换成电信号传输到数控装置中，与目标信号进行比较、运算，进行控制。

（5）运动部件　由包括主轴、工作台、进给机构等在内的机械部件、伺服电动机驱动运动部件运动,完成工件与刀具之间的相对运动。

(6) 辅助装置 包括液压与气动系统、冷却系统、润滑系统、排屑装置和照明系统等。

(7) 机外编程器 就是安装了自动编程软件的计算机。当今应用比较多的自动编程软件有 Master CAM、UG、PowerMILL、PRO/E、CATIA 等。自动编程软件都带有仿真功能。除此之外,还有一些专门用于仿真的软件,如宇龙、斯沃等。

2. 数控铣床的工作原理

在数控铣床上,把被加工零件的工艺过程(如加工顺序、加工类别)、工艺参数(如主轴转速、进给速度、刀具尺寸)以及刀具与工件的相对位移,用数控语言编写成加工程序单,然后将程序输入到数控装置中,数控装置便根据数控指令控制机床的各种操作和刀具与工件的相对位移,当工件加工结束时,机床会自动停止,从而加工出合格的零件。数控铣床的工作原理如图 12-1 所示。

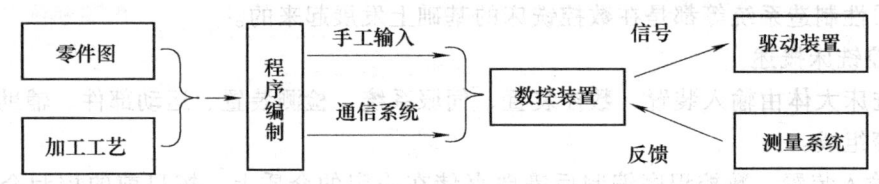

图 12-1 数控铣床的工作原理

3. 数控铣床的分类

随着数控铣床制造技术的不断发展,数控铣床的品种日渐增多,数控铣床的分类方法也多种多样,以下是常见的几种分类方法。

(1) 按结构分类 共分为四种:立式数控铣床、卧式数控铣床、立卧两用数控铣床和龙门数控铣床,如图 12-2 所示。

(2) 按加工功能分类 分为数控铣床、数控仿形铣床、数控齿轮铣床等。

(3) 按控制坐标轴数分类 有两轴联动数控铣床、三轴联动数控铣床、两轴半联动数控铣床、四轴联动数控铣床和五轴联动数控铣床,如图 12-3 所示。

4. 数控铣床的功能

(1) 点位控制 数控铣床可以利用点位控制功能进行钻孔、扩孔、铰孔、镗孔等表面加工。

(2) 轮廓控制 数控铣床利用直线、圆弧插补方式,可以进行刀具运动轨迹的连续轮廓控制,加工出由直线和圆弧两种几何要素构成的各种轮廓工件。对于一些非圆曲线,在经过直线和圆弧逼近后,也可以加工。

(3) 刀具半径自动补偿 利用这一功能,在编程时可以很方便地按工件的实际轮廓形状和尺寸进行编程计算。在实际加工中,刀具的中心会自动偏离工件轮廓一个距离,这个距离(刀具半径补偿量)可以根据实际需要自由设定,从而加工出符合要求的轮廓表面。

(4) 刀具长度补偿 在无需修改加工程序的情况下,利用该功能可以自动改变切削平面高度,也可以用来补偿刀具轴向对刀误差。

(5) 子程序调用 该功能可以使程序编写过程大大简化,减少程序内容。当刀具要反复执行一些相同的动作或被加工的工件表面有相同形状时,可以将其写成子程序,反复调用。

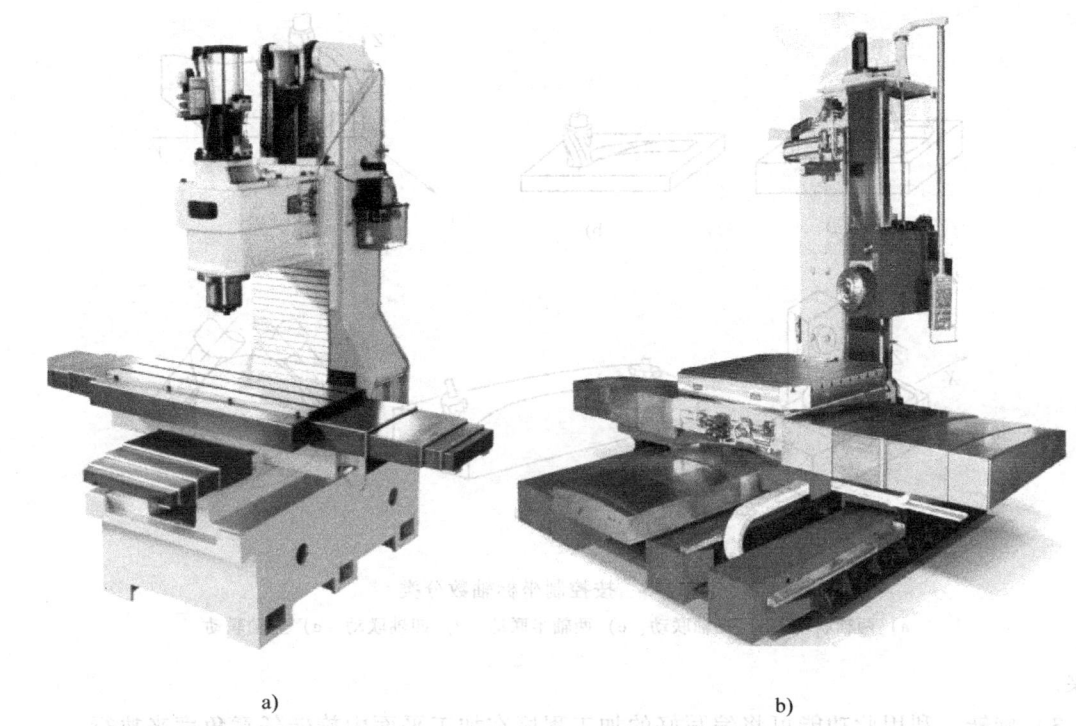

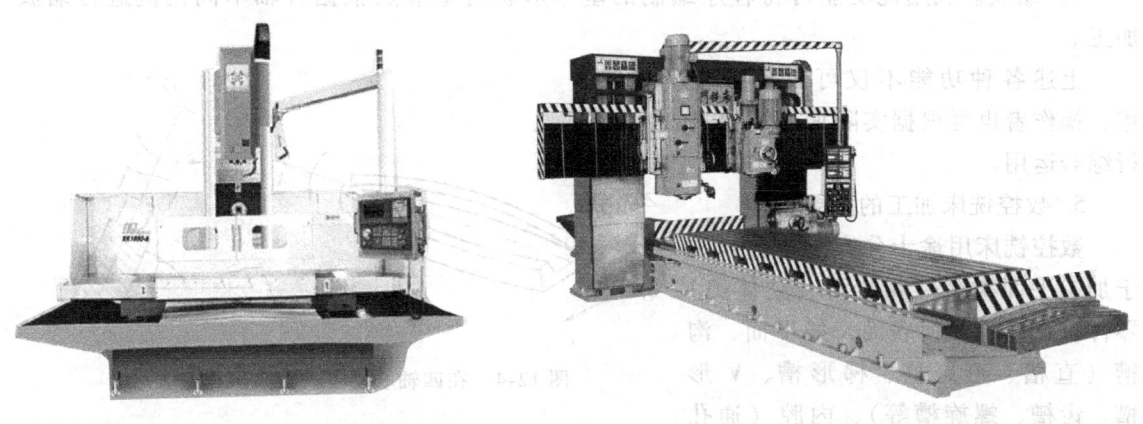

图 12-2 按结构分类
a) 立式数控铣床 b) 卧式数控铣床 c) 立卧两用数控铣床 d) 龙门数控铣床

（6）固定循环调用 利用该功能也可简化程序编写。对于工件上出现的一些较为典型的表面形状，如孔、圆、矩形等，数控机床的数控系统已经设置好这样的一些固定循环模块，可以进行直接调用。

（7）偏移、镜像、旋转、缩放加工功能

1）偏移。利用此功能可将要加工的表面形状移到其他位置。

2）镜像。利用此功能只要编写出整个对称图形的基本部分形状，即可将整个图形加工

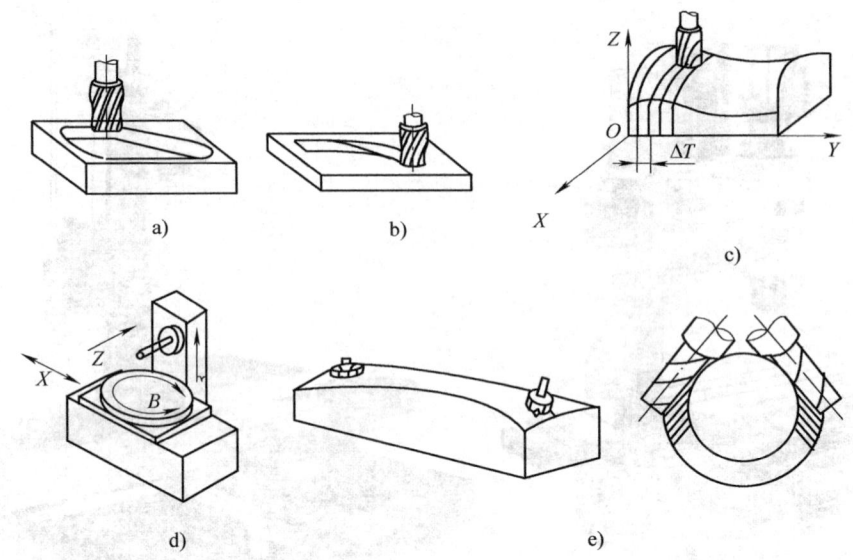

图 12-3 按控制坐标轴数分类
a) 两轴联动 b) 三轴联动 c) 两轴半联动 d) 四轴联动 e) 五轴联动

出来。

3) 旋转。利用此功能可将编写好的加工程序在加工平面内旋转任意角度来执行。

4) 缩放。利用此功能可将程序编制的基本形状沿基准点根据各轴不同比例进行缩放加工。

上述各种功能不仅可以单独使用，操作者也可根据实际加工需要进行综合运用。

5. 数控铣床加工的主要范围

数控铣床用途十分广泛，一般用于加工平面类零件和曲面（立体类）零件。凡简单几何表面，如平面、沟槽（直槽、燕尾槽、梯形槽、V 形槽、齿槽、螺旋槽等）、内腔（通孔

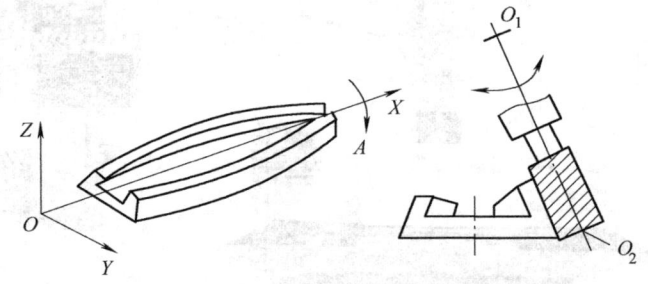

图 12-4 在四轴联动下铣削飞机机身大梁

内腔、不通孔内腔等）、台阶等，仅需两轴联动即可加工；复杂的立体几何表面，其发生线是一条曲线，成形运动的轨迹也是一条曲线，如球面、椭球面、双曲面、抛物面等二次曲面，常需三轴或四轴，甚至五轴联动才能加工出来。图 12-4 所示为在四轴联动下铣削飞机机身大梁。

孔和孔系零件也可在数控铣床上加工，如钻孔、扩孔、铰孔等。数控铣床还可进行三角形、梯形截面的圆柱或圆锥内、外螺纹的加工。

6. 数控铣床的技术参数

下面以 XK7132 型数控铣床为例做简单介绍。型号 XK7132 的意义：

X——机床类别代号，铣床类。

K——机床通用性代号，数控。

7——组别代号,立式铣床组。

1——型别代号,普通立式铣床。

32——主参数,台面宽度为 320mm。

12.2 数控铣床安全生产和日常维护

1. 数控铣床安全生产

数控铣床是速度极高、功率极大的机床,因此,在各种情况下必须严格遵守所有的安全规则与操作指令。

1) 操作者必须遵守数控设备通用操作规程。

2) 开动机床前,必须关闭防护罩。

3) 在工作台上装夹工件和夹具时,应考虑重力平衡和合理利用台面。

4) 加工铸铁、青铜、非金属等脆性材料时,要将导轨面的润滑油擦净,并采取保护措施。

5) 加工中排屑装置应畅通无阻,不得有卡滞现象。

2. 数控铣床维护

数控铣床因其功能、结构及系统的不同,维护保养的内容和规则也各有特色,具体应根据数控铣床的种类、型号及实际使用情况,并参照该数控铣床说明书要求,制定和建立必要的定期、定级保养制度。

(1) 使数控铣床保持良好的润滑状态 定期检查并清洗自动润滑系统,添加或更换润滑脂或润滑液,使丝杠、导轨等各运动部位始终保持良好的润滑状态,降低机械磨损速度。

(2) 定期检查液压、气动系统 对液压系统定期进行油质化验检查,更换液压油,并定期对各润滑、液压、气动系统的过滤器或过滤网进行清洗或更换,对气动系统还要注意及时对分水滤气器放水。

(3) 对直流电动机定期进行电刷和换向器的检查、清洗和更换 如果换向器表面脏,应用白布蘸酒精予以清洗;若表面粗糙,可用细金相砂纸予以修整;当电刷长度在 10mm 以下时,应予以更换。

(4) 适时对各坐标轴进行超程限位试验 对于硬件限位开关,由于切削液等原因使其产生锈蚀,平时又主要靠软件限位起保护作用,但关键时刻如因硬件限位开关锈蚀不起作用将产生碰撞,甚至损坏滚珠丝杠,严重影响其机械精度。试验时用手按一下限位开关看是否出现超程警报,或检查相应 I/O 接口输入信号是否发生变化。

(5) 定期检查电气部件 检查各插头、插座、继电器的触点是否接触良好。检查各印制电路板是否干净。检查主电源变压器、各电动机的绝缘电阻,使其在 1MΩ 以上。平时尽量少开电气柜门,以保持电气柜内清洁。定期对电气柜和有关电器的冷却风扇进行清扫,更换其空气过滤网等。电路板上太脏或受湿,可能导致短路,因此,必要时对各个电路板、电气元件采用吸尘法进行清扫。

(6) 数控铣床长期不用时的维护 数控铣床不宜长期封存不用,购买数控铣床后要充分利用起来,尽量提高数控铣床的利用率,尤其是投入使用的第一年,更要充分使用,使其容易出故障的薄弱环节尽早暴露出来,使故障隐患尽可能在保修期内得以排除。有了数控铣床却舍不得用，这不仅不是对设备的爱护，反而会由于受潮等原因加快电子元件的变质或损坏。因此数控铣床长期不用时要定期通电，并进行数控铣床功能试验程序的完整运行。要求每1~3周能通电试运行一次，尤其是在环境湿度较大的梅雨季节，应每周通电两次，每次空运行半小时左右，以利用机床本身的发热来降低机内湿度，使电子元件不致受潮，同时，也能及时发现有无电池报警发生，以防系统软件、参数的丢失等。

（7）定期更换存储器用电池 一般数控系统内对CMOS RAM存储器设有可充电电池维持电路，以保证系统不通电期间能保持其存储的信息。在一般情况下，即使电池尚未失效，也应每年更换一次，以确保系统能正常工作。电池的更换应在CNC装置通电状态下进行，以防更换时RAM内信息丢失。

（8）备用印制电路板的维护 印制电路板长期不用是很容易出故障的。因此，对于备用的印制电路板应定期装到CNC装置上通电运行一段时间，以防损坏。

（9）经常监视CNC装置用的电网电压 CNC装置通常允许电网电压在额定值的-15%~10%范围内波动，如果超出此范围，就会造成系统不能正常工作，甚至会引起CNC装置内的电子元器件损坏，因此要经常监视CNC装置用的电网电压。

（10）定期进行数控铣床机械精度检查并找正 数控铣床机械精度的找正方法有软、硬两种。所谓软方法，主要是通过系统参数补偿，如丝杠反向间隙补偿、各坐标定位精度定点补偿、数控铣床回参考点位置找正等；而硬方法一般在数控铣床大修时进行，如进行导轨修刮、滚珠丝杠螺母副预紧、调整其反向间隙、齿轮副的间隙调整等。

12.3 数控铣床加工工艺

1. 数控铣削加工的主要内容

制定机械加工工艺规程的原始资料主要是产品图样、生产纲领、现场加工设备及生产条件等。在原始资料的基础上，根据生产纲领确定生产类型和生产组织形式之后，可着手进行机械加工工艺规程的制定。制定工艺规程的内容和顺序如下：

1）分析被加工零件，选择毛坯，确定加工表面。
2）确定工件的装夹方法。
3）设计工艺过程，确定所用加工刀具。
4）工序设计，确定每道工步的加工方法和加工路径。
5）编制工艺文件，包括装夹平面布置图、刀具卡、工序卡和程序卡等。

2. 数控铣削加工的装夹定位

（1）数控铣削的装夹方法

1）数控铣削加工对夹具的基本要求：

① 夹紧机构或其他元件不能影响进给，加工部位要开敞。为保持工件在本工序中所有需要完成的待加工面充分暴露在外，夹具要尽可能开敞，因此要求夹持工件后夹具上一些组成件（如定位块、压块和螺栓等）不能与刀具运动轨迹发生干涉。

夹紧机构或其他元件与加工面之间应保持一定的安全距离，同时要求夹紧机构或其他元件能低则低，以防止夹具与机床主轴套筒或刀套、刀具在加工过程中发生碰撞。

② 为保持零件安装方位与机床坐标系及编程坐标系方向的一致性，夹具应能保证在机床上实现定向安装，还要求能使零件定位面与机床之间保持一定的坐标联系。

③ 夹具的刚性和稳定性要好。夹紧力应尽量靠近主要支承点，尽量不采用在加工过程中更换夹紧点的设计。

④ 必须保证最小的夹紧变形。在机械加工中，如果切削力大，需要的夹紧力也大，要防止工件夹压变形而影响加工精度。因此，必须慎重选择夹具的支承点和夹紧力作用点。应使夹紧力作用点通过或靠近支承点，避免把夹紧力作用在工件的中空区域。如果采用了相应措施仍不能控制工件受力变形对加工精度的影响，则只能将粗、精加工分开，或者粗、精加工采用不同的夹紧力，可以在粗铣时采用较大的夹紧力，精铣时放松工件，重新用较小的夹紧力夹紧工件，从而减小精加工时工件的夹紧变形，保证精加工时的加工精度。

⑤ 对小型工件或加工时间较短的工件，可以考虑在工作台上多件夹紧，或多工位加工，以提高加工效率。

⑥ 夹具应便于在数控铣床工作台上装夹。数控铣床矩形工作台面上一般都有基准T形槽，转台中心有定位孔，工作台侧面有基准挡板等定位元件，可用于夹具在机床上定位。夹具在铣床上一般用T形槽定位键或直接找正定位，用T形螺钉和压板夹紧。夹具上用于紧固的孔和槽的位置必须与工作台的T形槽和孔的位置相对应。

⑦ 为适应数控工序中的多表面加工，要避免夹具结构包括夹具上的组件对刀具运动轨迹的干涉，即夹具结构不要妨碍刀具对工件的多个表面加工。

⑧ 对于工件基准点不方便测定的工件，可以不用工件基准点为编程原点，而在夹具上设置找正面，以该找正面为编程原点，把编程原点设置在夹具上。

2) 数控铣床上工件装夹通常采用以下四种方法：

① 使用机用平口钳装夹工件。

② 用压板、弯板、V形块、T形螺栓装夹工件。

③ 将工件通过托盘装夹在工作台上。

④ 使用组合夹具、专用夹具等。

加工过程中如需要多次装夹工件，应采用同一组精基准定位，否则，因基准转换，会引起较大的定位误差，因此应尽可能选用零件上的孔为定位基准。如果零件上没有合适的孔作定位用，可以另行加工出工艺孔作为定位基准。

（2）使用机用平口钳装夹工件

1) 机用平口钳找正。当工件毛坯为长方体时，工件要用机用平口钳（图12-5）装夹。装夹工件之前必须通过量表找正机用平口钳的固定钳口，使之与 X 轴平行（图12-6），找正精度要高于工件本身加工精度（最好使百分表的指针在一个格内晃动），找正后固定在机床工作台上。紧固钳体后须再进行复核，以免紧固时机用平口钳发生移位。

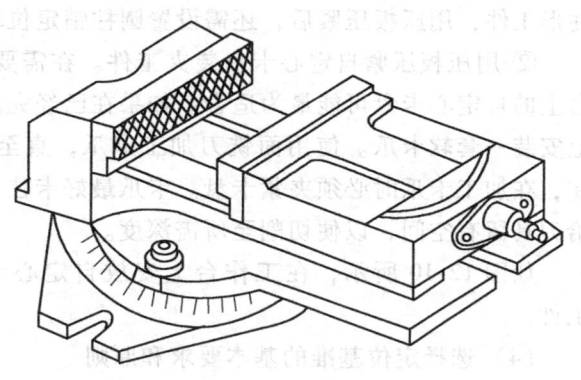

图 12-5 机用平口钳

2) 装夹工件。用机用平口钳装夹工

件时，工件装夹在机用平口钳中间，工件底部用标准垫块垫平，如图12-7所示。根据工件的高度情况，先在机用平口钳钳口内放入形状合适和表面质量较好的垫铁，再放入工件。一般使工件的基准面朝下，与垫铁面紧靠，然后拧紧机用平口钳。放入工件前，应对工件、钳口和垫铁的表面进行清理，以免影响加工质量。装夹时垫铁高度应合理，装夹后工件上表面到钳口上表面的距离 H 至少应大于外形铣削深度2mm。

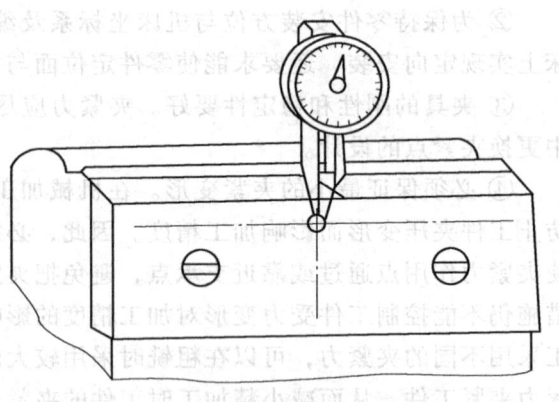

图12-6 用百分表找正机用平口钳

（3）用压板装夹工件 用压板装夹工件是铣床上常用的一种方法。在铣床上用压板装夹工件时，所采用的工具比较简单，主要有压板、垫铁、T形螺栓及螺母等。为了满足安装不同形状工件的需要，压板的形状也做成了很多种。箱体零件在工作台上安装时，通常用三面安装法，或采用一个平面和两个销孔安装定位，然后用压板压紧固定。

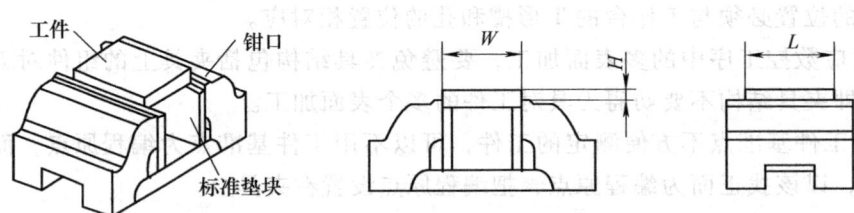

图12-7 机用平口钳装夹示意图

1）压板和螺栓的设置步骤：
① 将定位销固定到机床的T形槽中，并将垫铁放到工作台上。
② 选择合适的压板、台阶形垫铁和T形螺栓，并将它们安放到相应的位置。
③ 将零件夹紧。

2）用压板装夹工件的两种方式：
① 用压板直接夹紧工件。对于方形工件，可直接用压板压紧，如图12-8所示。对于圆柱形工件，用压板压紧后，还需设置圆柱销定位块将工件定位，如图12-9所示。
② 用压板压紧自定心卡盘装夹工件。在需要夹紧圆柱形工件时，使用安装在机床工作台上的自定心卡盘可能最为适合。如果在已经完成圆柱表面加工的工件上加工，则应在卡盘上安装一套软卡爪。使用面铣刀加工卡爪，直至达到希望夹紧表面的准确直径为止。应记住，在加工卡爪时必须夹紧卡盘。卡爪最好卡住一块棒料或六角螺母，以保证卡爪紧固，并给刀具留有空间，以便切削至所需深度。

如图12-10所示，在工作台上安放自定心卡盘，并用自定心卡盘定位、夹紧圆柱形工件。

（4）选择定位基准的基本要求和原则
1）选择定位基准的基本要求。遵循六点定位原则，在选择定位基准时要全面考虑各个工位的加工情况，满足三个要求：

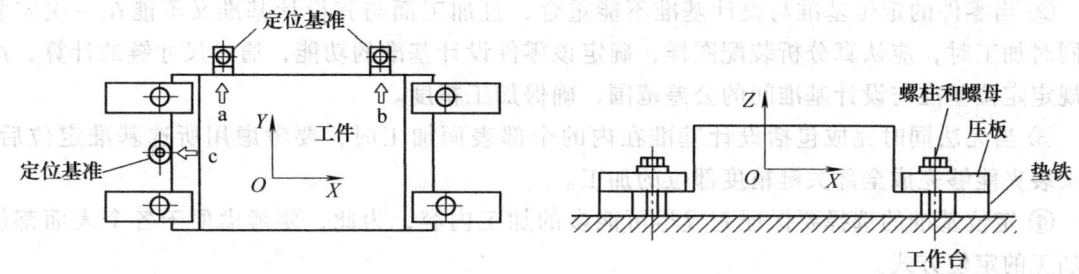

图 12-8　用压板压紧方形工件

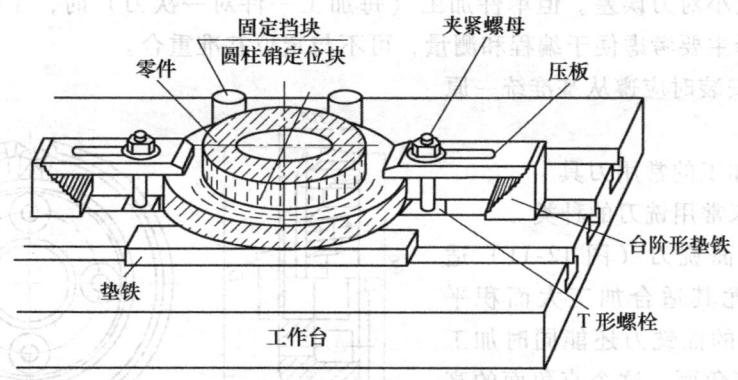

图 12-9　用压板压紧圆柱形工件

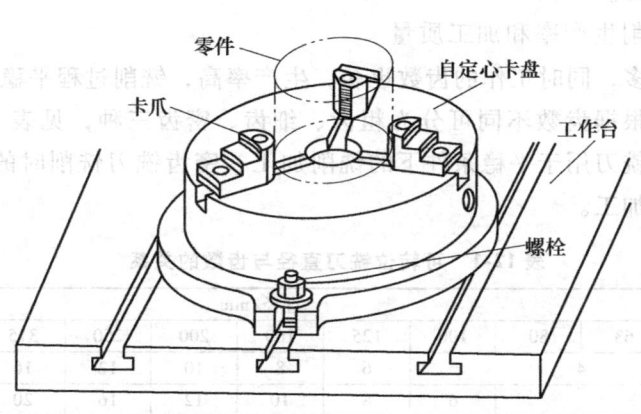

图 12-10　用自定心卡盘定位、夹紧圆柱形工件

① 所选基准应能保证工件定位准确，装卸方便、迅速，夹紧可靠，夹具结构简单。
② 所选基准与加工部位间的各个尺寸计算简单。
③ 保证各项加工精度。

2）选择定位基准的基本原则：

① 尽量选择零件上的设计基准作为定位基准，这样不仅可以避免因基准不重合而引起定位误差，保证加工精度，而且可以简化程序编制。

② 当零件的定位基准与设计基准不能重合，且加工面与其设计基准又不能在一次安装内同时加工时，应认真分析装配图样，确定该零件设计基准的功能，通过尺寸链的计算，严格规定定位基准与设计基准间的公差范围，确保加工精度。

③ 当无法同时完成包括设计基准在内的全部表面加工时，要考虑用所选基准定位后，一次装夹能够完成全部关键精度部位的加工。

④ 定位基准的选择要保证完成尽可能多的加工内容，为此，要考虑便于各个表面都能被加工的定位方式。

⑤ 批量加工时，零件定位基准应尽可能与建立工件坐标系的对刀基准重合。可直接按定位基准对刀，减小对刀误差。但单件加工（每加工一件对一次刀）时，工件坐标系原点和对刀基准的选择主要考虑便于编程和测量，可不与定位基准重合。

⑥ 必须多次安装时应遵从基准统一原则。

3. 数控铣削加工的常用刀具

（1）数控铣床常用铣刀的种类

1）面铣刀。面铣刀（图 12-11）适用于加工平面，尤其适合加工大面积平面。主偏角为 90°的面铣刀还能同时加工出与平面垂直的直角面，这个直角面的高度受到刀片长度的限制。面铣刀的主切削刃分布在外圆柱面或外圆锥面上，其端面上的切削刃为副切削刃。

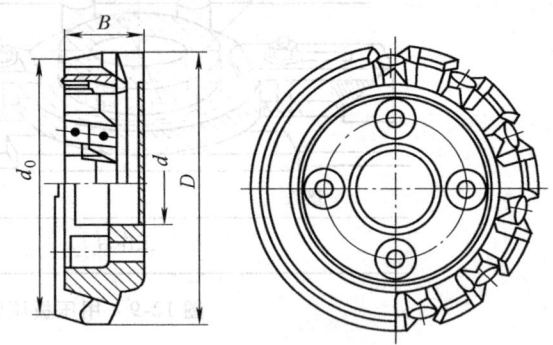

图 12-11　面铣刀

面铣刀齿数对铣削生产率和加工质量有直接影响，齿数越多，同时工作的齿数也多，生产率高，铣削过程平稳，加工质量好。直径相同的可转位铣刀根据齿数不同可分为粗齿、细齿、密齿三种，见表 12-1。粗齿铣刀主要用于粗加工；细齿铣刀用于平稳条件下的铣削加工；密齿铣刀铣削时的每齿进给量较小，主要用于薄壁铸铁的加工。

表 12-1　可转位铣刀直径与齿数的关系

项目	直径/mm										
	50	63	80	100	125	160	200	250	315	400	500
粗齿	4				6	8	10	12	16	20	26
细齿			6		8	10	12	16	20	26	34
密齿					12	18	24	32	40	52	64

2）立铣刀。立铣刀如图 12-12 所示，分为硬质合金立铣刀和高速钢立铣刀两种，主要用于加工沟槽、台阶面、平面和二维曲面（例如平面凸轮的轮廓）。

立铣刀通常由 3~6 个刀齿组成。每个刀齿的主切削刃分布在圆柱面上，呈螺旋线形，其螺旋角在 30°~45°之间，这样有利于提高切削过程的平稳性，提高加工精度；刀齿的副切削刃分布在端面上，用来加工与侧面垂直的底平面。立铣刀的主切削刃和副切削刃可以同时进行切削，也可以分别单独进行切削。

立铣刀根据其刀齿数目，分为粗齿立铣刀、中齿立铣刀和细齿立铣刀，见表 12-2。粗齿立铣刀刀齿少，强度高，容屑空间大，适于粗加工；细齿立铣刀齿数多，工作平稳，适于精加工；中齿立铣刀介于粗齿和细齿之间。

表 12-2 立铣刀直径与齿数的关系

项目	直径/mm					
	2~8	9~15	16~28	32~50	56~70	80
细齿		5	6	8	10	12
中齿		4		6	8	10
粗齿		3		4	6	8

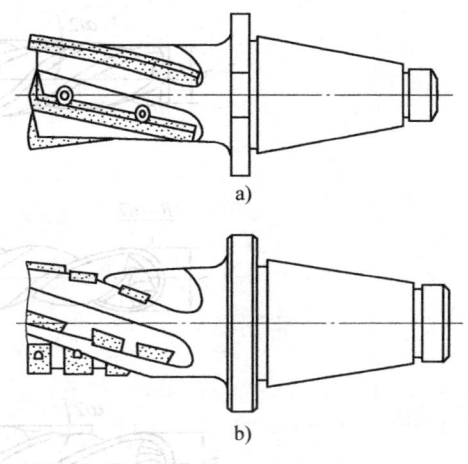

图 12-12 立铣刀
a) 硬质合金立铣刀 b) 高速钢立铣刀

3) 键槽铣刀。键槽铣刀（图 12-13）有两个刀齿，圆柱面上和端面上都有切削刃，兼有钻头和立铣刀的功能。端面刃延至圆中心，使键槽铣刀可以沿其轴向钻孔，切出键槽深；又可以像立铣刀一样，用圆柱面上的切削刃铣削出键槽长度。铣削时，立铣刀先对工件钻孔，然后沿工件轴线铣出键槽全长。

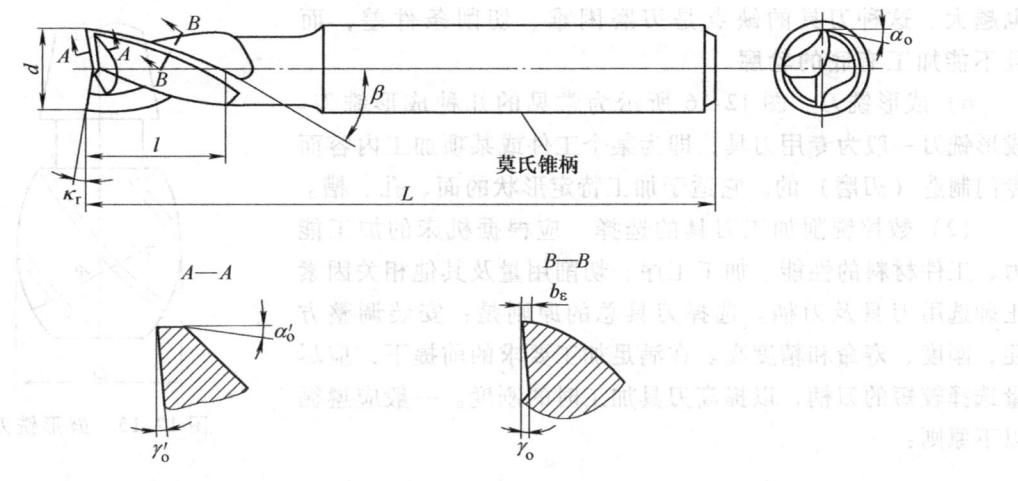

图 12-13 键槽铣刀

4) 模具铣刀。模具铣刀由立铣刀发展而成，它是加工金属模具型面铣刀的统称，可分为圆锥形立铣刀、圆柱形球头立铣刀和圆锥形球头立铣刀三种，其柄部有直柄、削平型直柄和莫氏锥柄三种。模具铣刀的结构特点是球头或端面上布满切削刃，圆周刃与球头刃圆弧连接，以做径向和轴向进给。铣刀工作部分用高速钢或硬质合金制造。国家标准规定铣刀直径 $d = 4 \sim 63$ mm。图 12-14 所示为用高速钢制造的模具铣刀。

5) 鼓形铣刀。鼓形铣刀的切削刃分布在半径为 R 的中凸的鼓形外轮廓上，如图 12-15 所示，其端面无切削刃。铣削时控制铣刀上下位置，从而改变切削刃的切削部位，可以在工件上加工出由负到正的不同斜角的表面，常用于数控铣床和加工中心加工立体曲面。R 值越小，鼓形铣刀所能加工的斜角范围越广，而加工后的表面粗糙度值

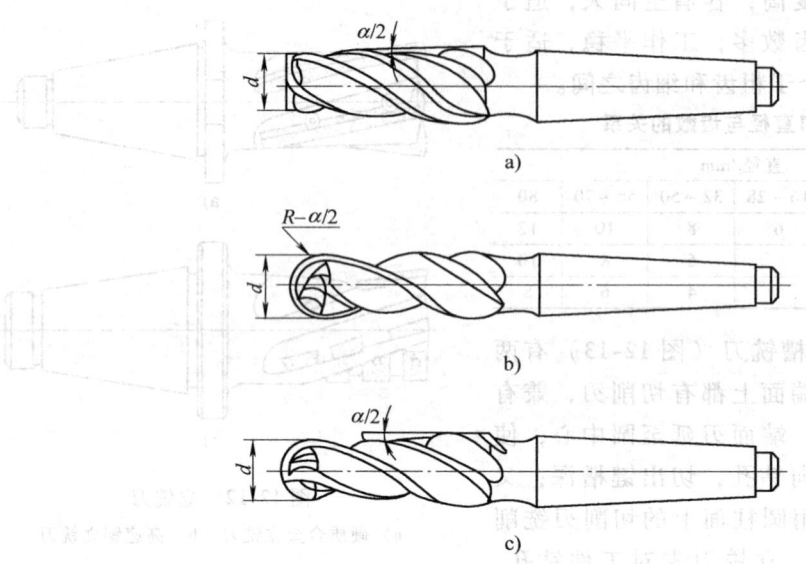

图 12-14 用高速钢制造的模具铣刀
a) 圆锥形立铣刀 b) 圆柱形球头立铣刀 c) 圆锥形球头立铣刀

也越大。这种刀具的缺点是刃磨困难、切削条件差，而且不能加工有底的轮廓。

6) 成形铣刀。图 12-16 所示为常见的几种成形铣刀。成形铣刀一般为专用刀具，即为某个工件或某项加工内容而专门制造（刃磨）的。它适于加工特定形状的面、孔、槽。

(2) 数控铣削加工刀具的选择　应根据机床的加工能力、工件材料的性能、加工工序、切削用量及其他相关因素正确选用刀具及刀柄。选择刀具总的原则是：安装调整方便，刚度、寿命和精度高。在满足加工要求的前提下，应尽量选择较短的刀柄，以提高刀具加工时的刚度。一般应遵循以下原则：

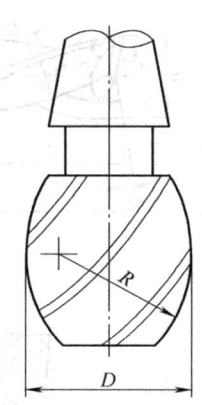

图 12-15 鼓形铣刀

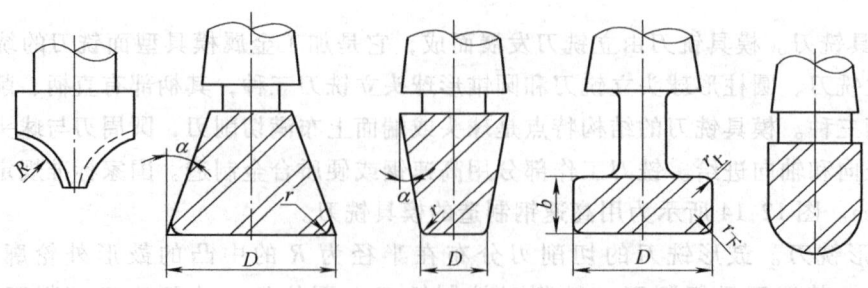

图 12-16 常见的几种成形铣刀

1) 尽量减少刀具数量。
2) 一把刀具装夹后，应完成其所能进行的所有加工部位的加工。
3) 粗、精加工刀具应分开使用，即使是相同尺寸规格的刀具，也要分开使用。
4) 先铣后钻。
5) 先进行曲面精加工，后进行二维轮廓精加工。

(3) 数控加工切削用量的确定　选择切削用量的原则是：粗加工时，一般以提高生产率为主，但也应考虑经济性和加工成本；半精加工和精加工时，应在保证加工质量的前提下，兼顾切削效率、经济性和加工成本。具体数值应根据机床说明书、切削用量手册，并结合经验而定。

具体要考虑以下几个参数：

(1) 背吃刀量 a_p　在机床、工件和刀具刚度允许的情况下，应使 a_p 小于加工余量，这是提高生产率的一个有效措施。为了保证零件的加工精度和表面粗糙度，一般应留一定的余量进行精加工。数控机床的精加工余量可略小于普通机床。

(2) 切削宽度 L　切削宽度 L 一般与刀具直径 d 成正比，与背吃刀量成反比。使用经济型数控机床加工时，L 的取值范围通常为 $(0.6 \sim 0.9)d$。

(3) 切削速度 v_c　提高 v_c 也是提高生产率的一个措施。但 v_c 与刀具寿命的关系比较密切。随着 v_c 的增大，刀具寿命急剧下降，故 v_c 的选择主要取决于刀具寿命。另外，切削速度与加工材料也有很大关系。例如，用立铣刀铣削合金钢 30CrNi2MoVA 时，v_c 可采用 8m/min 左右，而用同样的立铣刀铣削铝合金时，v_c 可选 200m/min 以上。

(4) 主轴转速 n　主轴转速一般根据切削速度 v_c 来选定。数控机床的控制面板上一般备有主轴转速修调（倍率）开关，可在加工过程中对主轴转速进行整倍数调整。

(5) 进给速度 v_f　v_f 应根据零件的加工精度和表面粗糙度要求以及刀具和工件材料来选择。增大 v_f 也可以提高生产率。当加工表面质量要求不是很高时，v_f 可选择得大些。在加工过程中，v_f 也可通过机床控制面板上的修调开关进行人工调整，但是最大进给速度要受设备刚度和进给系统性能等的限制。

4. 数控铣削加工的工艺规程

数控铣削加工的表面不外乎平面、轮廓、曲面、孔和内螺纹等，加工时主要应考虑所选加工方法要与零件的表面特征、所要求达到的精度及表面粗糙度相适应。

数控铣床铣削平面的尺寸公差等级可达 IT2~IT4，表面粗糙度值可达 $Ra12.5 \sim 25\mu m$；经粗、精铣的平面，其尺寸公差等级可达 IT7~IT9，表面粗糙度值可达 $Ra0.8 \sim 3.2\mu m$。

(1) 工步顺序的安排　在数控铣削加工工序中，工步（加工）顺序的安排应遵循下列原则：

1) 先粗后精。数控加工经常是将加工表面的粗、精加工安排在一个工序完成，为了减小热变形和切削力引起的变形对加工精度的影响，在加工精度要求高时，不允许将工件的一个表面同时粗、精加工完成后，再加工另一个表面，而应将工件各加工表面先全部依次粗加工完，然后再全部依次进行精加工。这样在一个表面的粗、精加工之间的间断时间，加工表面可得以短暂地时效和散热。

2) 先面后孔。例如加工箱体类工件时，为保证孔的加工精度，应先铣削工件上的平面，然后加工孔。因为加工平面时铣削力大，工件易产生变形，先铣平面后加工孔，引起的变形对孔加工精度的影响小。

3) 按所用刀具划分工步。先用大直径刀具加工表面，后用小直径刀具加工表面，这与"先粗后精"是一致的。大直径刀具切削量大，适用于粗加工，小直径刀具适用于精加工。同时，某些机床工作台的回转时间比换刀时间短，按使用刀具不同划分工步，可以减少换刀次数，减少辅助时间，提高加工效率。

（2）立铣刀轴向下刀路线　加工平面轮廓工件时，数控铣削一般采用分层切削，加工中从工件上一切削层进入下一层时要求铣刀沿轴向切削。因为立铣刀本身制造工艺的需要，在立铣刀的端面上钻有中心孔，这就妨碍了立铣刀的钻孔功能，一般要求其一次钻孔深度不大于 0.5mm。所以当工件加工的边界开敞时，应从工件坯料的边界外下刀和进刀、退刀。

当加工工件内廓形时，立铣刀必须沿其轴线方向下刀切入工件实体，此时要考虑立铣刀如何切入工件（下刀方式）以及切入位置（下刀点）。常用的下刀方式有如下三种：

1) 在工件上预制孔，沿孔直线下刀。在工件上立铣刀轴向下刀点的位置，预制一个比立铣刀直径大的孔，立铣刀轴向沿已加工的孔引入工件，然后从立铣刀径向切入工件。这也是常用的方法。

2) 按具有斜度的进给路线切入工件——倾斜下刀。在工件的两个切削层之间，立铣刀从工件上一层的高度沿斜线切入工件到下一层位置。要控制节距，即每沿水平走一个刀径长，背吃刀量应小于 0.5mm，如图 12-17a 所示。

3) 按螺旋线的进给路线切入工件——螺旋下刀。刀具从工件上一层的高度沿螺旋线切入到下一层位置，螺旋线半径尽量取大一些，这样切入的效果会更好，如图 12-17b 所示。

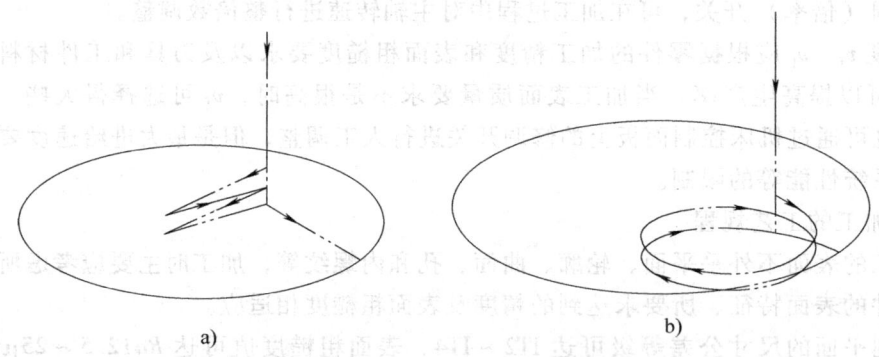

图 12-17　倾斜下刀和螺旋下刀

（3）选择合理的进给路线　进给路线的合理选择是非常重要的，因为它与零件的加工效率和表面质量密切相关。选择进给路线的一般原则是：保证零件的加工精度和表面粗糙度要求；缩短进给路线，减少进、退刀时间和其他辅助时间；方便数值计算，减小编程工作量；尽量减少程序段数。具体情况如下：

1) 对于二维轮廓的铣削，尤其是外轮廓或内轮廓的铣削，要安排刀具从切向进入轮廓进行加工，当轮廓加工完毕之后，要安排一段沿切线方向继续运动的距离退刀，这样可以避免刀具在工件上的切入点和退出点处留下接刀痕。例如，图 12-18 所示为铣削外圆的进给路线，其进、退刀采取的是沿切向的直线段。而对于内轮廓的加工，其切向进、退刀可采用圆弧段。

2) 对位置精度要求高的孔系加工，要注意安排孔的加工顺序。刀具定位时要避免将机床传动副的反向间隙带入到进给运动中，影响加工的位置精度，如图 12-19 所示。图 12-19a 所示为孔系图。按图12-19b所示的进给路线加工时，由于刀具在 5、6 孔定位时的 Y 轴进给运动方向（为正向）与在 1、2、3、4 孔定位时的 Y 轴进给运动方向（为负向）相反，进给传动副的反向间隙会使 5、6 孔位置误差增大；按图 12-19c 所示进给路线加工时，加工完 1、2、3、4 孔后，先使刀具沿 Y 轴正向走过 5、6 孔，然后沿 Y 轴负向进给，使刀具在 5、6 孔定位，可避免将传动副的反向间隙引入。

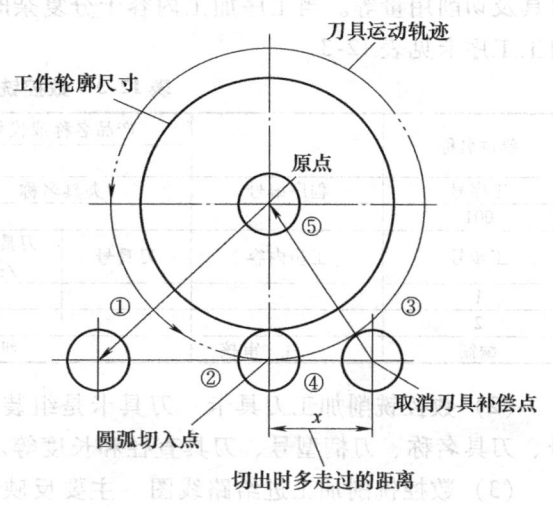

图 12-18 铣削外圆进给路线

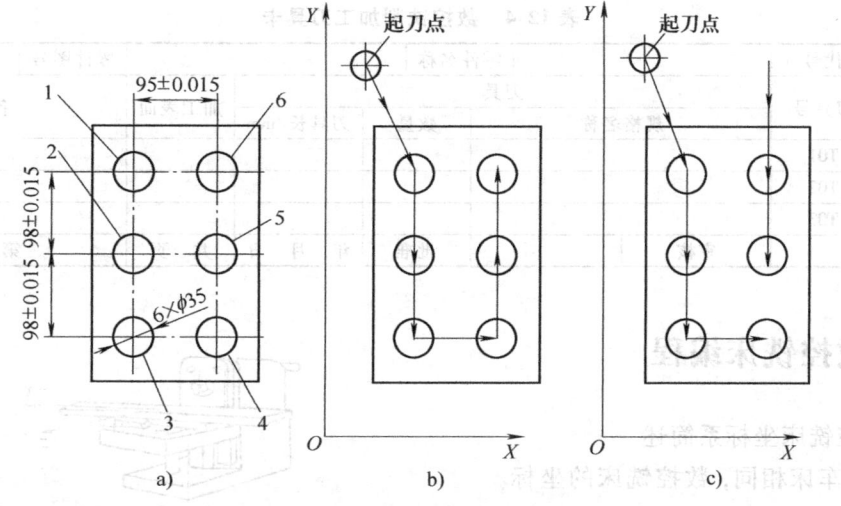

图 12-19 孔系加工路线示意

3) 顺铣和逆铣的选择。铣削有顺铣和逆铣两种方式。当工件表面无硬皮、机床进给机构无间隙时，应选用顺铣，按照顺铣安排进给路线。因为采用顺铣加工后，零件已加工表面质量好，刀齿磨损小。精铣时，尤其是零件材料为铝镁合金、铝合金或耐热合金时，应尽量采用顺铣。当工件表面有硬皮、机床的进给机构有间隙时，应选用逆铣，按照逆铣安排进给路线。因为逆铣时，刀齿是从已加工表面切入，不会崩刃；机床进给机构的间隙不会引起振动和爬行。

4) 进给路线应使加工后工件的变形最小。对截面小的细长零件或薄板零件，应采取分几次进给加工，或对称去除余量的方法安排进给路线。

5) 铣削曲面。曲面的加工要复杂得多，通常采用自动编程。

5. 编写数控铣削加工的工艺规程文件

（1）数控铣削加工工序卡　这种卡片是编制数控加工程序的主要依据和操作人员配合数控程序进行数控加工的主要指导性文件，主要内容包括工步顺序、工步内容、各工步所用刀具及切削用量等。当工序加工内容十分复杂时，也可把工序简图画在工序卡上。数控铣削加工工序卡见表12-3。

表12-3 数控铣削加工工序卡

单位名称		产品名称或代号		零件名称		零件图号	
工序号 001	程序编号	夹具名称		使用设备		车间 数控中心	
工步号	工步内容	刀具号	刀具规格 /mm	主轴转速 /(r/min)	进给速度 /(mm/min)	背吃刀量 /mm	备注
1							
2							
编制		审核		批准	年 月 日	共 页	第 页

（2）数控铣削加工刀具卡 刀具卡是组装刀具和调整刀具的依据，主要内容包括刀具号、刀具名称、刀柄型号、刀具直径和长度等。数控铣削加工刀具卡见表12-4。

（3）数控铣削加工进给路线图 主要反映加工过程刀具的运动轨迹，其作用一方面是方便编程人员编程，另一方面是帮助操作人员了解刀具的进给路线（轨迹），以便确定夹紧位置和夹紧工件的高度。

表12-4 数控铣削加工刀具卡

产品名称或代号			零件名称			零件图号	
序号	刀具号	刀具			加工表面	备注	
		规格名称	数量	刀具长/mm			
1	T01						
2	T02						
3	T03						
编制		审核		批准	年 月 日	共 页	第 页

12.4 数控铣床编程

1. 数控铣床坐标系简述

与数控车床相同，数控铣床的坐标系统也是采用右手笛卡儿坐标系统。图12-20所示为卧式和立式数控铣床的坐标系和运动方向。

2. 数控铣床的编程方法

（1）坐标系的设定

1）平面选择（G17、G18、G19）。坐标平面选择指令用于选择圆弧插补平面和刀具补偿平面。该组指令为模态指令，在数控铣床上，数控系统初始状态一般默认为G17状态。若要在其他平面上加工，则应使用坐标平面选择指令。

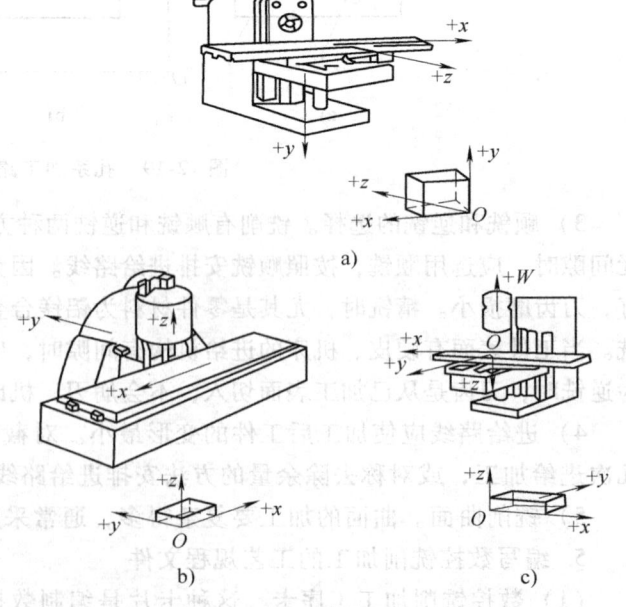

图12-20 卧式和立式数控铣床的坐标系和运动方向

2) 设定零件坐标系 (G92) 该指令用来设定起刀点即程序开始运动的起点,从而建立零件坐标系。零件坐标系原点又称为程序零点,执行 G92 指令后,也就确定了起刀点与零件坐标系坐标原点的相对距离。指令格式:G92 X＿ Y＿ Z＿;

3) 选择零件加工坐标系 (G54~G59)。若在工作台上同时加工多个相同零件或不同零件,它们都有各自的尺寸基准,在编程过程中,有时为了避免尺寸换算,可以建立六个零件坐标系,其坐标原点设在便于编程的某一固定点上。当加工某个零件时,只要选择相应的零件坐标系编制加工程序。

G54~G59 指令是通过 CRT/MDI 在设置参数的方式下设定零件坐标系的,一经设定,零件坐标原点在机床坐标系中的位置是不变的。

(2) 基本移动指令

1) 定位 (G00)。指令格式:G00 X＿ Y＿ Z＿;

G00 指令为刀具相对于零件分别以各轴快速移动速度由始点快速移动到终点定位。

G00 的运动速度、运动轨迹由系统决定。运动轨迹在一个坐标平面内是先按比例沿 45° 斜线移动,再移动剩下的一个坐标方向上的直线距离。如果是要求移动一个空间距离,则先同时移动三个坐标,即空间位置的移动一般是先走一段空间的直线,再走一条平面斜线,最后沿剩下的一个坐标方向移动达到终点。可见,G00 指令的运动轨迹一般不是一条直线,而是三条或两条直线段的组合。忽略这一点,就容易发生碰撞,相当危险。

2) 直线插补 (G01)。指令格式:G01 X＿ Y＿ Z＿ F＿;

G01 指令用于产生刀具相对于零件以 F 指令的进给速度,从当前点向终点进行直线移动。刀具沿 X、Y、Z 方向执行单轴移动,或在各坐标平面内执行任意斜率的直线移动,也可执行三轴联动,刀具沿指定空间直线移动。F 代码是进给速度指令代码,在没有新的 F 指令以前一直有效,不必在每个程序段中都写入 F 指令。

3) 圆弧插补 (G02,G03)。圆弧插补指令 G02 用于刀具相对于零件在指定的坐标平面 (G17,G18,G19) 内,以 F 指令的进给速度从始点向终点进行顺时针圆弧插补。圆弧插补指令 G03 则是逆时针圆弧插补。

圆弧顺、逆方向的判断:沿着不在圆弧平面内的坐标轴由正方向向负方向看去,顺时针方向为 G02,逆时针方向为 G03。指令格式:

G17 G02/G03 X＿ Y＿ I＿ J＿/R＿ F＿;(OXY 平面)

圆弧中心用地址 I、J、K 指定,它们是圆心相对于圆弧起点分别在 X 轴、Y 轴、Z 轴方向的坐标增量,是带正负号的增量值。圆心坐标值大于圆弧起点的坐标值为正值,反之为负。

圆弧中心也可用半径指定。在 G02、G03 指令的程序段中,可直接指令圆弧半径,指令半径的尺寸字地址一般是 R (K)。在相同半径的条件下,从圆弧起点到终点有三个圆弧的可能性:圆弧所对应的圆心角小于 180°,用 +R (+K) 表示;圆弧所对应的圆心角大于 180°,用 -R (-K) 表示;对于 180° 的圆弧,正负号均可。

当 X、Y、Z 同时省略时,表示终点和始点是同一位置。用 I、J、K 指令圆心时,为 360° 的圆弧。使用 R 时,表示 0° 的圆弧。

(3) 参考点

1) 返回参考点 (G28)。指令格式:

G28 X__ Y__ Z__；

执行 G28 指令，使各轴快速移动到设定的坐标值为 X、Y、Z 的中间点位置，返回到参考点定位。指令轴的中间点坐标值，可用绝对值或增量值指令。

2）从参考点返回（G29）。指令格式：G29 X__ Y__ Z__；

执行 G29 指令，首先使各轴快速移动到 G28 所设定的中间点位置，然后再移动到 G29 所设定的坐标值为 X、Y、Z 的返回点位置上定位。用增量值指令时，其值为对中间点的增量值。

(4) 固定循环指令　固定循环通常是用含有 G 功能的一个程序段完成用多个程序段指令才能完成的加工动作，使程序得以简化。

1）固定循环的动作顺序组成。如图 12-21 所示，固定循环常由六个动作顺序组成。

① X 轴和 Y 轴定位，起刀点 A→初始点 B。
② 快速进给到 R 点。
③ 孔加工。
④ 孔底的动作（暂停、主轴停等）。
⑤ 退回到 R 点。
⑥ 快速运行到初始点位置。

初始点平面是从取消固定循环状态到开始固定循环状态的孔加工轴方向的绝对值坐标位置。

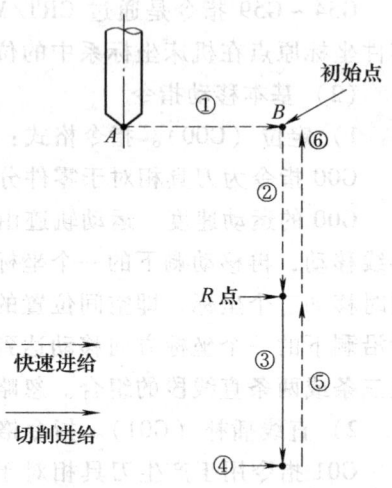

图 12-21　固定循环动作

2）固定循环编程格式。指令格式：G90/G91 G99/G98 G81/G83 X__ Y__ Z__ R__ Q__ P__ F__ K__；

说明：G99、G98 为返回点平面。在返回动作中，G99 指令返回到 R 点平面，G98 指令返回到初始点平面（图 12-22）。通常，最初的孔加工用 G99，最后加工用 G98，可减少辅助时间。用 G99 指令加工孔时，初始点平面也不变化。

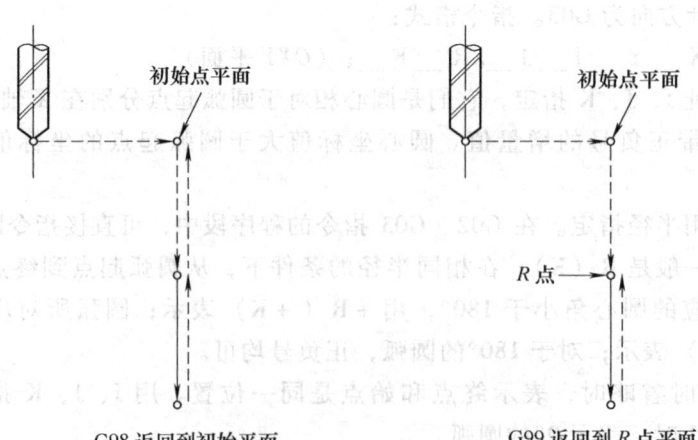

图 12-22　初始点平面和 R 点平面

G81、G83 为孔加工方式，如 G81 为定点钻孔循环；G83 为深孔钻削循环。

X、Y 为孔位置坐标，用绝对值或增量值指定孔的位置，刀具以快速进给方式到达（X、Y）点。

Z 为孔加工轴向切削进给最终位置坐标值，在采用绝对值方式时，Z 为孔底坐标值；采用增量值方式时，Z 规定为 R 点平面到孔底的增量距离，如图 12-24 所示。

R 在绝对方式（G90）下，为 R 点平面的绝对坐标；在增量方式（G91）下，为初始点到 R 点平面的增量距离，如图 12-23 所示。

Q 在深孔钻削加工（G83）方式中，被规定为每次切削深度，始终是一个增量值。

P 为在孔底的暂停时间，用整数表示，以 ms 为单位。

F 为切削进给速度，以 mm/min 为单位。

K 用于规定固定循环重复加工次数，执行一次可不写 K。当 K = 0 时，系统存储加工数据，但不执行加工。

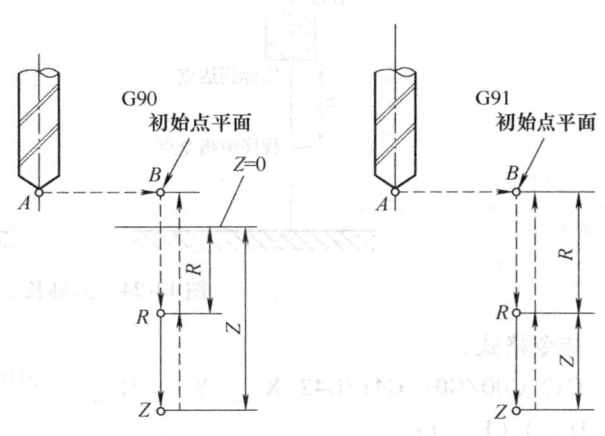

图 12-23 Z 轴的绝对值指令和增量指令

当孔加工方式建立后，一直有效，而不需要在执行相同孔加工方式的每一个程序段中指定，直到被新的孔加工方式所更新或被撤销。

(5) 刀具补偿

1) 刀具长度补偿（G43、G44、G49）。在加工过程中，利用该功能可以补偿刀具因磨损、重磨、更换而长度发生变化，或者加工一个零件需用几把刀，而各刀的长度不同。刀具长度补偿功能用于 Z 轴方向的刀具补偿，它可使刀具在 Z 轴方向的实际位移量大于或小于编程给定的位移量。指令格式：

G01/G00 G43 Z＿ H＿；
G01/G00 G44 Z＿ H＿；
G01/G00 G49；

说明：G43 为刀具长度正补偿，G44 为刀具长度负补偿，G49 为取消刀具长度补偿，Z 为程序中的指令值，H 为偏置号，后面一般用两位数字表示代号。H 代码中放入刀具的长度补偿值作为偏置量，这个号码与刀具半径补偿共用。

对于存放在 H 代码中的数值，在 G43 时是加到 Z 轴坐标值中，在 G44 时是从原 Z 轴坐标中减去，从而形成新的 Z 轴坐标。

如图 12-24 所示，执行 G43 时：$Z_{实际值} = Z_{指令值} + H$；执行 G44 时：$Z_{实际值} = Z_{指令值} - H$。

当偏置量是正值时，以 G43 指令在正方向移动一个偏置量，G44 是在负方向上移动一个偏置量。偏置量是负值时，则与上述反方向移动。

2) 刀具半径补偿（G40、G41、G42）。在数控铣床上进行轮廓加工时，因为铣刀刀尖圆弧具有一定的半径，所以刀具中心轨迹和零件轮廓不重合。如不考虑刀尖圆弧半径，直接按照零件轮廓编程是比较方便的，而加工出的零件尺寸比图样要求小了一圈（加工外轮廓时）或大了一圈（加工内轮廓时），为此必须使刀具沿零件轮廓的法向偏移一个刀尖圆弧半径，这就是所谓的刀半径补偿，如图12-25所示。

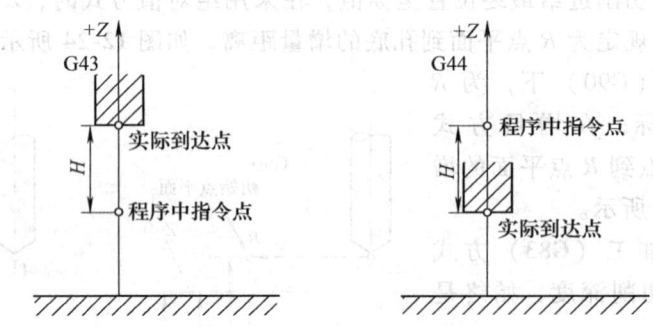

图 12-24　刀具长度补偿

指令格式：

G17 G00/G01 G41/G42 X __ Y __ H __（或 D __）(F __)；

G17 G00/G01 G40 X __ Y __ (F __)；

说明：G41 为左偏刀具半径补偿，是指沿着刀具运动方向向前看（假设零件不动），刀具位于零件左侧的刀具半径补偿。这时相当于顺铣，如图12-26a所示。

G42 为右偏刀具半径补偿，是指沿着刀具运动方向向前看（假设零件不动），刀具位于零件右侧的刀具半径补偿。此时相当于逆铣，如图12-26b所示。

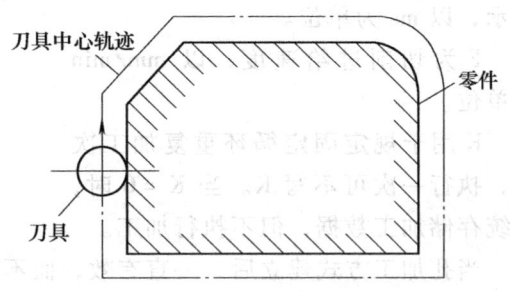

图 12-25　刀具半径补偿

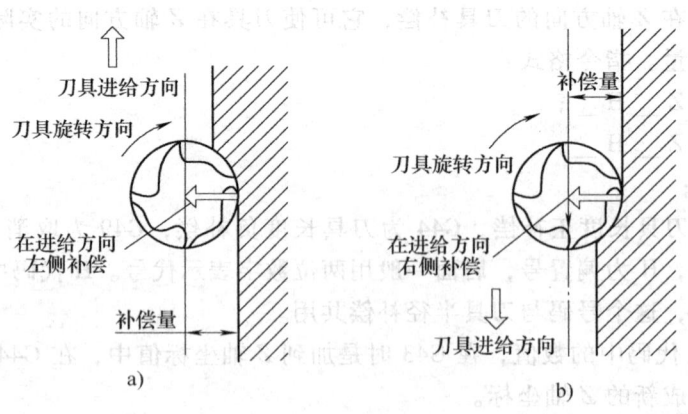

图 12-26　刀具补偿方向
a) 左刀补　b) 右刀补

G40 为刀具半径补偿取消，使用该指令后，G41、G42 指令无效。

X、Y 为建立与撤销刀具半径补偿直线段的终点坐标值。

H 或 D 为刀具半径补偿寄存器的地址字，在对应刀具补偿号码的寄存器中存有刀具半径补偿值。

(6) 子程序

1) 调用子程序 (M98)。指令格式：M98 P __ ;

说明：调用地址 P 后跟 8 位数字，前 4 位为调用次数，后 4 位为子程序号。例如："M98 P00120001"；表示调用 1 号子程序 12 次。调用次数为 1 次时，可省略调用次数。

2) 子程序的格式 (M99)。指令格式：

O××××;

…;

M99；

说明：O 后所跟 4 位数字为子程序号。M99 指令表示子程序结束，并返回主程序"M98 P __ ;"的下一程序段，继续执行主程序。

(7) 镜像功能　加工某些对称图形时，为了避免重复编制相类似的程序，缩短加工程序，可采用镜像加工功能。图 12-27a、b、c 所示分别是 X 轴、Y 轴和原点对称图形，编程轨迹为一半图形，另一半图形可通过镜像加工指令完成，有时可由外部开关来设定镜像功能。

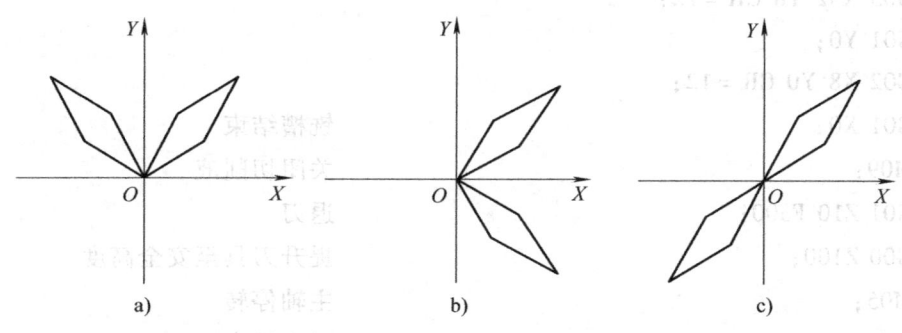

图 12-27　镜像功能

指令格式：

G51 X __ Y __ ;

G50 X __ Y __ ;

说明：G51 为镜像设定，G50 为镜像取消。

X、Y、Z 表示坐标轴上的镜像，如同在坐标轴位置上放一面镜子一样，如程序段"G51 X0;"为程序对于 X 坐标轴的值对称，其对称轴为 X = 0 的直线，即 Y 轴。

当零件形状关于一个坐标轴对称时，可以利用镜像功能与子程序，只对对称零件的一部分进行编程，来实现对整个零件的加工。

3. 数控铣床编程实例

图 12-28 所示为铣槽时刀具的运动轨迹，采用

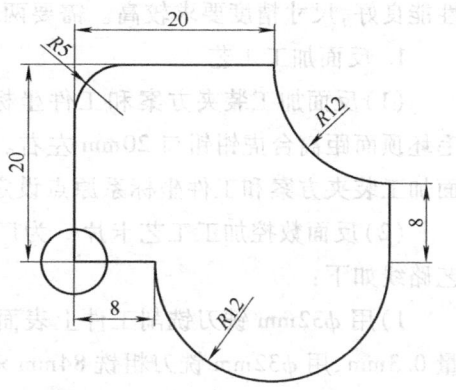

图 12-28　铣槽时刀具的运动轨迹

ϕ8mm 键槽铣刀加工，Z 向切入工件 2mm；用 G54 指令设定工件坐标系，工件上表面为 Z 轴零点。

程序如下：

L0001；	程序名
N10 G94 G54 G90 G17 G71；	设定工件坐标系
N20 T1 D1；	调用 1 号刀具
N30 G00 Z100；	Z 向快速定位至安全高度
N40 X0 Y0；	快速移至切入点
N50 M03 S1000；	主轴正转
N60 Z10；	下刀至慢速下刀位置
N70 M08；	打开切削液
N80 G01 Z-2 F60；	切入工件 2mm
N90 Y15 F100；	开始铣槽
N100 G02 X5 Y20 CR=5；	
N110 G01 X20；	
N120 G03 X32 Y8 CR=12；	
N130 G01 Y0；	
N140 G02 X8 Y0 CR=12；	
N150 G01 X0；	铣槽结束
N160 M09；	关闭切削液
N170 G01 Z10 F300；	退刀
N180 G00 Z100；	提升刀具至安全高度
N190 M05；	主轴停转
N200 M02；	程序结束

12.5 典型零件数控铣削综合实例

完成图 12-29 所示零件的加工，零件图尺寸标注完整，轮廓描述完整，材料为 45 钢，切削性能良好，尺寸精度要求较高。需要两次装夹完成工件正、反两面加工。

1. 反面加工工艺

（1）反面加工装夹方案和工件坐标系原点设定　反面加工，毛坯下面垫两块平行垫铁。毛坯顶面距离台虎钳钳口 20mm 左右。工件坐标系原点设定在工件表面的对称中心。工件反面加工装夹方案和工件坐标系原点设定见表 12-5。

（2）反面数控加工工艺卡片　为了保证零件尺寸链正确，采用从上到下加工的原则。工艺路线如下：

1）用 ϕ32mm 铣刀铣削工件上表面；用 ϕ32mm 铣刀粗铣工件外形，深 18mm，留精加工余量 0.3mm，用 ϕ32mm 铣刀粗铣 84mm×64mm×5mm 凸台，留精加工余量 0.3mm。

2）用 ϕ12mm 立铣刀粗铣椭圆槽和两个 R8mm 的半圆槽，深 8mm，留精加工余量 0.3mm。

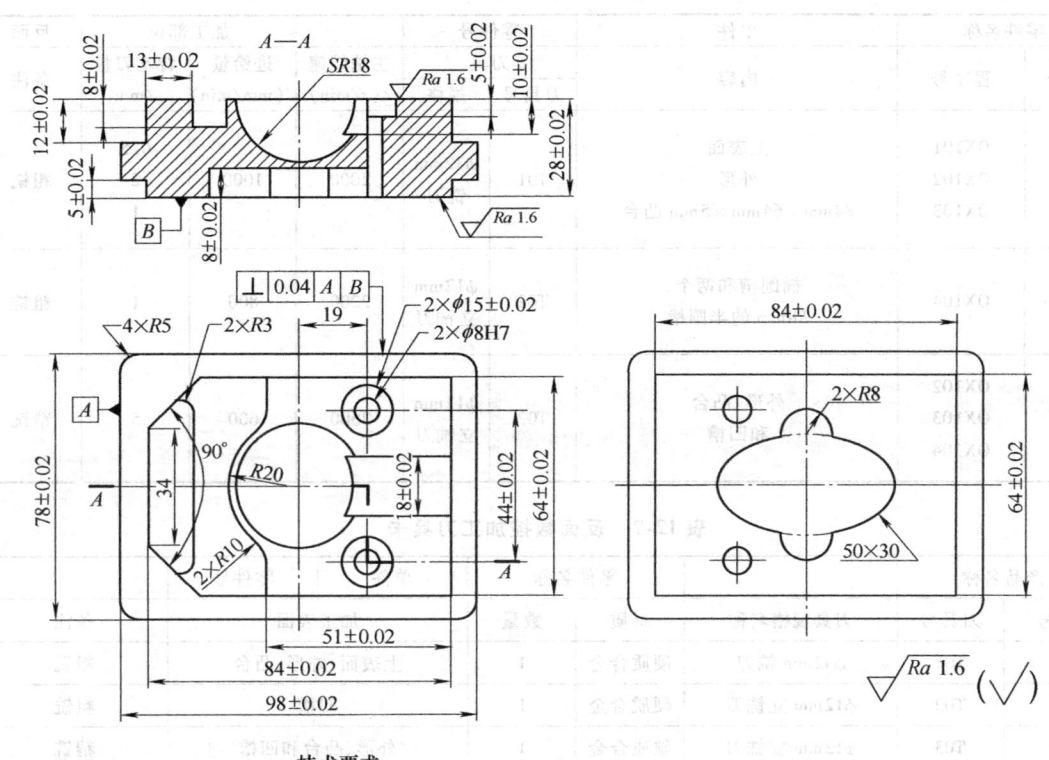

技术要求

1. 锐边倒钝,去毛刺。
2. 直边倒角C1。

图 12-29 铣削综合加工零件

表 12-5 反面加工装夹方案和工件坐标系原点设定

零件名称	单件	装夹方案和工件坐标系原点设定	工序号	1
零件加工面	反面		装夹次数	1
			夹具	名称
			1	机用平口钳
			2	平行垫铁
			3	T形螺栓

3) 用 φ12mm 立铣刀精铣工件外形、84mm×64mm×5mm 凸台和椭圆槽及两个 R8mm 的半圆槽至要求尺寸。反面数控加工工艺卡见表 12-6。

(3) 反面数控加工刀具卡 由于加工材料为 45 钢,表面精度要求较高,所以选用硬质合金刀具。根据图样,选择合适的刀具加工,制作反面数控加工刀具卡(表 12-7)。

表 12-6　反面数控加工工艺卡

零件名称		单件	零件号		加工部位			反面
序号	程序号	内容	刀具		主轴转速 /(r/min)	进给量 /(mm/min)	背吃刀量 /mm	备注
			刀具号	规格				
1	OX101 OX102 OX103	上表面 外形 84mm×64mm×5mm 凸台	T01	φ32mm 铣刀	2000	1000	0.5 2 1	粗铣
2	OX104	椭圆槽和两个 R8mm 的半圆槽	T02	φ12mm 立铣刀	2200	800	1	粗铣
3	OX102 OX103 OX104	外形、凸台 和凹槽	T02	φ12mm 立铣刀	2500	600	5	精铣

表 12-7　反面数控加工刀具卡

产品名称			零件名称		单件	零件号	
序号	刀具号	刀具规格名称	材质	数量	加工表面		备注
1	T01	φ32mm 铣刀	硬质合金	1	上表面、外形、凸台		粗铣
2	T02	φ12mm 立铣刀	硬质合金	1	凹槽		粗铣
3	T03	φ12mm 立铣刀	硬质合金	1	外形、凸台和凹槽		精铣

（4）反面数控加工程序　用 φ32mm 铣刀铣削反面，具体加工程序如下：

%0001；

X50；

G17 G40 G54 G80 G90；

Y10；

M03 S2000；

X-50；

G00 Z100；

Y38；

X80 Y-38；

X50；

Z5；

G00 Z100；

G01 Z0 F1000；

M05；

X-50；

M30；

Y-10；

其余程序及正面加工请读者参照本例完成。

数控铣床加工实习

1. 实习记录

(1) 你所操作的数控铣床的型号是什么？该型号中各符号及数字代表什么含义？

(2) 你所操作的数控铣床所使用的数控系统是什么系统？

(3) 用你所操作的数控系统编程时，必须以什么指令结束程序？

2. 观察与思考

(1) 数控铣床编程的圆弧插补指令有哪两种格式？使用时需要注意哪些情况？

(2) 简述怎么样对机床进行复位。

(3) 简述刀具半径补偿功能。

(4) 数控铣床刀具半径补偿的两种指令是什么？请说明具体使用场合。

3. 体会与建议

实习时间：_____ 分数：_____

第13章 加工中心及其加工

13.1 加工中心简介

加工中心（CNC Machining Center）又称多工序自动换刀数控机床，是现代机械制造业最广泛使用的一种功能较全的金属切削加工设备。

加工中心综合了现代控制技术、计算机应用技术、精密测量技术以及机床设计与制造等方面的最新成就，具有较高的科技含量。与普通机床相比，它简化了机械结构，加强了数字控制化功能，成为众多数控加工设备的典型。

加工中心集中了金属切削设备的优势，具备多种工艺手段，能实现工件一次装夹后的铣、镗、钻、铰、攻螺纹等综合加工，对中等加工难度的批量工件，其生产率是普通设备的5~10倍。加工中心对形状较复杂、精度要求高的单件加工或中小批量生产更为适用。而且还节省工装，调换工艺时能体现出相对的柔性。

加工中心控制系统功能较多，机床运动至少用到三个运动坐标轴，多的达十几个。其控制功能至少需要两轴联动来实现，以进行刀具运动的直线插补和圆弧插补，多的可五轴联动、六轴联动，从而完成更复杂曲面的加工。加工中心还具有各种辅助机能，如：加工固定循环、刀具半径自动补偿、刀具长度自动补偿、刀具破损报警、刀具寿命管理、过载超程自动保护、丝杠螺距误差补偿、丝杠间隙补偿、故障自动诊断、工件与加工过程图形显示、人机对话、工件在线检测和加工自动补偿、离线编程等，这些对提高设备的加工效率，保证产品的加工精度和质量等都起到保证作用。

加工中心的突出特征是设置有刀库，刀库中存放着各种刀具或检具，在加工过程中由程序自动选用和更换，这是它与数控铣床、数控镗床的主要区别。

加工中心既可以单机使用，也能在计算机辅助控制下多台同时使用，构成柔性生产线，可以与工业机器人、立体仓库等组合成无人工厂。随着21世纪现代制造业的技术发展，机加工的工艺与装备在数字化基础上正向智能化、信息化、网络化方向迈进，而先进数控设备大量取代传统加工设备将是必然趋势。

1. 加工中心的主要装置

(1) 支承系统

1) 床身。床身是机床的基础件，要求具有足够高的静、动刚度和精度保持性。

2) 立柱。加工中心立柱主要是对主轴箱起到支承作用，满足主轴的 Z 向运动。

3) 导轨。加工中心的导轨大都采用直线滚动导轨。滚动导轨摩擦因数很低、低速运动平稳、无爬行，因此可以获得较高的定位精度。

(2) 刀库及自动换刀装置　加工中心利用刀库实现换刀，这是目前加工中心大量使用的换刀方式。刀库换刀，按照换刀过程有无机械手参与，分成有机械手换刀和无机械手换刀两种情况。

自动换刀装置的用途是按照加工需要,自动地更换装在主轴上的刀具。图 13-1 所示为自动换刀过程。机械手安装在主轴箱的左侧面,随同主轴箱一起在立柱上运动。

换刀的大致过程如下:
1) 主轴箱回到最高处（Z 坐标参考点）,同时主轴停止回转并定向。
2) 机械手大臂转动,抓住主轴和刀库上的刀具。
3) 主轴和刀库上的刀具松开,如图 13-1a 所示。
4) 机械手下移,从主轴和刀库上取出刀具,如图 13-1b 所示。
5) 机械手大臂转动 180°,换刀,如图 13-1c 所示。
6) 机械手上移,将更换后的刀具装入主轴和刀库,如图 13-1d 所示。
7) 主轴和刀库分别夹紧刀具。
8) 机械手松开主轴和刀库上的刀具。
9) 当机械手大臂转动至水平状态时,限位开关发出"换刀完毕"的信号,可以开始加工或进行其他程序动作。

在自动换刀的整个过程中,各项运动均由限位开关控制,只有前一个动作完成后,才能进行下一个动作,从而保证了运动的可靠性。

2. 加工中心的分类

(1) 立式加工中心　指主轴轴线为垂直状态设置的加工中心。图 13-2 所示为立式加工中心外形,结构形式多为固定立柱式,工作台为长方形,无分度回转功能,主要适合加工板材类、壳体类工件,也可用于模具加工。一般具有三个直线运动坐标,如果在工作台上安装一个水平轴的数控回转台,还可加工螺旋线类零件。

(2) 卧式加工中心　指主轴轴线为水平状态设置的加工中心。图 13-3 所示为卧式加工中心外形,通常都带有可进行分度回转运动的正方形工作台。卧式加工中心一般有 3~5 个运动坐标,常见的是 3 个直线运动坐标加 1 个回转运动坐标。它能够使工件在一次装夹后完成除安装面和顶面以外的其余四面的加工,最适合加工箱体类零件及小型模具型腔。卧式加工中心是加工中心中种类最多、规格最全、应用范围最广的一种。其缺点是调试程序及试切时不易观察,生产时不易监视,零件装夹和测量不方便,若没有内冷却钻孔装置,加工深孔时切削液不易到位。卧式加工中心的加工准备时间比立式长,但加工件数越多,其多工位加工、主轴转速高、机床精度高等优势就越明显,因此适用于批量生产。加工时排屑容易,对加工有利。与立式加工中心比较,卧式加工中心结构复杂、占地面积大、价格较高。

(3) 龙门式加工中心　龙门式加工中心的形状与龙门铣床相似。图 13-4 所示为龙门式加工中心外形。主轴多为垂直设置,除带有自动换刀装置以外,还带有可更换的主轴头附件,数控装置的软件功能比较齐全,能够一机多用,尤其适用于加工大型形状复杂的工件（如航空工业中飞机的梁、框板及大型汽轮机上的某些零件）。

(4) 复合加工中心（五面加工中心）　这类加工中心具有立式加工中心和卧式加工中心的功能,工件一次装夹后能完成除安装面外的所有侧面和顶面五个面的加工,其外形如图 13-5 所示。常见的复合加工中心有两种形式,一种是主轴可以旋转 90°,可以进行立式和卧式加工模式的切换;另一种是主轴不改变方向,而由工作台带着工件旋转 90°,完成对工件五个表面的加工。该类加工中心适于加工复杂箱体类零件和具有复杂曲线的工件,如螺旋桨叶片及各种复杂模具。

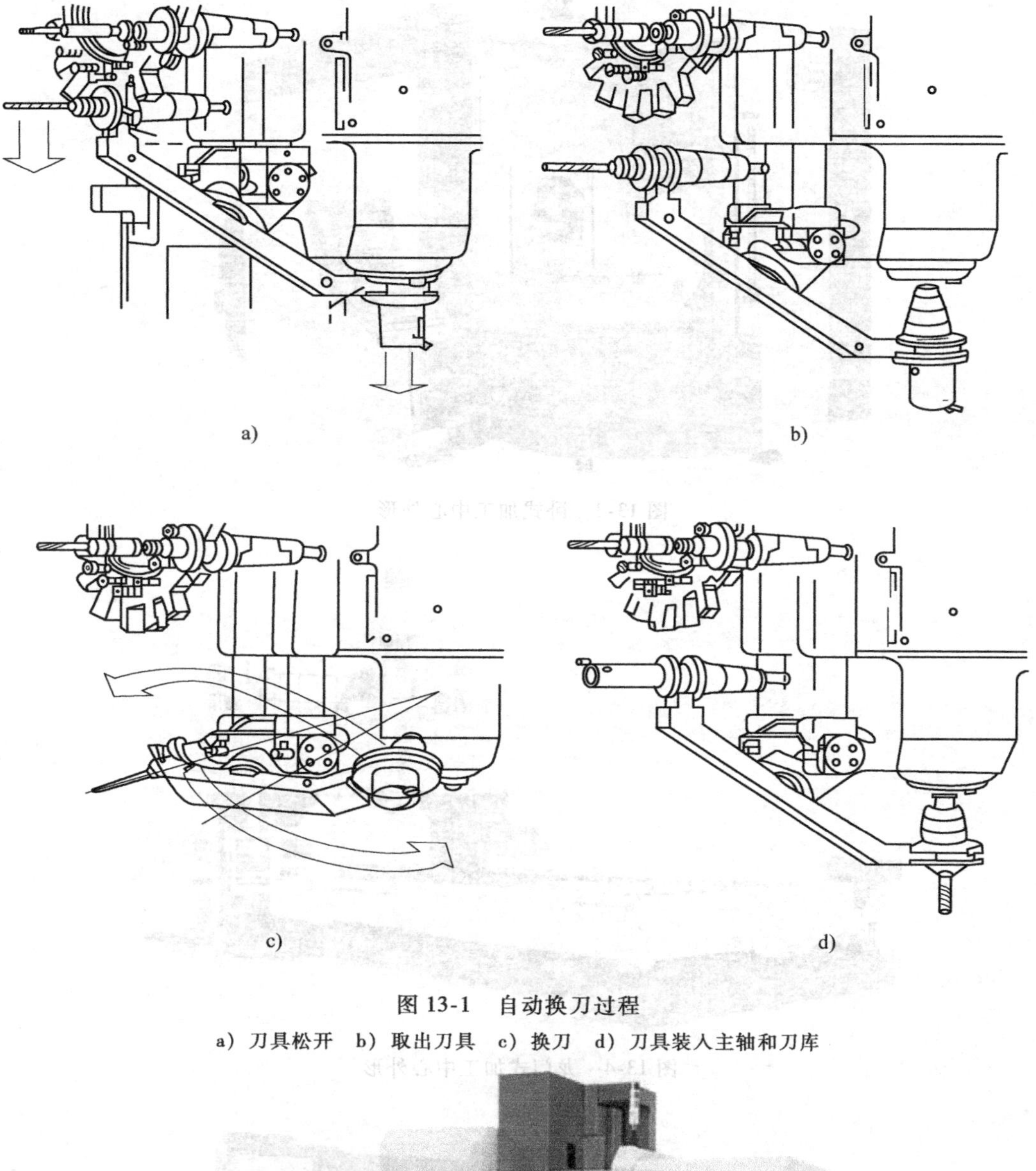

图 13-1 自动换刀过程

a) 刀具松开　b) 取出刀具　c) 换刀　d) 刀具装入主轴和刀库

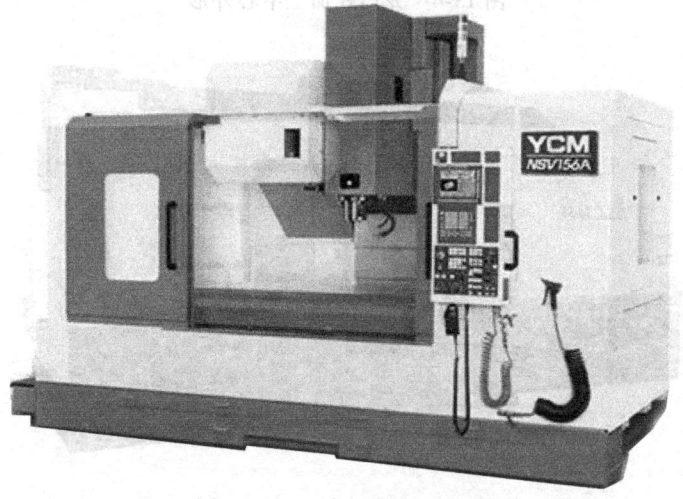

图 13-2 立式加工中心外形

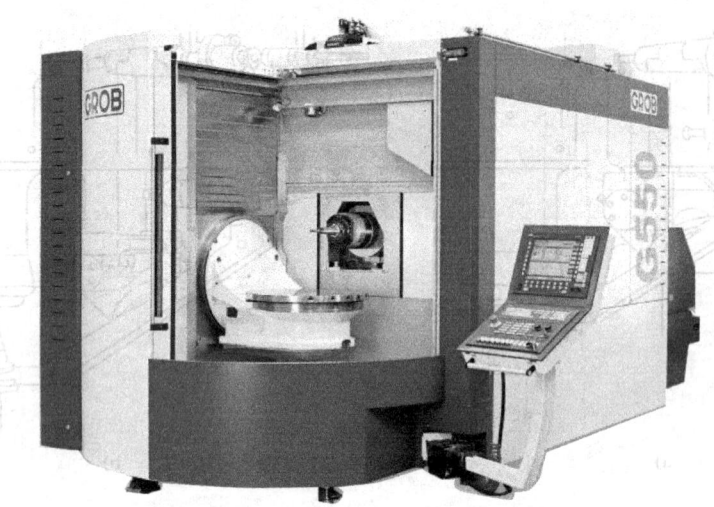

图 13-3 卧式加工中心外形

图 13-4 龙门式加工中心外形

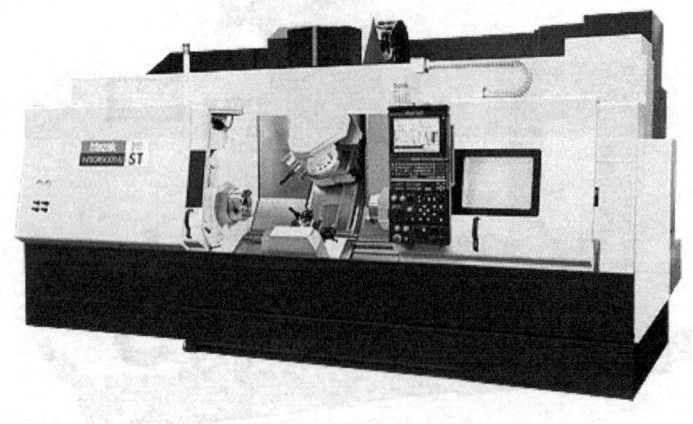

图 13-5 复合加工中心外形

13.2 加工中心安全生产和日常维护

1. 加工中心安全生产

1) 工件安装前的注意事项：

① 机床通电后，检查各开关、按钮和键是否正常，机床有无异常现象。

② 检查电压、油压、气压是否正常，有手动润滑的部位要先进行手动润滑。

③ 各坐标轴手动回参考点（机床原点）。若某轴在回参考点位置前已处在零点位置，必须先将该轴移动到距离原点 100mm 以外的位置，再进行手动回零。

④ 在进行工作台回转变换时，台面与导轨上不得有异物。

⑤ 机床执行热机程序 15min 以上，使机床达到热平衡状态。

⑥ 程序输入完毕后，应认真校对，确保无误。其中包括代码、指令、地址、数的正负号和小数点的查对。

⑦ 按工艺规程安装并找正好夹具。

⑧ 将工件坐标系输入到偏置页面，并对坐标、坐标值、正负号和小数点进行认真核对。

⑨ 未装工件前，应空运行一次程序，观察程序能否顺利执行，刀具长度选取和夹具安装是否合理，有无超程现象。

2) 工件安装时的注意事项：

① 将刀具补偿值（长度、半径）输入偏置页面后，要对刀具补偿号、补偿值、正负号和小数点进行认真核对。

② 装夹工件，注意螺钉压板是否妨碍刀具运动，检查有无超程现象。

③ 检查各刀头的安装方向及各刀具旋转方向是否符合程序要求，是否会碰撞工件与夹具。

④ 检查每把刀柄在主轴孔中是否都能拉紧。

3) 工件试切时的注意事项：

① 无论是首次还是周期性重复上机加工的零件，首先都必须按照图样工艺、程序和刀具调整卡，进行逐把刀、逐个程序的试切。

② 单段试切时，快速倍率开关必须置于较低档。

③ 每把刀首次使用时，必须先验证它的实际长度与所给补偿值是否相符。

④ 在程序运行中，要重点观察数控系统上的以下几种显示：

a. 坐标显示（按 "Pos" 键）。可了解目前刀具运动点在机床坐标系及工件坐标系中的位置，了解这一程序段的运动量、剩余运动量等。

b. 寄存器和缓冲寄存器显示（按 "PROGM" 键）。可观察正在执行程序段各状态指令和下一程序段的内容。

c. 模拟显示（按 "GRAPH" 键）。可了解刀具运动轨迹。

⑤ 试切进刀时，在刀具运行至距工件表面 30~50mm 处，必须在保持进给的状态下，验证坐标轴剩余坐标值和 x、y 轴坐标值与图样是否一致。

⑥ 对一些有试刀要求的刀具，采用"渐进"的方法。例如，对于镗孔，可先试镗小段长度，检测合格后，再镗到整个长度。使用刀具半径补偿功能的刀具数据，可由小到大边试

切边修改。

4) 工件加工过程中的注意事项：

① 加工小刃口刀具和更换刀具辅具后，一定要重新测量刀长并修改好刀补值。

② 程序检索时，应注意光标所指位置是否合理、准确，并观察刀具与机床运动方向的坐标是否正确。

③ 手动进给和手动连续进给操作时，必须检查各种开关所选择的位置是否正确，弄清正负方向，认准按键，然后再进行操作。

5) 零件加工完毕后的注意事项：

① 从刀库中卸下刀具，按调整卡或程序清理编号入库，录入磁带、磁盘与工艺、刀具调整卡成套入库。

② 卸下夹具，某些夹具应记录安装位置及方位并存档。

③ 将各坐标轴停在中间位置。

2. 加工中心日常维护

1) 保持良好的润滑状态，定期检查、清洗自动润滑系统，添加或更换润滑脂、润滑油，使丝杠、导轨等各运动部位始终保持良好的润滑状态，以降低机械的磨损速度。

2) 进行机械精度的检查与调整，以减小各运动部件之间的几何误差，包括换刀系统、工作台交换系统、丝杠和反向间隙等的检查与调整。

3) 经常打扫卫生。机床周围环境太脏，粉尘太多，均会影响机床的正常运行；电路板上太脏，可能会造成短路现象；油水过滤器、完全过滤网等太脏，会导致压力不够、散热不好而造成故障。所以，必须定期打扫卫生。

4) 机床长期不用时要定期通电，并进行机床功能试验程序的完整运行。要求每三周通电试运行一次，尤其是在环境湿度较大的梅雨季节应增加通电次数。每次空运行 1h 左右，利用机床本身的发热来降低机内湿度，使电子元件不致受潮，同时也能发现有无电池报警发生，以防系统软件参数的丢失。

13.3 加工中心加工工艺

1. 加工中心的特点及主要加工范围

(1) 加工中心的特点　加工中心是备有刀库并能自动更换刀具，可对工件进行多工序加工的数字控制机床。工件经一次装夹后，数字控制系统能控制机床按不同工序，自动选择和更换刀具，自动改变机床主轴转速、进给量和刀具相对工件的运动轨迹，依次完成工件几个面上多工序的加工。

(2) 加工中心的主要加工范围　加工中心主要用于加工形状复杂、工序多、精度要求高的工件，包括箱体类工件，复杂曲面类工件，异形件，盘、套、板类工件。

2. 加工中心坐标系简述

由于加工中心具有多轴联动的功能，因此其坐标系统也较复杂。图 13-6a 所示为常用卧式和立式加工中心的坐标系统，旋转坐标 A、B、C（图 13-6b）的方向分别对应 x 轴、y 轴、z 轴按右手螺旋方向确定。由于加工中心的工作范围较复杂，有时会要求除上述运动范围外的其他方向的附加运动，此时可采用平行于上述坐标系的第二坐标系，其对应坐标轴为 U

轴、V 轴、W 轴；若还有第三直线运动，还可采用第三坐标系，其对应坐标轴为 P 轴、Q 轴、R 轴。一般情况下，在编程时，为了方便和统一，都假定工件相对静止不动，刀具移动。如果因为编程需要把刀具看作静止不动，工件移动，则规定在坐标轴的符号右上角加注标记"'"。按相对运动的关系，工件运动的正方向恰好与刀具运动的正方向相反，如图 13-6b 所示。

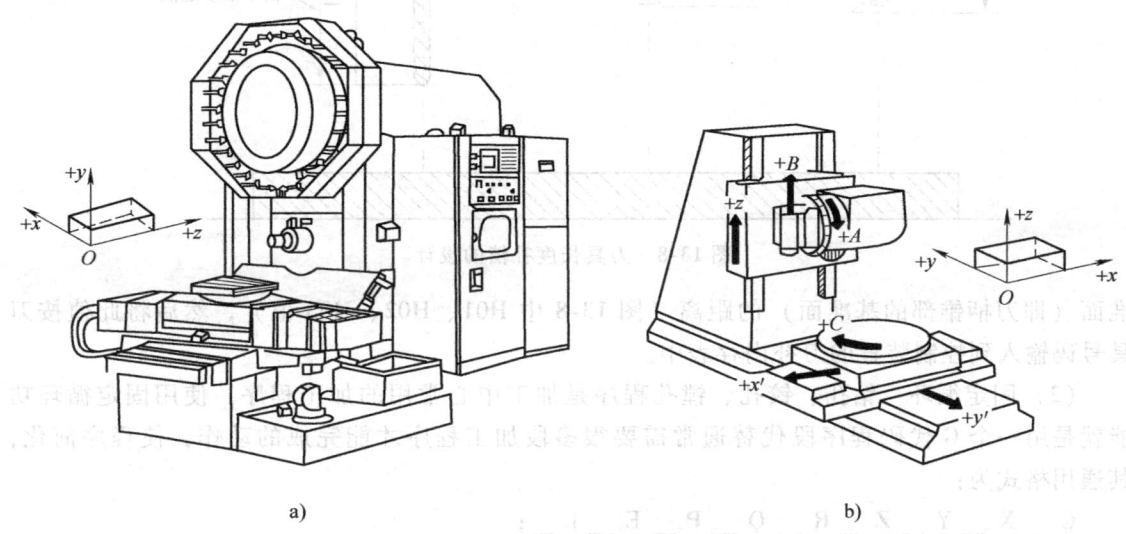

图 13-6 加工中心坐标系及运动方向

加工中心与数控铣床加工工艺基本一致，本章不再做过多介绍。

13.4 加工中心编程

1. 加工中心坐标系简述

加工中心的一个重要部分就是自动换刀装置及装有许多不同类型刀具的刀库，为了能在一次加工中使用多把长度不同的刀具，而在编程时又不必考虑刀具的不同长度，这就需要利用数控系统中的刀具长度补偿功能。

（1）刀具长度补偿 刀具长度补偿的程序格式为：

G43/G44 Z＿＿ H＿＿；

其中 G43 是 z 轴正方向补偿；G44 是负方向补偿；H 称为加数值，是控制装置内存中刀补表（Offset）的号码，代表补偿量的值。图 13-7 所示为刀具长度补偿的意义。

在编程之前，先按工艺顺序把要使用的刀具按顺序安装到相应位置上，假设要安装三把刀具，分别为钻头、扩孔钻、镗刀，如图 13-8 所示。

利用对刀仪测出每把刀具前端到刀柄校

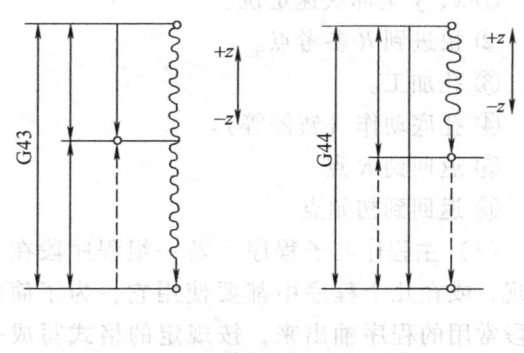

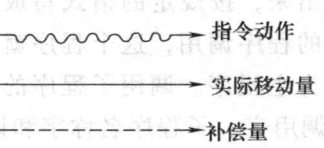

图 13-7 刀具长度补偿的意义

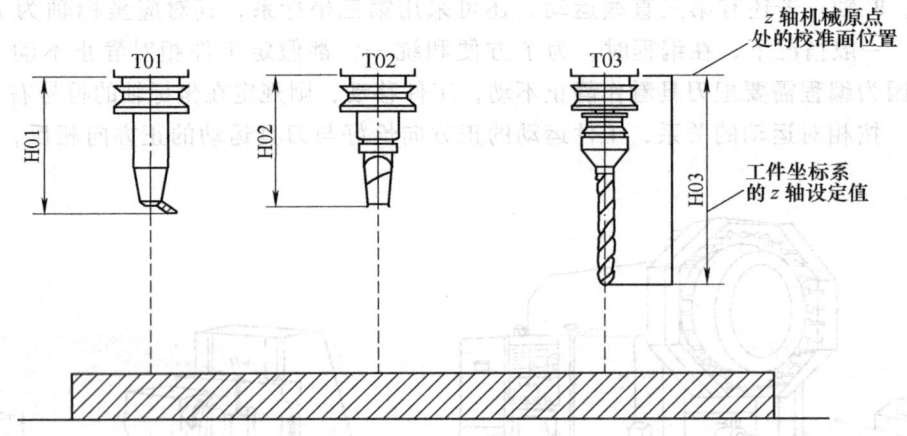

图 13-8 刀具长度补偿的设计

准面（即刀柄锥部的基准面）的距离（图 13-8 中 H01、H02、H03 值），然后将此值按刀具号码输入到控制装置的刀补内存表中。

(2) 固定循环 钻孔、铰孔、镗孔程序是加工中心常用的加工程序，使用固定循环功能就是用一个 G 代码程序段代替通常需要很多段加工程序才能完成的动作，使程序简化，其通用格式为：

G __ X __ Y __ Z __ R __ Q __ P __ E __ L __ ；

其中：G 为指令代码，不同数控系统有不同表示方法，孔加工方式代码为 G73 ~ G89；X、Y 为孔加工坐标位置；Z 为孔底位置，在增量方式时，是 R 点到孔底的距离，以绝对值编程时，是孔底的 Z 坐标值；R 为加工时刀具快速进给（G00）到工件表面上的参考点位置；P 为至孔底时的暂停时间，最小单位为 1ms；Q 为每次切削深度；F 为进给速度，螺纹加工循环时 F = 螺距×转速；L 为循环次数。要注意的是固定循环只能在 Oxy 平面上使用，Z 坐标仅作孔加工的进给深度位置。

图 13-9 所示为固定循环动作组成示意图。固定循环一般由下述六个动作组成：

① x、y 坐标快速定位。
② 快进到 R 参考点。
③ 孔加工。
④ 孔底动作（暂停等）。
⑤ 返回到 R 点。
⑥ 返回到初始点。

(3) 主程序与子程序 若一组程序段在一个程序中多次出现，或在几个程序中都要使用它，为了简化程序，可以把这段常用的程序抽出来，按规定的格式写成一个新的程序单独存储，以供另外的程序调用，这个程序就称为子程序，调用它的这个程序称为主程序。调用子程序的指令是一个程序段，一般由子程序调用字、子程序名称字和调用次数字组成，其规则和格式随系统而定，通用格式为：

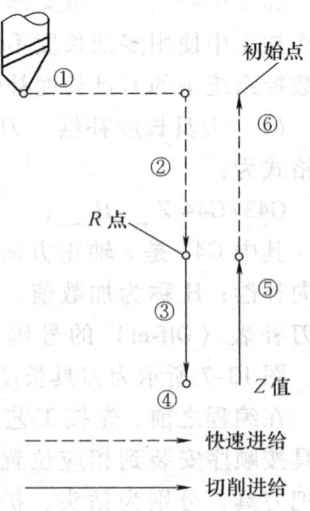

图 13-9 固定循环动作组成示意图

M98 P__ L__;

其中：P 后面的数字为子程序号码；L 后面的数字为调用次数，只调用一次时可省略。从子程序返回主程序用 M99。子程序的用法如图 13-10 所示。

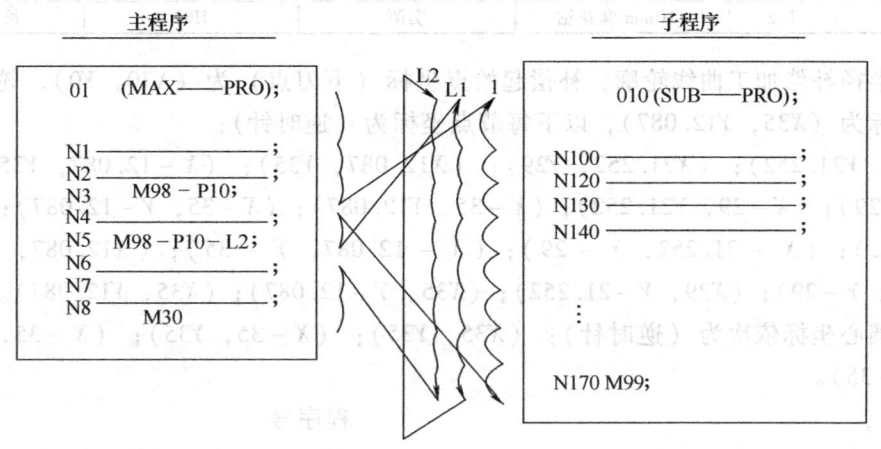

图 13-10 子程序的用法

如图 13-10 所示，在主程序的 N3 段，由"M98 P10;"指令开始调用编号为 010 的子程序，由于只调用一次，故 L 字符可省略。这里要注意的是，作为子程序，它在执行过程中也可以调用下一级的子程序，称为子程序嵌套。调用第一层子程序的指令所在的加工程序段称为主程序。程序的执行过程是：首先执行主程序，执行过程中遇到调用子程序指令（M98）时，按后面的子程序号（即 P 后面的数字）转入执行子程序；执行子程序时遇到返回主程序指令（M99）时，再返回主程序继续执行主程序后面的程序段。若子程序有嵌套，则子程序遇到返回指令时，只返回调用它的这个程序，而不一定返回主程序。FANUC 系统的子程序名由字母"O"打头，后可跟 5 位自然数。上述介绍的即为此系统，其他不同系统各有其固定的格式，具体编程时应参照所用数控系统的编程说明书。

2. 加工中心编程实例

如图 13-11 所示零件，毛坯已经过粗加工，现要求进行曲面轮廓的精加工和钻孔加工，材料为 45 钢，厚度为 25mm，曲线轮廓加工采用 φ20mm 立铣刀，钻孔加工采用 φ10mm 麻花钻。由于工件为较小的矩形材料，采用机用平口钳进行装夹，用垫铁支承工件以伸出足够加工高度。

工步安排为：先用 φ20mm 立铣刀加工曲线轮廓，再用 φ10mm 麻花钻加工孔。

刀具卡见表 13-1。

将工件坐标系设定在工件中心，Z 轴零点为工件的上表面。

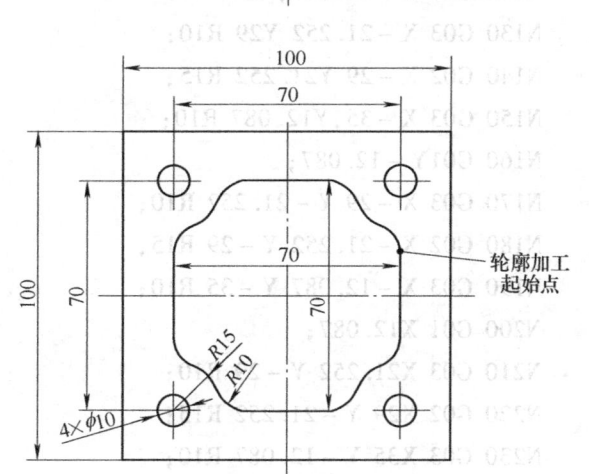

图 13-11 加工中心编程实例

表 13-1 刀具卡

工步号	T 码	刀具型号	刀具长度	补偿地址	备注
1	T01	φ20mm 立铣刀	实测	H01 D01	长度补偿 半径补偿
2	T02	φ10mm 麻花钻	实测	H02	长度补偿

采用半径补偿加工曲线轮廓，补偿起始点坐标（下刀点）为（X70，Y0），轮廓加工第一节点坐标为（X35，Y12.087），以下每节点坐标为（逆时针）：

（X29，Y21.252）；（X21.252，Y29）；（X12.087，Y35）；（X-12.087，Y35）；（X-21.252，Y29）；（X-29，Y21.252）；（X-35，Y12.087）；（X-35，Y-12.087）；（X-29，Y-21.252）；（X-21.252，Y-29）；（X-12.087，Y-35）；（X12.087，Y-35）；（X21.252，Y-29）；（X29，Y-21.252）；（X35，Y-12.087）；（X35，Y12.087）。

钻孔圆心坐标依次为（逆时针）：（X35，Y35）；（X-35，Y35）；（X-35，Y-35）；（X35，Y-35）。

O1001；	程序号
N10 G90 G54 G94 G49 G40；	利用 G54 建立工件坐标系
N20 T01 M06；	换 T01 号刀具
N30 S1500 M03；	起动主轴，正向旋转
N40 G43 G00 Z100 H01；	Z 轴定位至安全高度，调用 H01 号长度补偿
N50 X70 Y0；	X 轴、Y 轴定位至下刀点
N60 Z10；	
N70 G01 Z-6 F60；	下刀至指定高度
N80 G42 D01 X35.Y12.087 F100；	使用半径右补偿开始加工曲线轮廓
N90 G03 X29 Y21.252 R10；	
N100 G02 X21.252 Y29 R15；	
N110 G03 X12.087 Y35 R10；	
N120 G01 X-12.087；	
N130 G03 X-21.252 Y29 R10；	
N140 G02 X-29 Y21.252 R15；	
N150 G03 X-35，Y12.087 R10；	
N160 G01 Y-12.087；	
N170 G03 X-29 Y-21.252 R10；	
N180 G02 X-21.252 Y-29 R15；	
N190 G03 X-12.087 Y-35 R10；	
N200 G01 X12.087；	
N210 G03 X21.252 Y-29 R10；	
N220 G02 X29 Y-21.252 R15；	
N230 G03 X35 Y-12.087 R10；	
N240 G01 Y12.087；	

N250 G40 G01 X70;   轮廓加工完毕,取消刀具半径补偿
N260 Z10 F300 ;
N270 G49 G00 Z100;   取消刀具长度补偿
N280 T02 M06 ;   换刀,调用T02号刀具
N290 S600 M03 ;
N300 G43 G0 Z100 H02 ;   Z轴定位至安全高度,调用H02号长度补偿
N310 G90 G98 G81 X35 Y35 Z-16 R10 F80; 钻第一孔循环
N320 X-35 Y35;   钻第二孔
N330 X-35 Y-35;   钻第三孔
N340 X35 Y-35;   钻第四孔
N350 G80 G00 X0 Y0;   取消钻孔循环
N360 G49 G00 Z150;   提刀至安全高度,取消刀具长度补偿
N370 M05 ;
N380 M02 ;   程序结束

13.5 典型零件加工中心加工综合实例

1. 综合零件图

综合运用已学知识加工图13-12所示的零件。

2. 装夹方案及坐标系设定

该零件形状比较简单,毛坯为120mm×80mm×30mm长方体,带圆角,故可选用通用的精密台虎钳,采用顶、底面两次装夹加工。正、反面装夹方案和工件坐标系原点设定见表13-2。

3. 加工工艺

为了保证零件尺寸链正确,采用从下到上加工的原则,先加工底面与侧面后再加工正面,先孔后面。

(1) 加工顺序及路线

1) 底面与侧面加工顺序及路线:

① 用 ϕ20mm 立铣刀精铣工件反面表面,深度为1mm;用 ϕ20mm 铣刀粗、精铣工件外轮廓。

② 用 ϕ2.5mm 中心钻钻中心孔4次(ϕ10mm 孔4处),用 ϕ9.8mm 钻头钻通孔4次(ϕ10mm 孔4处),用 ϕ10mm 铰刀扩孔4次(ϕ10mm 孔4处)。

③ 用 ϕ8mm 立铣刀粗、精加工内圆 ϕ50mm,深度为5mm;用 ϕ8mm 立铣刀粗、精加工内圆凸台 ϕ30mm,深度为5mm;用 ϕ8mm 立铣刀粗加工元宝特征下刀位,深度为5mm;用 ϕ8mm 立铣刀粗、精加工元宝特征轮廓,深度为5mm。

④ 用 ϕ6mm 立铣刀粗、精加工左侧槽形轮廓[(7±0.02)mm],深度为5mm。用 ϕ4mm 倒角刀粗、精加工圆凸台倒角。

2) 正面加工顺序及路线:

① 用 ϕ20mm 立铣刀精铣工件正面表面,深度为29mm(根据毛坯尺寸计算所得)。

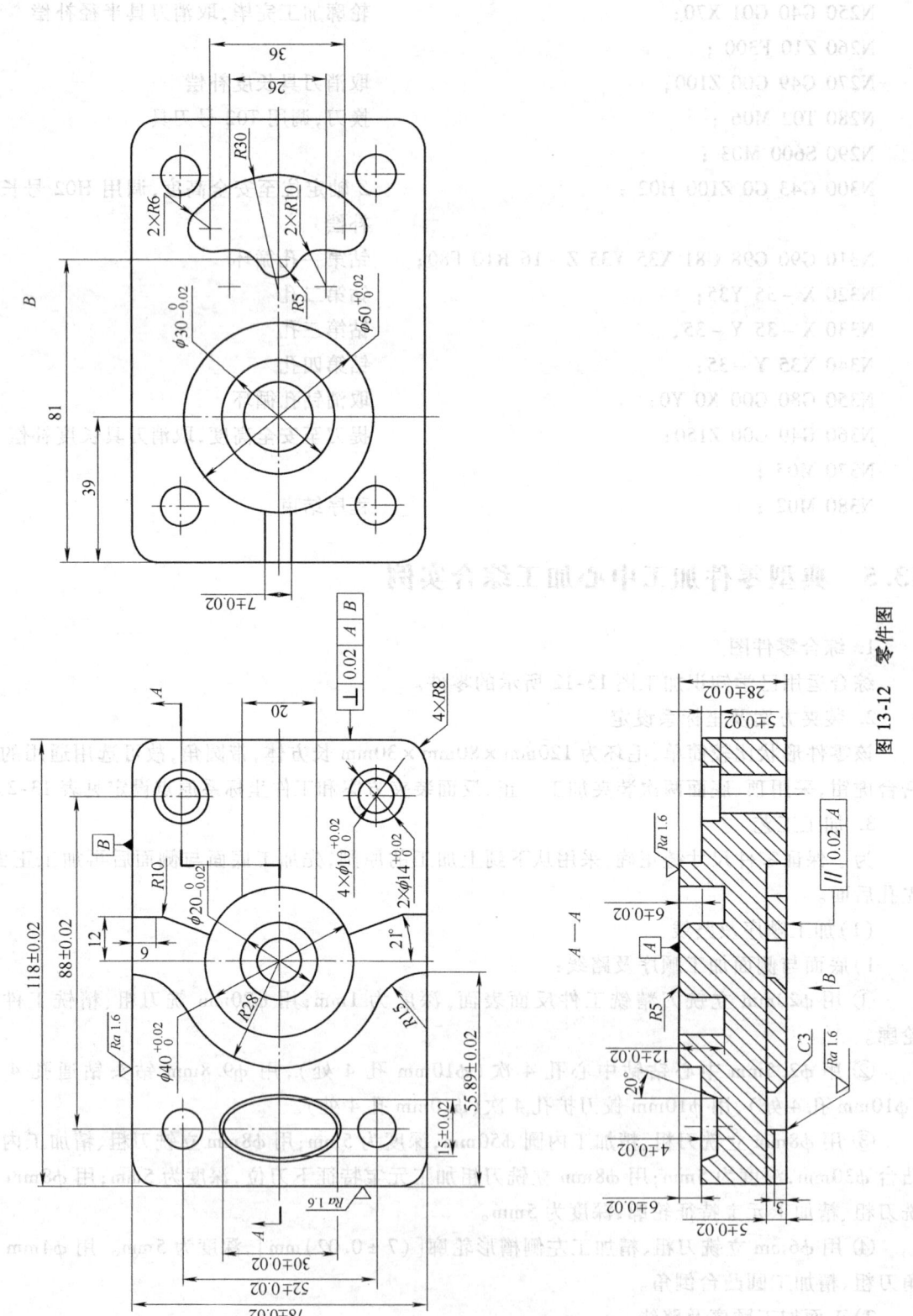

图 13-12 零件图

表 13-2 正、反面装夹方案和工件坐标系原点设定

零件名称	单件	装夹方案和工件坐标系原点设定	工序号	1
零件加工面	正、反面		装夹次数	1
			夹具	名称
			1	精密台虎钳
			2	平行垫铁
			3	T形螺栓

② 用 ϕ10mm 立铣刀粗、精加工凸台外轮廓（R15mm、R28mm、R10mm），深度为 6mm。

③ 用 ϕ8mm 立铣刀粗、精加工内圆 ϕ40mm，深度为 12mm；用 ϕ8mm 立铣刀粗、精加工内圆凸台 ϕ20mm，深度为 12mm；用 ϕ8mm 立铣刀粗加工椭圆台下刀位，深度为 4mm；用 ϕ8mm 立铣刀粗、精加工椭圆台，深度为 4mm；用 ϕ8mm 立铣刀粗、精加工沉孔（ϕ14mm2 处），深度为 5mm。

④ 用 R3mm 球刀加工圆角 R5mm。

(2) 加工余量的确定

1) 粗加工内、外轮廓，留下加工余量 0.3~0.5mm。

2) 半精加工内、外轮廓，留下加工余量 0.1~0.2mm。

3) 精加工平面，留下加工余量 0.1~0.2mm。

4) 钻孔时给铰孔留加工余量 0.1~0.2mm。

(3) 数控加工工艺卡 根据加工顺序及路线确定数控加工工艺卡（表 13-3）。

表 13-3 数控加工工艺卡

零件名称	单件	零件号		加工部位		底面及侧面	
序号	程序号	内容	刀具		主轴转速 /(r/min)	进给量 /(r/min)	背吃刀量/mm	备注
			刀具号	规格				
1		底表面	T01	ϕ20mm 立铣刀	2000	400	1	精铣
		外轮廓					1	粗、精铣
2		定位	T02	ϕ2.5mm 中心钻	500	50	2.5	点钻
3		钻孔	T03	ϕ9.8mm 钻头	500	60	2.5	粗铣
4		扩孔	T04	ϕ10mm 铰刀	300	30	35	
5		内圆加工	T05	ϕ8mm 立铣刀	3200	600	1	精铣，主轴转速为 3500r/min
		内圆凸台加工			3200	600	1	
		元宝特征加工			3200	600	0.5	
6		槽形轮廓	T06	ϕ6mm 立铣刀	3500	500	1	
7		倒角	T07	ϕ4mm 倒角刀	2000	400	1	

(续)

序号	程序号	单件内容	零件号 刀具		加工部位 主轴转速 /(r/min)	进给量 /(r/min)	背吃刀量/mm	底面及侧面 备注
			刀具号	规格				
8		正面表面	T01	φ20mm 立铣刀	2000	400	1	
9		凸台外轮廓	T08	φ10mm 立铣刀	2800	500	1	精铣,主轴转速为3000r/min
10		内圆加工	T05	φ8mm 立铣刀	3200	600	1	精铣主轴转速为3500r/min
		内圆凸台加工			3200	600	1	
		椭圆下刀位			3200	500	0.5	
		椭圆			3200	600	1	
		沉孔			3200	500	0.5	
11		倒角	T09	R3mm 球刀	3000	500	0.1	

(4) 数控加工刀具卡 由于加工材料为45钢,表面精度要求较高,所以选用硬质合金刀具。根据图样,选择合适的刀具加工,制作数控加工刀具卡(表13-4)。

表 13-4 数控加工刀具卡

产品名称			零件名称		单件 零件号	
序号	刀具号	刀具规格及名称	材质	数量	加工表面	备注
1	T01	φ20mm 立铣刀	硬质合金	1		
2	T02	φ2.5mm 中心钻	高速钢	1		
3	T03	φ9.8mm 钻头	高速钢	1		
4	T04	φ10mm 铰刀	高速钢	1		
5	T05	φ8mm 立铣刀	硬质合金	1		
6	T06	φ6mm 立铣刀	硬质合金	1		
7	T07	φ4mm 倒角刀	硬质合金	1		
8	T08	φ10mm 立铣刀	硬质合金	1		
9	T09	R3mm 球刀	硬质合金	1		

(5) 数控加工程序

O0001(主程序);
G54 G90 G21 G00 Z100;
G0 Z0 F400;
T01 M06;
M98 P2000 L23;
M03 S2000;
G90 G0 Z100;
M08;
M03 S2200;
G00 X - 70 Y - 50;
G00 X0 Y - 60;
G43 Z10 H01;
G01Z0 F400;
G01 Z - 1 F400;

M98 P2000 L1;
M98 P1000 L5;
G90 G00 Z100;
G90 G01 Z100;
M05;
M03 S2000;
M09;
G00 X0 Y-60;
//底面精加工,外轮廓加工程序
T02 M06;
M03 S500;
X-44 Y-26;
M08;
X-44 Y26;
G00 X44 Y-26;
G80;
G43 Z10 H02;
M05;
G98 G81 X44 Y-26 Z-2.5 R5 F50;
M09;
//孔定位;
T03 M06;
X44 Y26;
M03 S500;
X-44 Y26;
M08;
X-44 Y-26;
G00 X44 Y-26;
G80;
G43 Z50 H03;
M05;
G00 X44 Y-26;
M09;
G98 G83 X44 Y-26 Z-35 R5 Q-2.5 P1 K1 F60;
//钻孔;
T04 M06;
X44 Y26;
M03 S300;
X-44 Y26;

```
M08;
X-44 Y-26;
G43 Z50 H04;
G80;
G00 X44 Y-26;
M05;
G98 G81 X44 Y-26 Z-35 R5 F30;
M09;
//扩孔;
T05 M06;
M03 S3200;
G00 Z50;
M08;
G40 G01 X25;
G43 Z10 H05;
G90 X0 Y0;
X-20 Y0;
X30 Y0;
Z5;
Z5;
G91 G41 G1 X-25 D05 F600;
G01 Z0 F600;
Z0;
G91 G41 G01 X6 D05 F600;
G03 I25 Z-1.5;
G03 I-6 Z-05 L10;
I25;
I-6;
G00 Z50;
G01 G40 X-6;
G40 G01 X25;
G00 Z50;
G90 X0 Y0;
X30 Y0;
X-20 Y0;
Z5;
Z5;
G01 Z0 F500;
G91 G41 G01 X-15 D05 F600;
```

```
M98 P3000 L5;
Z0;
G00 Z50;
G02 I15 Z-1 L5;
M05;
I15;
M09;
//铣底面成形面
T06 M06;
M3 S3500;
G01 Z0 F500;
M8;
M98 P4000 L3;
G43 Z50 H06;
G00 Z50;
X-65 Y0;
M05;
Z5;
M09;
//铣左侧面槽形轮廓;
T07 M06;
G01 Z0 F400;
M03 S3500;
M98 P5000 L3;
M08;
G90 G00 Z100;
G43 Z50 H07;
M05;
G00 X-39.2 Y0;
M09;
Z5;
//倒圆角;
T01 M06;
G01 Z-1 F400;
M03 S2000;
M98 P6000 L5;
M08;
G90 G00 Z100;
G43 Z50 H01;
```

```
M05;
G00 X-70 Y-50;
M09;
//正面精加工;
T08 M06;
G01 Z0 F500;
M03 S2800;
M98 P7000 L6;
M08;
G00 Z50;
G43 Z50 H08;
M05;
X69 Y20;
M09;
Z5;
//凸台外轮廓加工
T05 M06;
X0 Y0;
M03 S3200;
Z5;
M08;
#1=4;
G43 Z50 H05;
WHILE[ #1GE0 ];
X0 Y0;
#5=TAN[20*PI/180]*#1;
Z0;
#3=[#5]+7.5;
G91 G41 G01 X20 D05 F600;
#4=[#5]+15;
G03 I-20 Z-1 L12;
#11=0;
I-20;
G01 Z[#1];
G00 Z50;
G41 G01 X[#3] D5;
G40 X-20;
WHILE[ #11LE360 ];
G00 Z50;
```

```
# 13 = SIN[ # 11 * PI/180 ] * # 4;
G40 X - 20;
# 14 = COS[ # 11 * PI/180 ] * # 3;
X0 Y0;
G90 G01 X[ # 14 ] Y[ #13 ];
Z5;
# 11 = # 11 + 2;
G91 G41 G01 X10 D05 F600;
ENDW;
Z0;
G40 G01 X0 Y0;
G02 I - 10 Z - 1 L12;
1 = # 1 - 1;
G02 I - 10;
ENDW;
G00 Z50;
G00 Z50;
G40 X - 10;
X44 Y26;
G00 X - 44 Y0;
G00 Z5;
Z5;
M98 P8000;
G01 Z - 6 F500;
G00 Z5;
G91 G41 G01 X7 D05 G600;
X44 Y - 26;
G03 I - 7 Z - 0.5 L10;
M98 P9000 L5;
I - 7;
M05;
G01 G40 X - 7;
M09;
G00 Z50;
//正面成形面加工;
T09 M06;
M03 S3200;
#4 = SIN[ #1 * PI/180 ] * #2 - #5;
M08;
```

```
G90 G01 Z[#4] F1500;
G43 Z50 H09;
X[#3];
#1 = 0;
G02 I[ -#3] F1500;
#2 = 4 + 5;
#1 = # + 1;
#5 = 10 - 5;
ENDW;
G00 X[10 + 5 + 2] Y0;
G00 Z50;
G01 Z0 F500;
M05;
WHILE[#1LE90];
M09;
#3 = COS[#1 * PI/180] * #2 + #5;
M30;
//到圆角;
O1000(子程序);
G91 G01 X140 F500;
Y15;
X -140;
Y15;
M99;
O2000(子程序);
G91 G01 Z -1 F500;
G90 G41;
G01 X21 D01 F1200;
G03 X0 Y -39 R21;
G01 X -59 R8;
Y39 R8;
X59 R8;
Y -39 R8;
X0;
G03 X -21 Y -50 R21;
G40 G01 X0;
M99;
O3000(子程序);
G91 G01 Z -1 F500;
```

```
G90 G41 G01 X17 D05 F600;
G03 X19.51 Y-4.33 R5;
G02 X24.02 Y-16.13 R10;
G03 X33.69 Y-22.5 R6;
X33.69 Y22.5 R30;
X24.02 Y16.13 R6;
G02 X19.51 Y4.33 R10;
G03 X17 Y0 R5;
G40 G01 X30 Y0;
M99;
O4000(子程序);
G91 G01 Z-1 F500;
G90 G41 G01 Y-3.5 D06;
F500;
X-36;
Y3.5 X-65;
G40 Y0;
M99;
O5000(子程序);
G91 G41 G01 Z-1 D07 F500;
G90 G03 I15;
G40 G01 X-40 Y0;
G01 Z5;
M99;
O6000(子程序);
G91 G01 X140 F500;
Y15;
X-140;
Y15;
M99;
O7000(子程序);
G91 G01 Z-1 F500;
G90 G41 G1 X59 D08 F800;
G01 Y-10;
X10.5;
X7.19 Y-1866;
X11.33 Y-29.4;
G02 X2 Y-33 R10;
G01 Y-39;
```

X - 3.11;
G03 X - 11.79 Y - 25.4 R15;
G02 X - 11.79 Y25.4 R28;
G03 X - 3.11 Y39 R15;
G01 X12;
Y33;
G02 X11.33 Y29.4 R10;
G01 X7.19 Y18.66;
X10.5 Y10;
X69;
G40 Y20;
M99;
O8000(子程序);
G90 G01 Z - 6 F500;
G91 G41 X7 D05 F600;
G03 I - 7 Z - 0.5 L10;
I - 7;
G01 G40 X - 7;
G00 Z50;
M99;

加工中心加工实习

1. 实习记录

(1)你所操作的加工中心的型号是什么？该型号中各符号及数字代表的含义是什么？

(2)你所操作的加工中心所使用的数控系统是什么系统？

2. 观察与思考

(1)刀具半径补偿和长度补偿在加工中心加工中有何意义？

(2)加工中心分为哪几类？其主要特点有哪些？

(3)加工中心的主要加工对象有哪些？

(4)简述加工中心与数控铣床的区别。

（5）编写图 13-13 所示型槽的加工程序。毛坯为 140mm×80mm×15mm 的板材,六面已加工好,材料为 45 钢。

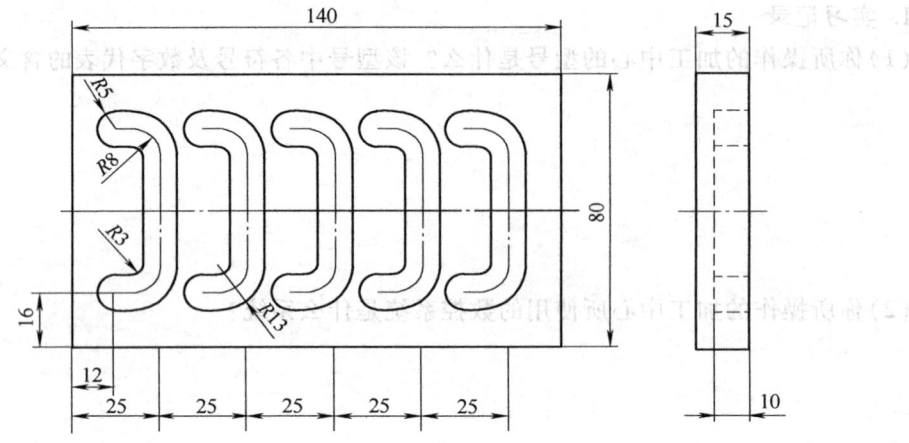

图 13-13　型槽

3. 体会与建议

实习时间：_____　　　　分数：_____

第14章 特种加工

14.1 特种加工概述

1. 特种加工产生背景

随着科技与生产的发展,许多现代工业产品要求具有高强度、高速度、耐高温、耐低温、耐高压等技术性能,为适应上述各种要求,需要采用一些新材料、新结构,从而对机械加工提出了许多新问题,如高强度合金钢、耐热钢、钛合金、硬质合金等难加工材料的加工;陶瓷、玻璃、人造金刚石、硅片等非金属材料的加工;高精度、表面粗糙度值极小的表面加工;复杂型面、薄壁、小孔、窄缝等特殊工件的加工等。此类加工如采用传统的切削加工往往很难解决,不仅效率低、成本高,而且很难达到零件的精度和表面粗糙度要求,有些甚至无法加工。特种加工工艺正是在这种新形势下迅速发展起来的。

2. 特种加工的特点

特种加工工艺是直接利用各种能量,如电能、光能、化学能、电化学能、声能、热能及机械能等进行加工的方法。相对于传统的常规加工方法而言,又称为非传统加工工艺,与传统的机械加工方法比较,具有以下特点:

1)"以柔克刚"。特种加工的工具与被加工零件基本不接触,加工时不受工件的强度和硬度的制约,故可加工超硬脆材料和精密微细零件,甚至工具材料的硬度可低于工件材料的硬度。

2)加工时主要用电、化学、电化学、声、光、热等能量去除多余材料,而不是主要靠机械能量切除多余材料。

3)加工机理不同于一般金属切削加工,不产生宏观切屑,不产生强烈的弹、塑性变形,故可获得很小的表面粗糙度值,其残余应力、冷作硬化、热影响度等也远比一般金属切削加工小。

4)加工能量易于控制和转换,故加工范围广,适应性强。

由于特种加工方法具有其他加工方法无可比拟的优点,因此已成为机械制造科学中一个新的重要领域,在现代加工技术中,占有越来越重要的地位。

3. 特种加工的分类

特种加工一般按照所使用的能量形式分为以下几类:

电、热能——电火花加工、电子束加工、等离子弧加工。

电、机械能——离子束加工。

电、化学能——电解加工、电解抛光。

电、化学、机械能——电解磨削、电解珩磨、阳极机械磨削。

光、热能——激光加工。

化学能——化学加工、化学抛光。

声、机械能——超声加工。

液、气、机械能——磨料喷射加工、磨料流加工、液体喷射加工。

值得注意的是,将两种以上的不同能量和工作原理结合在一起,可以取长补短获得很好的效果,近年来这些新的复合加工方法正在不断出现。

4. 各种特种加工方法的比较

表14-1～表14-3就各种特种加工方法的工艺能力和经济性、适用的工件形状和材料进行了综合比较。

表 14-1　各种特种加工方法的工艺能力和经济性

加工方法	工艺能力					经济性			
	精度 /μm	表面粗糙度 Ra 值 /μm	表面损伤层深/μm	加工圆角半径/mm	材料去除率/(mm³/min)	设备投资	工装费用	工具消耗	能量消耗
电火花加工	15	0.2～12.5	125	0.025	800	中	高	高	高
电子束加工	25	0.4～2.5	250	25	1.6	很高	低	—	低
等离子弧加工	125	粗糙	500	—	75000	低	很低	低	低
激光加工	25	0.4～12.5	125	25	0.1	很高	低	低	低
电解加工	50	0.1～2.5	5.0	0.025	1500	很高	中	—	高
电解磨削	20	0.02～0.08	5.0	—	1500	高	中	低	中
化学加工	50	0.4～2.5	50	0.125	15	中	低	—	—
超声加工	75	0.2～0.5	25	0.025	300	低	低	中	低
磨料喷射加工	50	0.5～1.2	2.5	0.10	0.8	很低	低	低	低

表 14-2　各种特种加工方法适用的工件形状

加工方法	孔				通槽		型面	回转面	切割	
	精密小孔直径		一般孔长径比		精密	一般			浅	深
	<0.025mm	>0.025mm	<20	>20						
电火花加工	□	△	○	△	○	○	△	□	△	□
等离子弧加工	×	×	△	×	□	□	□	□	○	○
激光加工	○	○	△	□	□	□	□	×	○	□
电解加工	×	×	○	○	□	□	○	○	×	×
化学加工	△	△	×	×	□	□	□	×	□	×
超声加工	×	×	○	△	○	○	○	□	□	×
磨料喷射加工	×	×	△	△	△	△	×	×	□	×

注：○—好，△—尚好，□—不好，×—不适用。

表 14-3　各种特种加工方法适用的材料

加工方法	铝	钢	高合金钢	钛合金	耐火材料	塑料	陶瓷	玻璃
电火花加工	△	○	○	○	□	×	×	×
电子束加工	△	△	△	△	○	△	△	△
等离子弧加工	○	○	○	○	□	□	×	×
激光加工	△	△	△	△	○	○	○	○
电解加工	○	○	○	○	△	×	×	×
化学加工	○	○	○	○	□	□	□	□
超声加工	□	△	△	△	○	□	○	○
磨料喷射加工	△	△	△	△	○	□	○	×

注：○—好，△—尚好，□—不好，×—不适用。

5. 特种加工对机械制造的变革

由于上述各种特种加工工艺的特点以及逐渐广泛的应用,引起了机械制造工艺技术领域内的许多变革,如对工艺路线的安排,新产品的试制过程,产品零件设计的结构,零件结构工艺性好、坏的衡量标准等产生了一系列的影响。

(1) 改变了零件的典型工艺路线 以往除磨削外,其他切削加工、成形加工等都必须安排在淬火热处理工序之前,这是所有工艺人员不可违反的工艺准则。特种加工的出现,改变了这种一成不变的程序格式。由于它基本上不受工件硬度的影响,因而为了免除加工后淬火引起热处理变形,一般都先淬火后加工。最为典型的是电火花线切割加工、电火花成形加工和电解加工等。

特种加工的出现还对工序的"分散"和"集中"产生了影响。以加工齿轮、连杆等型腔锻模为例,由于特种加工时没有显著的切削力,机床、夹具、工具的强度、刚度不是主要矛盾。因此,即使是较大的、复杂的加工表面,往往可用一个复杂工具、简单的运动轨迹、一次安装、一道工序加工出来,工序比较集中。

(2) 试制新产品时的优点 采用光电、数控电火花线切割,可直接加工出各种标准和非标准齿轮(包括非圆齿轮、非渐开线齿轮)、微电机定子、转子硅钢片、各种变压器铁心、各种特殊和复杂的二次曲面体零件。

可以省去设计和制造相应的刀、夹、量具及二次工具,大大缩短了试制周期。

(3) 特种加工对产品零件的结构设计带来很大的影响 例如花键孔、轴、枪炮膛线的齿根部分,从设计观点为了减少应力集中,最好做成小圆角,但拉削加工时刀齿做成圆角对排屑不利,容易磨损,只能设计与制造成清棱清角的齿根,而用电解加工时由于存在尖角变圆现象,非采用小圆角的齿根不可。又如各种复杂冲模如山形硅钢片冲模,过去由于不易制造,往往采用镶拼结构,采用电火花线切割加工后,即使是采用硬质合金的刀具、模具,也可以做成整体结构。

(4) 传统的结构工艺性的好与坏需要重新衡量 过去方孔、小孔、弯孔、窄缝等被认为是工艺性很"坏"的典型,对此,工艺、设计人员是非常"忌讳"的,有的甚至是"禁区"。特种加工的采用改变了这种现象。对于电火花穿孔、电火花线切割工艺来说,加工方孔和圆孔的难易程度是一样的。喷油嘴小孔,喷丝头小异形孔,涡轮叶片大量的小冷却深孔、窄缝,静压轴承、静压导轨的内油囊型腔,采用电加工后变难为易了。过去淬火前忘了钻定位销孔、洗槽等,淬火后这种工件只能报废,现在则大可不必,可用电火花打孔、切槽进行补救。相反有时为了避免淬火开裂、变形等影响,有意把钻孔、开槽等工艺安排在淬火之后。

本章就电火花加工、电解加工、超声波加工、激光加工、电子束加工、离子束加工、电铸加工等方法的工作原理、特点及应用场合作简单介绍。

14.2 电火花加工

1. 电火花加工的基本原理

电火花加工又称电腐蚀加工,其加工原理如图 14-1 所示。电火花加工时,工具电极和被加工工件放入绝缘液体中,在两者之间加上直流 100V 左右的电压。因为工具电极和工件的表面不是完全平滑的,而是存在着无数个凹凸不平处,所以当两者逐渐接近,间隙变小时,在工具电极和工件表面的某些点上,电场强度急剧增大,引起绝缘油的局部电离,于是通过这些间隙发生火花放电。

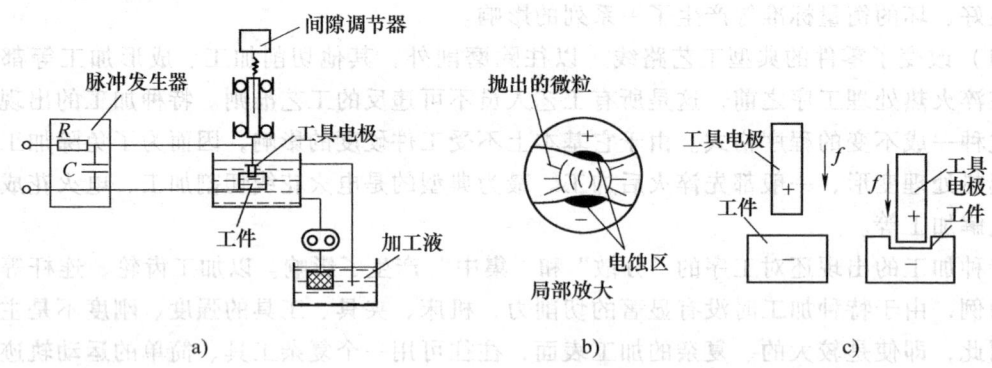

图 14-1　电火花加工原理

电火花加工时，1s 内会发生数十万次脉冲放电，每次放电都是由持续 $(0.1～1)×10^{-4}$ μs 的火花放电及持续 $1×10^{-3}$ μs 的过渡电弧构成。火花的温度高达 5000℃，火花发生的微小区域（称为放电点）内，工件材料被熔化和汽化。同时，该处的绝缘油也被局部加热，急速地汽化，体积发生膨胀，随之产生很高的压力。在这种高压力作用下，已经熔化、汽化的材料就从工件的表面迅速地被除去。每次放电后工件表面上产生微小放电痕，这些放电痕的大量积累就实现了工件的加工。电火花加工中的放电具有放电间隙小、温度高、放电点电流密度大等特点。

2. 电火花加工的特点、应用及分类

（1）电火花加工的特点

1）可以加工任何硬、脆、韧、软、高熔点的导电材料，在一定条件下，还可以加工半导体材料和非导电材料。

2）加工时"无切削力"，有利于小孔、薄壁、窄槽以及各种复杂形状的孔、螺旋孔、型腔等零件的加工，也适合于精密微细加工。

3）当脉冲宽度不大时，对整个工件而言，几乎不受热的影响，因此可以减少热影响层，提高加工后的表面质量，也适于加工热敏感的材料。

4）脉冲参数可以任意调节，可以在一台机床上连续进行粗、半精、精及精微加工。精加工时精度为 0.01mm，表面粗糙度 Ra 值为 0.8μm；精微加工时精度可达 0.002～0.004mm，表面粗糙度 Ra 值为 0.05～0.1μm。

（2）电火花加工的应用（图 14-2）

1）穿孔加工。各种圆孔、方孔、多边形孔、异形孔等型孔，弯孔、螺旋孔等曲线孔，直径在 0.01～1mm 范围内的微细小孔等的加工，例如各种拉丝模上的微细孔、化纤异形喷丝孔、电子显微镜光栅孔等的加工。

2）型腔及曲面加工。各类锻模、压铸模、落料模、复合模、挤压模、塑料模等型腔以及叶轮、叶片等各种曲面的加工。由于电火花加工可在淬火后进行，因此不存在工件热处理变形的问题。

3）线电极切割。切断、切割各类复杂的图形和型孔，例如冲压模具、刀具、样板、各种零件和工具等。

4) 其他加工。电火花磨削平面、内外圆、小孔、成形镗磨和铲磨；表面强化，如表面渗碳和涂覆特殊材料；打印标记和雕刻花纹等。

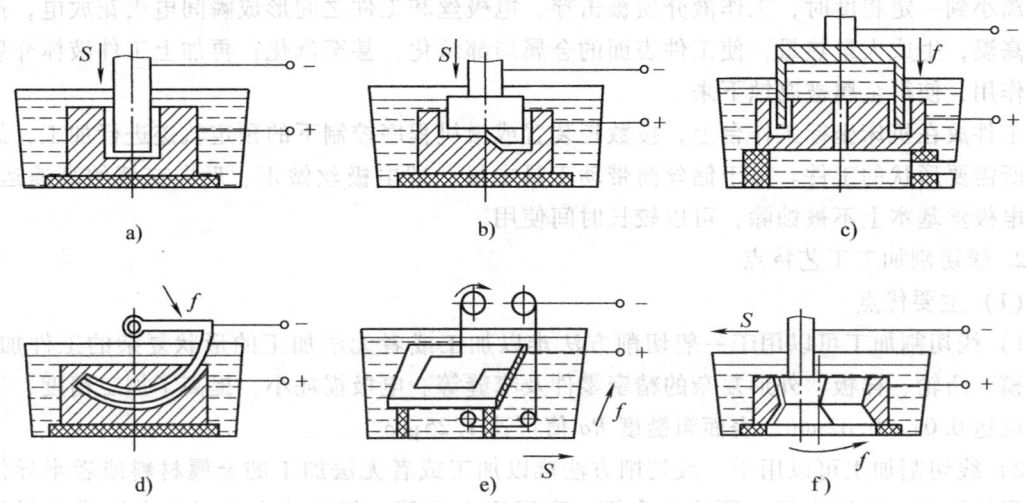

图 14-2 电火花加工示意图

a) 加工通孔　b) 加工模具型腔　c) 加工环形内腔　d) 加工弯孔　e) 切割板料　f) 磨拉丝模内表面

3. 电火花加工分类

按照工具电极的形式及其与工件之间相对运动的特征，可将电火花加工方式分为五类：

1) 利用成形工具电极，相对工件做简单进给运动的电火花成形加工。

2) 利用轴向移动的金属丝作工具电极，工件按所需形状和尺寸做轨迹运动，以切割导电材料的电火花线切割加工。

3) 利用金属丝或成形导电磨轮作工具电极，进行小孔磨削或成形磨削的电火花磨削。

4) 用于加工螺纹环规、螺纹塞规、齿轮等的电火花共轭回转加工。

5) 小孔加工、刻印、表面合金化、表面强化等其他种类的加工。

14.3 线切割加工

利用轴向移动的金属丝作工具电极，工件按所需形状和尺寸作轨迹运动，以切割导电材料的电火花加工方式称为电火花线切割加工。

1. 线切割加工原理

线切割加工技术是线电极电火花加工技术，是电火花加工技术中的一种类型，简称线切割加工。线切割加工原理如图 14-3 所示。

线切割机床采用钼丝或硬性铜丝（主要用 0.02～0.30mm 的钼丝）作为电极丝。被切割的工件为工件电极，电极

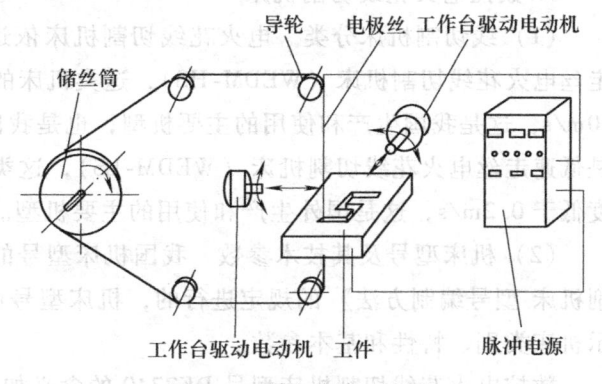

图 14-3 线切割加工原理

丝为工具电极。脉冲电源发出连续的高频脉冲电压，加到工件电极和工具电极上（电极丝）。在电极丝和工件之间加有足够的、具有一定绝缘性能的工作液。当电极丝和工件之间的距离小到一定程度时，工作液介质被击穿，电极丝和工件之间形成瞬间电火花放电，产生瞬间高温，生成大量热量，使工件表面的金属局部熔化，甚至汽化；再加上工件液体介质的冲洗作用，使得金属被腐蚀下来。

工件放在机床坐标工作台上，按数控装置或微机程序控制下的预定轨迹进行加工，最后得到所需要形状的工件。由于储丝筒带动工具电极，即电极丝做正、反向交替的高速运动，所以电极丝基本上不被蚀除，可以较长时间使用。

2. 线切割加工工艺特点

（1）主要优点

1）线切割加工可以用于一般切削方法难以加工或者无法加工的形状复杂的工件加工，如冲模、凸轮、样板、外形复杂的精密零件及窄缝等。电极损耗小，提高了加工精度，尺寸精度可达 $0.01 \sim 0.02$ mm，表面粗糙度 Ra 值可达 1.25μm。

2）线切割加工可以用于一般切削方法难以加工或者无法加工的金属材料或者半导体材料的零件加工，如淬火钢、硬质合金钢、高硬度金属等。但无法实现对非金属导电材料的加工。

3）线切割加工直接利用线电极电火花进行加工，可以方便地调整加工参数，如调节脉冲宽度、脉冲间隔、加工电流等，提高线切割加工精度，也可通过调节实现加工过程的自动化控制。

4）省掉了成形电极，大大降低了工具电极的设计与制造费用，缩短了生产周期，对新品的试制有重要意义。

5）去除量小，对贵重金属的加工有特别意义。

（2）局限性

1）线切割加工效率较低，成本较高。所以，能用金属切削方法加工的零件一般不考虑使用电加工；不适合加工形状简单的批量零件。

2）被加工的工件只能是金属材料。

3）加工表面有变质层。如不锈钢和硬质合金表面的变质层对使用有害，需要处理掉。

4）加工过程必须在工作液中进行，否则会引起异常放电。

3. 数控电火花线切割机床

（1）线切割机床分类　电火花线切割机床依运丝速度快慢不同分两大类：一类是高速走丝电火花线切割机床（WEDM-HS），这类机床的电极丝做高速往复运动，一般速度为 $8 \sim 10$ m/s，这是我国生产和使用的主要机型，也是我国独创的电火花线切割加工模式；另一类是低速走丝电火花线切割机床（WEDM-LS），这类机床的电极丝做低速单向运动，一般速度低于 0.2 m/s，这是国外生产和使用的主要机型。

（2）机床型号及其技术参数　我国机床型号的编制是根据 GB/T 15375—2008《金属切削机床　型号编制方法》的规定进行的，机床型号由汉语拼音字母和阿拉伯数字组成，它表示机床类别、特性和基本参数。

数控电火花线切割机床型号 DK7740 的含义如下：

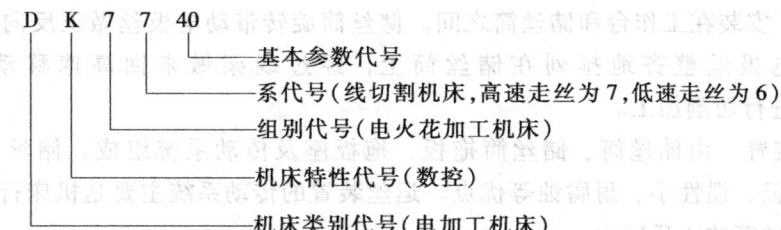

数控电火花线切割机床的主要技术参数包括：工作台行程（纵向行程×横向行程）、最大切割厚度、加工表面粗糙度、加工精度、切割速度以及数控系统的控制功能等。DK77 系列数控电火花线切割机床的主要型号及技术参数见表 14-4 所示。

表 14-4 DK77 系列数控电火花线切割机床的主要型号及技术参数

机床型号	DK7720	DK7725	DK7732	DK7740	DK7750	DK7763
工作台行程/(mm×mm)	250×200	320×250	500×320	500×400	800×500	800×630
最大切割厚度/mm	200	140	300（可调）	400（可调）	300（可调）	150（可调）
加工表面粗糙度 Ra 值/μm	2.5	2.5	2.5	2.5	2.5	2.5
切割速度/(mm²/min)	80	80	100	120	120	120
加工锥度	3°~60°各厂家的型号不同					
控制方式	各种型号均由单片机或者微机控制					
备注	各厂家机床的切割速度有所不同					

（3）机床基本结构 一台数控电火花线切割机床主要由机床主体、脉冲电源、控制系统、工作液及润滑系统、机床附件等组成。其中，机床主体（或者称为机床本体）由坐标工作台、丝架、储丝筒、立柱、运丝装置、工作液循环系统、床身等部分组成，其外形如图 14-4 所示。

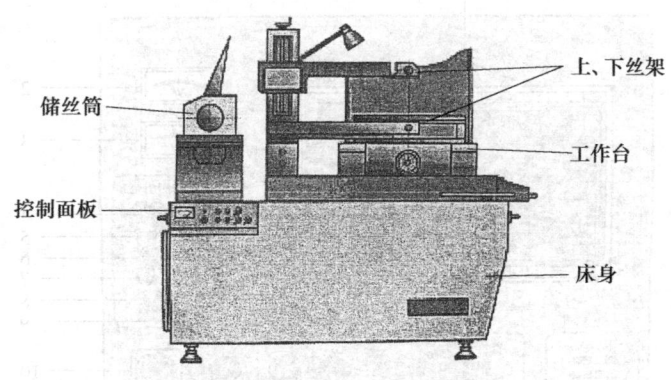

图 14-4 线切割机床外形

1）床身 安装坐标工作台、线架及运丝装置的基础，要有较好的刚性，以保证机床的加工精度。机床床身既能起支承和连接坐标工作台、运丝装置和线架等部件的作用，又起安装机床电器、存放工作液的作用。

2）坐标工作台 主要由工作台上滑板、中滑板、下滑板、滚珠丝杠等部件组成。工作台传动系统主要是 X 轴和 Y 轴方向的传动。

3）丝架　安装在工作台和储丝筒之间。储丝筒旋转带动电极丝做正反向交替运动。排丝导轮保持电极丝整齐地排列在储丝筒上，经过线架做来回高速移动（线速度为 8~10m/s），进行切割加工。

4）运丝装置　由储丝筒、储丝筒拖板、拖板座及传动系统组成。储丝筒由薄壁管制成，具有质量轻、惯性小、耐腐蚀等优点。运丝装置的传动系统主要是机床行程开关，其作用就是控制储丝筒的正反转向。

5）机床润滑系统　对线切割机床各个运动副进行润滑，以保证机床各个运动部件灵活可靠。运丝部件各部位的运动副润滑，重点是齿轮、丝杠、螺母和滑板导轨等；工作台各部件的运动副润滑，重点是丝杠（滚珠丝杠）、螺母和齿轮箱及滑板滑道等。一般要求每周加油一次。

6）工作液循环系统　由工作液、工作液箱、工作液泵和循环导管组成。工作液起绝缘、排屑、冷却等作用。工作液一般采用7%~10%的植物性皂化液或DX-1油酸钾乳化油水溶液。工作液循环喷注的压力由工作液泵提供。

7）高频脉冲电源　又称脉冲电源，是进行线电极切割的能源。由于受加工表面粗糙度和电极丝允许承载电流的限制，线切割加工脉冲电源的脉宽较窄，一般为 2~60μs。单个脉冲能量、平均电流一般较小，所以线切割加工总是采用正极性加工。脉冲电源的形式很多，如晶体管短形波脉冲电源、高频分组脉冲电源、并联电容性脉冲电源和低损耗电源。

8）电气控制系统　主要是控制工作液泵电极和运丝筒电动机等用。

9）微机控制系统　一般又称中央处理器（CPU），由存储器、输入和输出电路组成。输入设备有键盘、光电机等，输出设备有LED数码显示器、LCD液晶显示器和CRT显示器，接口电路采用可编程序并行I/O接口芯片、键盘/显示接口芯片等。

（4）机床操作面板　下面以新火花CNC-W2型机床为例，对机床操作面板进行说明。机床操作面板如图14-5所示。

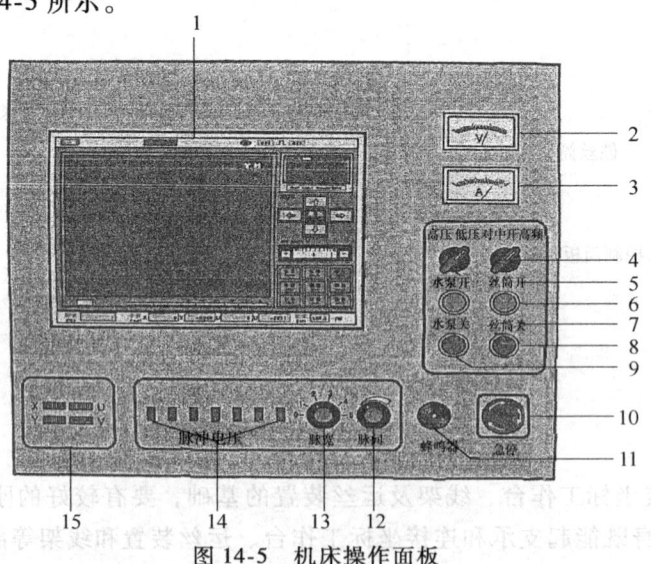

图14-5　机床操作面板

1—显示器　2—电压表　3—电流表　4—对中/高频开　5—低/高压选择开关　6—丝筒开　7—水泵开　8—丝筒开
9—水泵关　10—应急停止按钮　11—蜂鸣器　12—脉间调节电位器　13—脉宽调节波段开关
14—脉冲电流选择开关　15—步进指示灯

这是机床的主控面板,包括软件控制界面和硬件控制按钮。通过硬件控制按钮可以调节各种电参数(脉间、脉宽、脉冲电流、高/低压等),可以控制运丝装置、坐标工作台等部件的动作。

4. 编程指令及程序格式

我国数控线切割机床常用的程序格式有符合国际标准的 ISO 格式(即 G 代码形式)和我国自行开发的 3B 和 4B 格式。下面以 3B 指令和 ISO 指令为例进行讲解。

(1) 3B 程序格式　3B 指令不具有间隙补偿功能和锥度补偿功能。程序描述的是钼丝中心的运动轨迹,它与钼丝切割轨迹(即得到的关键轮廓线)之间差一个偏移量 R,这一点在轨迹计算时必须特别注意,以便控制加工精度。

1) 3B 指令格式(5 指令 3B 格式):

BX BY BJ G Z;

其中:

B——分隔符,将 X、Y、J 的数值分开,B 后的数字如果为 0,可以省略,但分隔符号 B 必须保留。

X——x 轴坐标值。直线取终点,圆弧取起点。

Y——y 轴坐标值。直线取终点,圆弧取起点。

J——计数长度。对于直线,由终点坐标值中较大的值来确定;对于圆弧,取从起点到终点某一坐标轴移动的总距离,即被加工曲线在计数方向上的投影长度的总合。

注意:X、Y、J 均取绝对值,单位为 μm。

G——计数方向,分别按 x 方向计数(Gx)和按 y 方向计数(Gy)。对于直线,由线段终点坐标值中较大的值来确定;对于圆弧,由圆弧终点坐标值中较小的值来决定。

Z——加工指令。加工指令 Z 是用来表达被加工图形的形状、所在象限和加工方向等信息的。控制系统根据这些指令,正确选择偏差公式进行偏差计算,控制工作台的进给方向,从而实现机床的自动化加工。加工指令共有 12 种,其中直线加工指令 4 种,圆弧加工指令 8 种。

直线加工指令选取如图 14-6 所示。图 14-6a 表示斜线加工指令;图 14-6b 表示与坐标轴相重合或平行的直线加工指令。

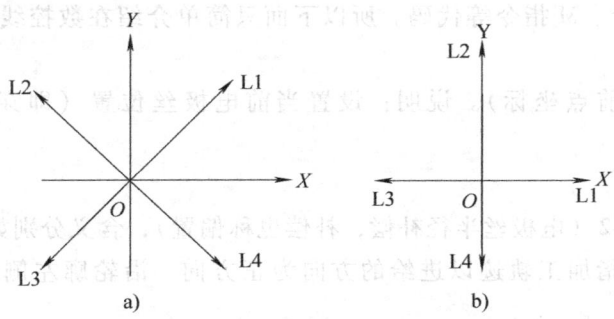

图 14-6　直线加工指令选取

圆弧加工指令选取如图 14-7 所示。图 14-7a 表示顺时针圆弧加工指令;图 14-7b 表示逆时针圆弧加工指令。注意:当圆弧起点刚好在坐标轴上时,其加工指令可选相临两个象限中的任何一个。

2）编程实例。

① 加工斜线段 OA，如图 14-8 所示。

加工程序：BXe BYe BXe Gx L1。

② 加工直斜线段 OA，如图 14-9 所示。

加工程序：B3000 B0 B3000 Gx L3 或者 B B B3000 Gx L3。

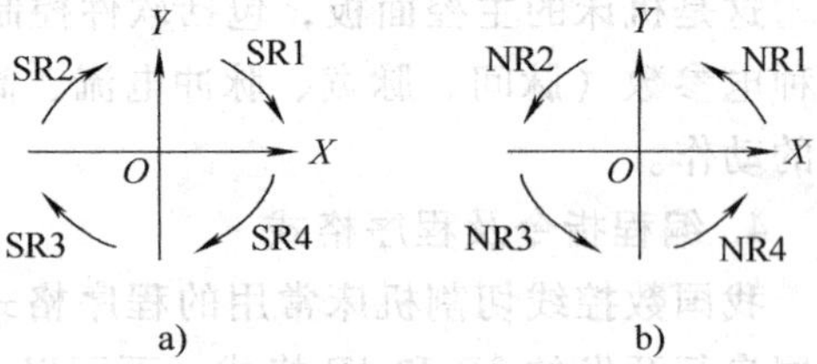

③ 加工圆弧段 AB，如图 14-10 所示。

加工程序：B2000 B9000 B7000 Gy SR1。

④ 加工圆弧段 AB，如图 14-11 所示。

加工程序：B2000 B9000 B16440 Gx NR2。这里，$J = (9220 - 2000) + 9220 = 16440$。

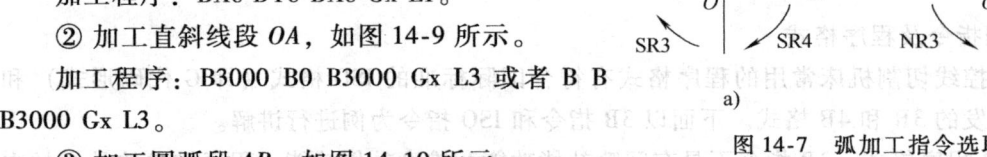

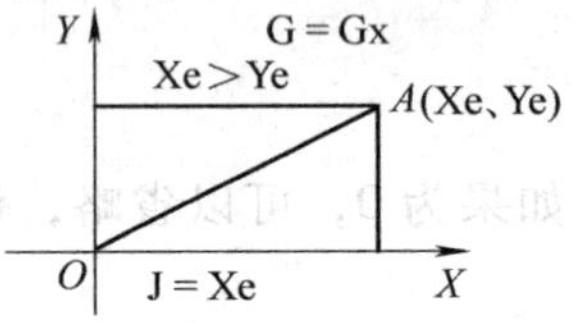

图 14-7 弧加工指令选取

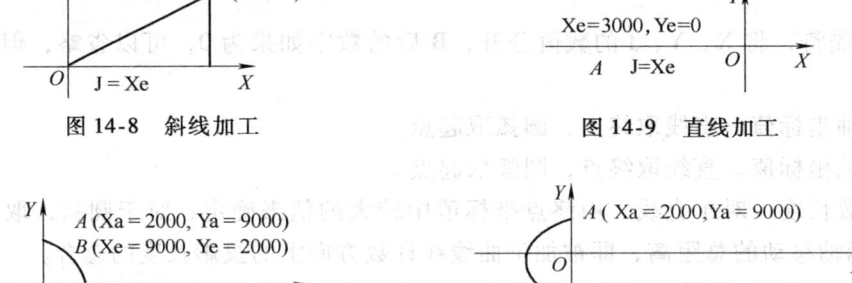

图 14-8 斜线加工　　　　图 14-9 直线加工

图 14-10 圆弧加工（1）　　　图 14-11 圆弧加工（2）

3）3B 程序格式。

N1：B 10000 B0 B10000 GX L3 ； -10.000，0.000

N2：B 10000 B 0 B30000 GX SR2 ；0.000，-10.000

N3：B0 B10000 B10000 GY L2；0.000，0.000

N4：DD

（2）ISO 代码 ISO 编程方式是一种通用的编程方法，这种编程方式与数控铣床有点类似，使用标准的 G 指令、M 指令等代码。所以下面只简单介绍在数控线切割中有特殊含义的部分代码。

1）G92（设置当前点坐标）。说明：设置当前电极丝位置（即穿丝点）的坐标值，格式：

G92 X__ Y__；

2）G40、G41、G42（电极丝半径补偿，补偿也称偏置），含义分别如下：

G41：左补偿，是指加工轨迹以进给的方向为正方向，沿轮廓左侧让出一个给定的偏移量。

G42：右补偿，是指加工轨迹以进给的方向为正方向，沿轮廓右侧让出一个给定的偏移量。

G40：取消补偿。

G40、G41、G42 的使用结果如图 14-12 所示。

3) M00（程序暂停）。暂停程序的运行，等待操作者的干预，如检验、调整、测量等。干预完毕后，按机床上的起动键即可继续执行暂停指令后面的加工程序。

M02（程序结束）。结束整个程序的运行，停止所有的 G 功能及与程序有关的一些运行开关，如冷却液开关、走丝开关等，机床处于原始禁止状态，电极丝处于当前位置。

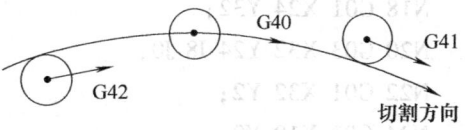

图 14-12　半径补偿

4) T84（水泵开），打开冷却液阀门开关；T85（水泵关），关闭冷却液阀门开关；T86（丝筒开），控制机床走丝的开启；T87（丝筒关），控制机床走丝的结束。

5) ISO 程序格式。

N10 T84 T86 G90 G92 X__ Y__；

N12 G01 X__ Y__；

N14 G02 X__ Y__ I__ J__；

……

N30 G01 X__ Y__；

N35 M00；

N40 T85 T87；

N50 M02；

5. 线切割加工工艺流程

鉴于线切割加工的特点及控制系统的特性，进行线切割加工，首先要进行 CAD 设计，即对加工对象"数字化"，这是实现自动编程的必要条件。当然，对于一些简单零件的加工程序，可以采用手工编程的方式，而不必进行 CAD 设计。但所有加工都必须进行必要的工艺分析，通过分析确定切割参数。比如根据图样要求的加工精度，确定电极丝半径的补偿方向及补偿值，然后根据确定的相关参数进一步确定加工路线。这时，就可以编写加工程序了。线切割工艺流程如图 14-13 所示。

有了加工程序，在加工之前必须进行正确性验证，即进行仿真加工。如果仿真加工正确，则可在机床和工件准备好的前提下进行操作加工。否则，根据模拟加工的失败提示返回上步进行修正，直至合格再进行操作加工。

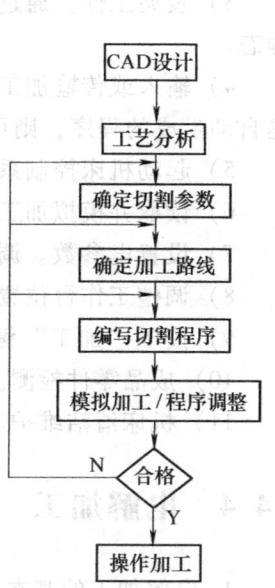

图 14-13　线切割工艺流程

6. 线切割加工实例

零件加工轮廓如图 14-14 所示，要求按顺时针方向进行切割，暂不考虑电极丝半径的偏置，穿丝点放在 O 点。

（1）加工程序

N10 T84 T86 G90 G92 X0 Y0；

N12 G01 X0 Y15；

N14 G01 X2 Y15；

N16 G01 X2 Y32；

N18 G01 X24 Y32;
N20 G03 X32 Y24 I8 J0;
N22 G01 X32 Y2;
N24 G01 X10 Y2;
N26 G01 X24 Y32;
N28 G02 X2 Y10 I0 J8;
N30 G01 X2 Y15;
N35 M00;
N38 G01 X0 Y15;
N40 T85 T87 M02;

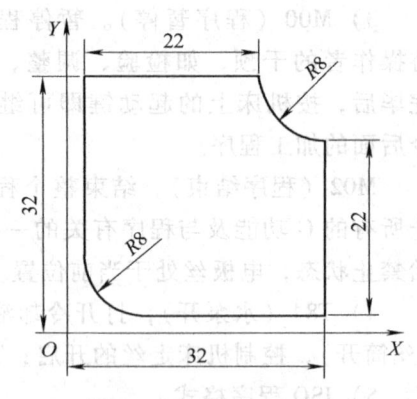

图14-14 零件加工轮廓

（2）操作步骤

1）开机。上电，开启微机。

2）检查机床。仔细检查电极丝、工作液泵是否能正常工作，并检测电极丝的垂直度。

3）装夹工件。通过悬臂式支承或者桥式支承方式装夹工件，确保整个加工面处于水平静态。

4）输入或传输加工代码。如果是手工编写以纸质介质存储的代码，则输入程序；如果是自动生成的程序，则可通过局域网调用。

5）起动机床控制系统。

6）读取并模拟加工程序。

7）设置电参数。调解脉冲电源、脉宽、脉间电压等参数。

8）调整工作台位置，使电极丝处于穿丝点位置，并将工作液挡板放置到位。

9）按下"加工"键，进行加工。

10）成品零件检测。

11）机床清洁维护。

14.4 电解加工

1. 电解加工的基本原理

电解加工是利用金属在电解液中产生阳极溶解的电化学腐蚀原理，将工件加工成形的，所以又称电化学加工。其原理如图14-15所示，在工件和工具电极之间接上低电压（6~24V）、大电流（500~2000A）的稳压直流电源，工件接正极（阳极），工具接负极（阴极），两者之间保持较小的间隙（通常为0.02~0.7mm），在间隙中间通过高速流动的导电的电解液。在工件和工具之间施加一定的电压时，工件表面的金属就不断地产生阳极溶解，溶解的产物被高速流动的电解液不断冲走，使阳极溶解能够不断地进行。

电解加工开始时，工件的形状与工具阴极形状不同，工件上各点距工具表面的距离不相等，因而各点的电流密度不一样。距离近的地方电流密度大，阳极溶解的速度快；距离远的地方电流密度小，阳极溶解的速度慢。这样，当工具不断进给时，工件表面上各点就以不同的溶解速度进行溶解，工件的型面就逐渐地接近于工具阴极的型面，加工完毕时，即得到与工具型面相似的工件。

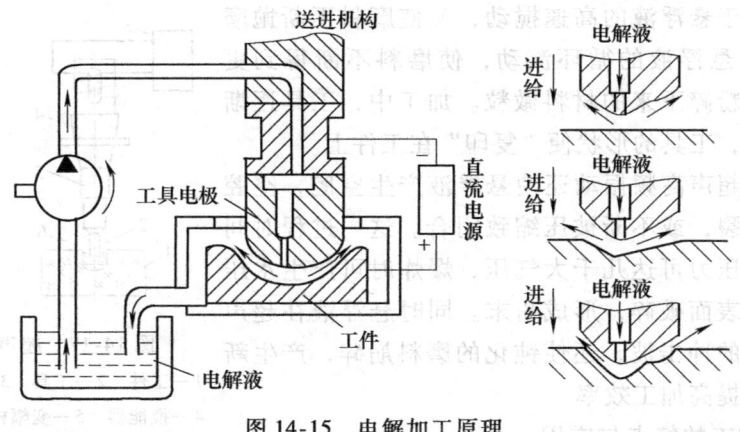

图 14-15 电解加工原理

2. 电解加工的特点与应用

(1) 电解加工的特点

1) 进给运动简单,加工速度快,且随电流密度的增大而加快。可以一次加工出形状复杂的型面或型腔,且不产生加工毛刺。可加工高硬度、高强度和高韧性等难切削材料。

2) 在加工中,工具电极是阴极,阴极上只产生氢气和沉淀,而无溶解作用,因此工具电极无损耗。但工具电极制造需要熟练的技术。

3) 加工中无机械力和切削热的作用,所以在加工面上不存在加工变质层,不存在应力和变形。

4) 由于影响电解加工的因素很多,故难实现高精度的稳定加工。且电解液一般都有腐蚀性,电解产物有污染,因此机床要采取防腐、防污染措施。

(2) 电解加工的应用 电解加工是继电火花加工之后发展较快、应用较广的一种新工艺,生产率比电火花加工高 5~10 倍。

电解加工主要用于加工各种形状复杂的型面,如汽轮机、航空发动机叶轮(图 14-16);各种型腔模具,如锻模、冲压模;各种型孔、深孔;套料、镗线,如炮管、枪管内的来复线等;此外,还用于电解抛光、去毛刺、切割和刻印。电解加工适用于成批和大量生产,多用于粗加工和半精加工。

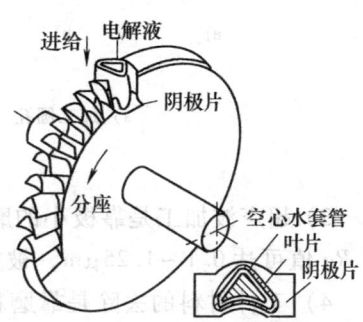

图 14-16 电解加工整体叶轮

14.5 超声波加工

1. 超声波加工的基本原理

超声波加工是利用工具做超声高频振动,通过磨料撞击和抛磨工件,从而使工件成形的一种加工方法。其原理如图 14-17 所示,加工时,在工具和工件之间注入液体(水或煤油等)和磨料混合的悬浮液,工具对工件保持一定的进给压力,并做超声高频振动,频率为 16~30kHz,振幅为 0.01~0.15mm。磨料在工具的超声高频振动作用下,以极高的速度不断地撞击工件表面,其冲击加速度可达重力加速度的 10000 倍左右,使材料在瞬时高压下产生局部破碎。由于悬浮液的高速搅动，又使磨料不断抛磨工件表面。随着悬浮液的循环流动，使磨料不断得到更新，同时带走被粉碎下来的材料微粒。加工中，工具逐渐地伸入到工件中，工具的形状便"复印"在工件上。

在工作中，超声高频振动还使悬浮液产生空腔，空腔不断扩大直致破裂，或不断被压缩致闭合。这一过程时间极短，空腔闭合压力可达几千大气压，爆炸时可产生水压冲击，引起加工表面破碎，形成粉末。同时悬浮液在超声高频振动下形成的冲击波，还使钝化的磨料崩碎，产生新的刃口，进一步提高加工效率。

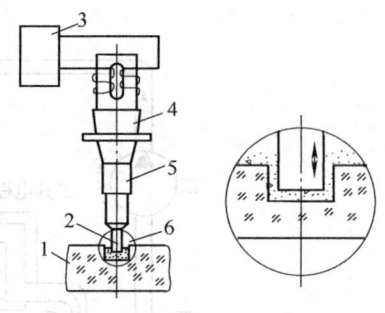

图 14-17　超声波加工原理
1—工件　2—工具　3—超声波发生器
4—换能器　5—变幅杆　6—磨料悬浮液

2. 超声波加工的特点与应用

1）适合于加工各种硬脆材料，特别是不导电的非金属材料，例如玻璃、陶瓷、石英、锗、硅、石墨、玛瑙、宝石、金刚石等。对于导电的硬质合金、淬火钢等也可加工，但加工效率比较低。

2）在加工中工具不需要旋转，因此易于加工各种复杂形状的孔、型腔、成形表面等。采用中空形状工具，还可以实现各种形状的套料（图 14-18）。

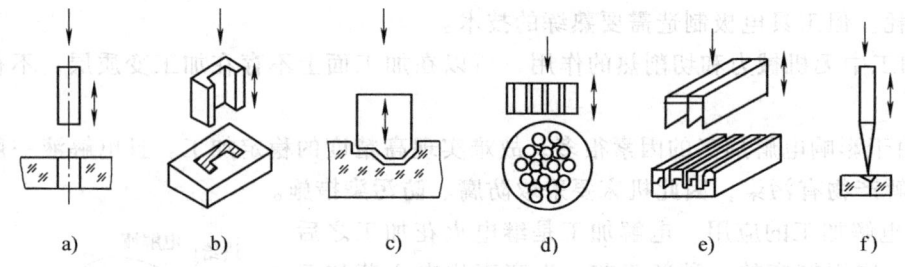

图 14-18　超声波加工应用示例
a) 加工圆孔　b) 加工异形孔　c) 加工型腔　d) 切割小圆片
e) 多片切割　f) 研磨拉丝模

3）超声波加工是靠极小的磨料作用，所以加工精度较高，一般可达 0.02mm，表面粗糙度 Ra 值可达 $0.1 \sim 1.25 \mu m$，被加工表面也无残余应力、组织改变及烧伤等现象。

4）工件材料的去除是靠磨粒的直接作用，故磨料硬度一般应比加工材料高，而工具材料的硬度可以低于加工材料的硬度，但工具磨损也较大。

5）超声波加工还可用于切割、雕刻、研磨、清洗、焊接和探伤等。

6）超声加工机床结构比较简单，操作、维修方便，加工精度较高，但生产率较低。

14.6　激光加工

1. 激光加工的基本原理

激光是一种亮度高、方向性好、单色性好的相干光。由于激光发散角小和单色性好，通过光学系统可以聚焦成为一个极小光束（微米级）。激光加工时，把光束聚集在工件的表面上，由于区域很小，亮度高，其焦点处的功率密度可达 $108 \sim 1010 W/mm^2$，温度可达一万多摄氏度，在此高温下，任何坚硬的材料都将瞬时急剧熔化和蒸发，并产生很强的冲击波，使熔化物质爆炸式地喷射去除，激光加工就是利用这种原理进行打孔、切割的（图14-19）。

2. 激光加工的特点与应用

1）激光加工不受工件材料性能和加工形状的限制，能加工所有的金属材料和非金属材料，如各种微孔（$\phi 0.01 \sim 1\mathrm{mm}$）、深孔（深径比$50 \sim 100$）、窄缝等，适宜于精密加工。

2）激光加工速度快、热影响区小、工件无变形，可透过透明介质进行加工，与电子束、离子束加工相比，不需要高电压、真空环境以及射线保护装置。

3）激光加工微型小孔，如化学纤维喷丝头打孔（在$\phi 100\mathrm{mm}$圆盘上打12000个$\phi 0.06\mathrm{mm}$的孔），仪表中的宝石轴承打孔，金刚石拉丝模具加工以及火箭发动机和柴油机的燃料喷嘴加工等。

4）激光可用于切割和焊接，切割时（图14-20），激光束与工件做相对移动，即可将工件分割开。激光切割可以在任何方向上切割，包括内尖角。激光焊接常用于微型精密焊，能焊接不同的材料，如金属与非金属材料的焊接。

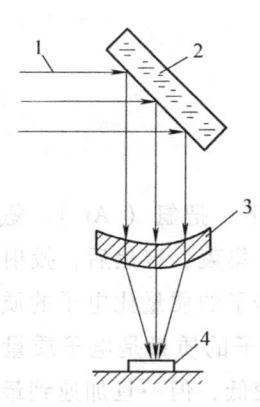

图 14-19 激光加工原理
1—激光束 2—镀金反射镜 3—锗透镜 4—工件

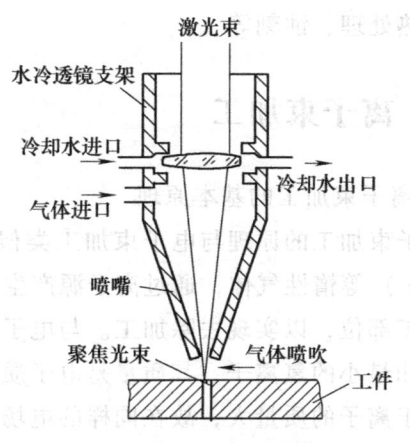

图 14-20 激光切割

5）激光热处理是利用激光对金属表面扫描，在极短的时间内工件被加热到淬火温度，由于表面高温迅速向基体内部传导而冷却，使工件表面淬硬。激光热处理有很多独特的优点，如快速、不需淬火介质、硬化均匀、变形小、硬度高达60HRC以上、硬化深度能精确控制等。

14.7 电子束加工

1. 电子束加工的基本原理

在真空条件下，利用电流加热阴极发射电子束，带负电荷的电子束高速飞向阳极，途经加速极加速，并通过电磁透镜聚焦，使能量密度非常集中，可以把1000W或更高的功率集中到直径为$5 \sim 10\mu\mathrm{m}$的斑点上，获得高达$109\mathrm{W/cm}^2$左右的功率密度。

高速电子撞击工件材料时，因电子质量小、速度大，动能几乎全部转化为热能，使工件材料被冲击部分的温度在 1μs 的时间内升高到几千摄氏度以上，热量还来不及向周围扩散，就已把局部材料瞬时熔化、汽化直到蒸发去除。所以电子束加工是通过热效应进行的（图 14-21）。

2. 电子束加工的特点及应用

1) 被加工材料范围广，各种硬脆性、韧性、导体、非导体、热敏性、易氧化材料，金属和非金属都可以。

2) 电子束能量密度高，聚焦点范围小，加工速度快，电子束的强度和位置均可用电、磁方法直接控制，生产率高（如打孔每秒可加工几十个至几万个）。

3) 电子束加工主要靠瞬时蒸发，工件很少产生应力和变形，加工是在真空室内进行的，熔化时没有空气的氧化作用，加工点上化学纯度高。

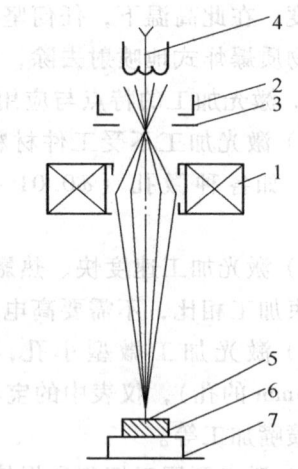

图 14-21 电子束加工原理
1—电子枪 2—控制栅极 3—加速阳极 4—聚集系统 5—集束斑点 6—工件 7—移动台

4) 电子束常用于加工精微深孔和窄缝，还用于焊接、切割、热处理、蚀刻等。

14.8 离子束加工

1. 离子束加工的基本原理

离子束加工的原理与电子束加工类似，也是在真空条件下，把氩（Ar）、氪（Kr）、氙（Xe）等惰性气体，通过离子源产生离子束并经过加速、集束、聚焦后，投射到工件表面的加工部位，以实现去除加工。与电子束加工所不同的是离子的质量比电子的质量大千万倍，例如最小的氢离子，其质量是电子质量的 1840 倍，氩离子的质量是电子质量的 7.2 万倍。由于离子的质量大，故在同样的电场中加速较慢，速度较低，但一旦加速到最高的速度时，离子束比电子束具有更大的能量。

2. 离子束加工的特点与应用

1) 离子束通过离子光学系统进行扫描，可使微离子束聚焦到光斑直径 1μm 以内进行加工，并能精确控制离子束流注入的宽度、深度和浓度等，因此能精确控制加工效果。

2) 离子束加工在真空中进行时，离子的纯度比较高，适合于加工易氧化的材料，加工时产生的污染少。离子束加工是靠离子撞击工件表面的原子而实现的。这是一种微观作用，宏观作用力小，工件应力变形小，所以对各种硬脆性合金、半导体、高分子等非金属材料都可以加工。

3) 离子束加工主要用于精密、微细以及光整加工，特别是对亚微米至纳米级精度的加工。通过对离子束流密度和能量的控制，可对工件进行离子溅射、离子铣削、离子蚀刻、离子抛光和离子注入等加工。例如利用离子溅射，加工非球面透镜、金刚石刀具的最后刃磨；利用离子蚀刻，借助于掩膜技术可以在半导体上刻出宽度小于 0.1μm 的沟槽；利用离子抛光，可以把工件表面的原子一层层地抛掉，从而加工出没有缺陷的光整表面。

特种加工实习

1. 实习记录

(1) 你所操作的线切割机床的型号是什么?该型号中各符号及数字代表的含义是什么?

(2) 你所操作的线切割机床所使用的数控系统是什么系统?

2. 观察与思考

(1) 简述线切割的加工原理。

(2) 线切割加工的工艺特点是什么?

(3) 简述电解加工的特点。

（4）图 14-22 所示五角星内接于 $\phi 20\mathrm{mm}$ 的圆，试编写该五角星的线切割加工程序。

图 14-22　五角星

3. 体会与建议

实习时间：_____　　分数：_____

参 考 文 献

[1] 许并社. 材料科学概论 [M]. 北京：北京工业大学出版社，2002.
[2] 鞠鲁粤. 机械制造基础 [M]. 3版. 上海：上海交通大学出版社，2005.
[3] 郭永环，江银芳. 金工实习 [M]. 北京：北京大学出版社，中国林业出版社，2006.
[4] 冯俊，周郴知. 工程训练基础教程 [M]. 北京：北京理工大学出版社，2005.
[5] 黄如林，樊曙天. 金工实习（修订版）[M]. 南京：东南大学出版社，2004.
[6] 清华大学金属工艺学教研室. 金属工艺学实习教材 [M]. 3版. 北京：高等教育出版社，2003.
[7] 刘森. 气焊工 [M]. 北京：金盾出版社，2003.
[8] 魏华胜. 铸造工程基础 [M]. 北京：机械工业出版社，2002.
[9] 中国机械工程协会铸造分会. 铸造手册 [M]. 2版. 北京：机械工业出版社，2003.
[10] 王先逵. 机械制造工艺学 [M]. 3版. 北京：机械工业出版社，2014.
[11] 机械工业职业技能鉴定指导中心. 中级钳工技术 [M]. 北京：机械工业出版社，2003.
[12] 袁绩乾，李文贵. 机械制造技术基础 [M]. 北京：机械工业出版社，2001.
[13] 宋昭祥. 机械制造基础 [M]. 2版. 北京：机械工业出版社，2010.
[14] 濮良贵，纪名刚. 机械设计 [M] 7版. 北京：高等教育出版社，2001.
[15] 葛友华. CAD/CAM数控技术 [M]. 北京：机械工业出版社，2003.
[16] 田萍. 数控机床加工工艺及设备 [M]. 北京：电子工业出版社，2005.
[17] 邱建忠. CAXA线切割XP实例教程 [M]. 北京：北京航空航天大学出版社，2005.
[18] 黄志辉. 数控加工编程与操作 [M]. 北京：电子工业出版社，2006.
[19] 于万成. 数控加工工艺与编程基础 [M]. 北京：人民邮电出版社，2006.
[20] 左敦稳. 现代加工技术 [M]. 北京：北京航空航天大学出版社，2005.
[21] 佟锐. 数控电火花加工实用技术 [M]. 北京：电子工业出版社，2006.
[22] 冯荣恒. CAXA制造工程师2004基础教程 [M]. 北京：机械工业出版社，2005.
[23] 王永章，杜君文，程国全. 数控技术 [M]. 北京：高等教育出版社，2000.
[24] 胡育辉. 数控铣床加工中心 [M]. 沈阳：辽宁科学技术出版社，2005.
[25] 何红媛. 材料成形技术基础 [M]. 南京：东南大学出版社，2000.
[26] 宋瑞宏. 金工实习 [M]. 北京：国防工业出版社，2010.
[27] 谢志余. 金工实习 [M]. 苏州：苏州大学出版社，2013.